国家级职业教育教师教学创新团队成果
国家级课程思政教学名师和教学团队成果

互联网+

智能制造专业群系列教材

UG NX 创新设计实例教程

——基于项目任务教学法

主　编　徐　皓　刘　江

副主编　佘　加　王德春　谢长贵　冉春华

参　编　宋江凤　李建波　李前坤　徐伟松

　　　　胡安林

主　审　谭　军

科学出版社

北　京

内 容 简 介

本书是学习使用 UG NX 软件的快速入门教程，内容主要包括初识 UG NX 软件、二维草图设计、三维建模设计、曲面造型、装配设计、工程图设计等。在内容安排上，本书结合在校大学生创新设计的实例，对 UG NX 软件中的一些抽象概念、命令和功能进行讲解，介绍了多种实际生产产品的设计过程，能使读者较快地进入设计实战状态。书中所选用的实例覆盖了企业实体制造行业，具有很强的实用性和广泛的适用性。为便于信息化教学的实施，本书配套立体化的教学资源包。同时，书中穿插有丰富的二维码资源链接，读者通过手机等终端扫描后可观看相关微课视频。

本书可作为高职高专、职业本科院校 UG NX 课程的教材，也可供 CAD/ CAM 软件爱好者学习参考。

图书在版编目 (CIP) 数据

UG NX 创新设计实例教程：基于项目任务教学法/徐皓，刘江主编. —北京：科学出版社，2024.3
智能制造专业群系列教材
ISBN 978-7-03-078237-3

Ⅰ. ①U… Ⅱ. ①徐… ②刘… Ⅲ. ①计算机辅助设计-应用软件-教材 Ⅳ. ①TP391.72

中国国家版本馆 CIP 数据核字（2024）第 058831 号

责任编辑：张振华 刘建山 / 责任校对：马英菊
责任印制：吕春珉 / 封面设计：东方人华平面设计部

科 学 出 版 社 出版
北京东黄城根北街 16 号
邮政编码：100717
http://www.sciencep.com

三河市骏杰印刷有限公司印刷
科学出版社发行 各地新华书店经销
*
2024 年 3 月第 一 版 开本：787×1092 1/16
2024 年 3 月第一次印刷 印张：19 1/2
字数：470 000
定价：68.00 元
（如有印装质量问题，我社负责调换）
销售部电话 010-62136230 编辑部电话 010-62135120-2005

前　言

党的二十大报告中深刻指出："加快建设国家战略人才力量，努力培养造就更多大师、战略科学家、一流科技领军人才和创新团队、青年科技人才、卓越工程师、大国工匠、高技能人才。"为了更好地贯彻落实二十大报告精神，编者根据二十大报告和《职业院校教材管理办法》《高等学校课程思政建设指导纲要》《"十四五"职业教育规划教材建设实施方案》等相关文件，在行业、企业专家和课程开发专家的指导下，编写了本书。在编写过程中，编者紧紧围绕"培养什么人、怎样培养人、为谁培养人"这一教育的根本问题，以落实立德树人为根本任务，以培养学生综合职业能力为中心，以培养卓越工程师、大国工匠、高技能人才为目标，注重"岗课赛证"融通，强调思政融入，充分发挥教材承载的思政育人功能。

相对于市面上的同类图书，本书的体例更加合理和统一，概念阐述更加严谨和科学，内容重点更加突出，文字表达更加简明易懂，工程案例和思政元素更加丰富，配套资源更加完善。具体而言，主要有以下几个方面的突出特点。

1. 校企"双元"联合开发，行业特色鲜明

本书是在行业专家、企业专家和课程开发专家的指导下，由校企"双元"联合编写的。编者均来自教学或企业一线，具有多年的教学或实践经验。在编写过程中，编者能紧扣该专业的培养目标，遵循教育教学规律和技术技能人才培养规律，将新理论、新标准、新规范和技能大赛所要求的知识、能力和素养融入教材，符合当前企业对人才综合素质的要求。

2. 项目引领，任务驱动，与实际工作岗位对接

本书基于"项目化"和"工作过程化"的编写理念，以真实生产项目、典型工作任务、案例等为载体组织教学，能够满足模块化、项目化等不同教学方式要求。本书结合实际生产需求，精选大学生创新设计实例、典型工程实例，内容由简单到复杂，力求使读者系统掌握 UG NX 12.0 软件的应用方法，掌握提高机械设计效率和缩短产品研发周期的技术，具有很强的实用性。

3. 对接职业标准和大赛标准，体现"岗课赛证"融通

在编写过程中，紧密围绕"知识、技能、素养"三位一体的教学目标，注重对接 1+X

职业资格证书和国家职业技能标准及技能大赛要求，体现"书证"融通、"岗课赛证"融通。

4. 融入思政元素，落实课程思政

为落实立德树人根本任务，充分发挥教材承载的思政教育功能，本书凝练思政要素，建立典型大国工匠优秀事迹等思政教育教学案例库，将精益化生产管理理念、安全意识、质量意识、职业素养、工匠精神的培养与教材的内容相结合，使学生在学习专业知识的同时，潜移默化地提升思想政治素养。

5. 配套立体化的教学资源，便于实施信息化教学

本书穿插有丰富的二维码资源链接，读者通过手机等终端扫描后可观看相关操作视频。本书相关实例的源文件及素材（图片、动画、视频等）可通过 www.abook.cn 下载。

本书由徐皓教授（重庆工程职业技术学院）、刘江副教授（重庆工程职业技术学院）担任主编，佘加副教授（重庆大学）、王德春教授（重庆工程职业技术学院）、谢长贵副教授（重庆工程职业技术学院）、冉春华实验师（重庆大学）担任副主编。宋江凤教授（重庆大学）、李建波副教授（重庆大学）、李前坤讲师（重庆工程职业技术学院）、徐伟松高级工程师（威马农机股份有限公司）、胡安林博士（重庆第二师范学院）参与了编写。谭军教授（重庆大学）担任主审。

由于编者水平有限，书中难免存在疏漏之处，恳请广大读者批评指正。

目　　录

项目 1

初识 UG NX 软件

UG NX 是一款出自 Siemens PLM Software 公司（西门子公司工业自动化部门的一个业务部分）的产品，是一种实用型 3D/CAD 设计工具，它是一个交互式 CAD/CAM（计算机辅助设计与计算机辅助制造）系统。它功能强劲，能够帮助用户轻松进行虚拟产品设计和工艺设计，已经成为模具行业三维设计的一个主流应用。

【学习目标】
1. 了解 UG NX。
2. 掌握 UG NX 的工作界面及定制的要点。
3. 能进行 UG NX 的一些基本操作。
4. 掌握 UG NX 的参数设置。

【素养目标】
1. 坚定技能报国、民族复兴的信念，立志成为行业拔尖人才。
2. 树立正确的学习观，培养职业认同感、责任感和荣誉感。

工作任务 *1.1*

了解 UG NX 软件

视频:UG NX 概述

【核心内容】

　　UG NX 软件为用户的产品设计及加工过程提供了数字化造型和验证手段,用户通过本工作任务中的功能概述、启动方法、创建用户文件目录可以初步了解 UG NX 软件。

【学习目标】

　　1. 理解本工作任务中各命令的含义。

　　2. 了解 UG NX 软件的相关功能。

　　3. 会启动 UG NX 软件。

　　4. 能创建用户文件目录。

任务分析

　　UG NX 软件在产品设计方面的增强功能包括更强大且高效的建模、制图和验证解决方案。启动并进入UG NX 软件环境的方法有两种:①双击Windows 操作系统桌面上的NX 12.0 软件快捷方式图标;②从 Windows 操作系统(以 Windows 10 为例)的"开始"菜单进入 UG NX。使用 UG NX 软件时,应该注意文件的目录管理,避免创建的建模模型文件或其他UG NX 文件的管理混乱。

　　【技能点 1】　熟识 UG NX 12.0 软件的功能　【技能点 2】　启动 UG NX 12.0 软件

　　【技能点 3】　创建用户文件目录

实战演练

【技能点 1】　熟识 UG NX 12.0 软件的功能

2017 年 10 月，西门子公司推出了 Siemens NX 12.0 版本（UG NX 12.0），该软件提供了当今市场上唯一可扩展的多学科平台。它通过与 Mentor Graphics（明导）公司推出的软件 Capital Harness System 和 Xpedition 的紧密集成，整合了电气、机械和控制系统，消除了从开发到制造过程中的每个步骤的创新障碍，帮助企业摆脱当今产品生命周期快速缩短的困境，在汽车、机械科技、工业科技等领域应用广泛。它的操作界面简明，用户可根据习惯自定义功能组的位置和定制常用的快捷命令。

UG NX 12.0 软件是集产品设计、工程与制造于一体的解决方案，它包含强大、应用广泛的产品设计应用模块，具有高性能的机械设计和制图功能，为制造设计提供了高性能和灵活性，以满足客户设计复杂产品的需要。与仅支持 CAD 的解决方案和封闭型企业解决方案不同，UG NX 设计能够在开放型协同环境中的开发部门之间提供最高级集成，可用于产品设计、工程和制造全范围的开发过程，帮助用户改善产品质量，提高产品交付速度和效率。

1. 基本环境

基本环境是系统提供的一个交互环境，它允许打开已有的部件文件、生成新的部件文件、保存部件文件、进行制图、选择应用、导入和导出不同类型的文件，以及其他一般功能。该应用还提供强化的视图显示操作、工作坐标系操控、对象信息和分析，以及访问联机帮助。

当用户打开 UG NX 软件时进入的是第一个应用模块。在"应用模块"选项卡的"特定于工艺"功能组中的"更多"下拉列表中选择"基本环境"命令，其提供了所有应用模块共用的常规工具。"基本环境"界面如图 1-1-1 所示。

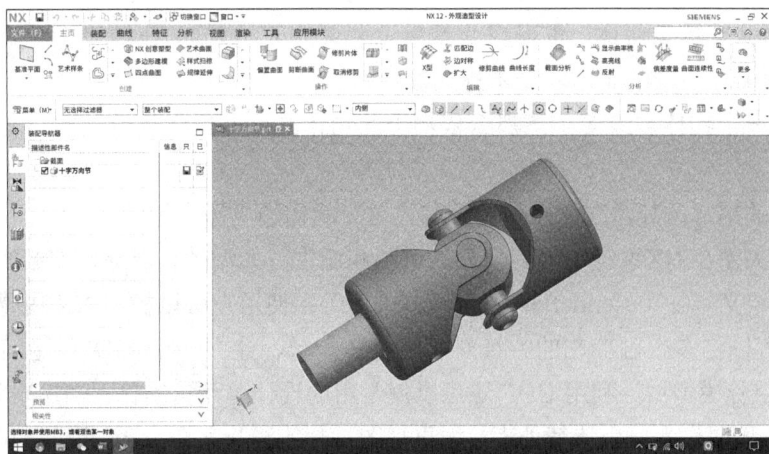

图 1-1-1　"基本环境"界面

2. 建模

建模可帮助设计工程师快速进行概念设计和详情设计。设计工程师不仅可以编辑和生成更逼真的模型，而且花费的力气要比使用传统的基于线框和实体的系统少得多。系统建模提供布尔运算，建模逻辑更明确。

建模结合了传统和参数化两种建模方法，使用户可自由选择最适合的设计方法，有时只需简单的草图绘制即可，不需要构建复杂的约束实体模型。UG NX 12.0 提供了多种参数化建模和传统实体建模方式，使建模操作更容易。

1）实体建模：可进行草图线拉伸和传统三维体的创建、扫掠体和旋转、布尔操作，以及基本的相关编辑。实体建模提高了用户的表达式层次，这样就可以用工程特征来定义设计，而不是用低层次的 CAD 几何体。特征是以参数形式定义的，以便基于大小和位置进行尺寸驱动的编辑。实体建模是高级建模和特征建模的先决条件。

2）高级建模：可以扫掠、拉伸或旋转轮廓来形成实体。其强大的"抽壳"命令可以在几秒内将实体转变为薄壁设计；如果需要，内壁拓扑可以与外壁拓扑不同。用户定义的常用特征需要在相关设置中提前定义。

3）特征建模：特征是 NX 用来描述一种具有特定父特征的实体、片体的术语。特征的父本让其可以重新编辑其在建立之初的输入数据。

特征建模实体的建立可由以下描述说明：

① 扫掠一个草图或非草图几何来建立相关性的特征。扫掠草图或非草图几何，可以让其建立复杂的实体。系统对此方法给予控制结果的全部控制权。用户可通过改变建立特征的参数或其草图（非草图）来达到更改结果的目的。

② 建立基本几何体后，可添加其他特征，如孔、槽等。

特征可由以下描述说明：

① 输入特征是父本，输出特征是子本。子本与父本有父子关系。

② 父本可以是几何体，也可以是数字变量（如表达式）。在数字变量做父本的实例中，数字就是数字变量的子本，子本称为参数。

③ 如果一个物体被改变了，那么依赖于此物体的子本也将随着父本的变化而进行相应的变化。

④ 父本的集合及其建立的操作过程称为这个物体的"历史记录"。

⑤ 父子关系在 NX 系统中得到合理的增强和派生，如派生、孤立、双亲等。

4）用户定义特征（user defined features，UDF）：使用户可以扩展 NX 内置特征的范围和功能。它可以将多个已存在的特征对象组合在一起，建立一个 UDF，也可以将创建的 UDF 添加到目标模型中，利用 UDF 还可以使常用的设计单元自动化。当用户将 UDF 插入某个部件时，将被作为单个特征处理，如果视图抑制或删除某个 UDF 组件，那么将抑制或删除整个 UDF。现有的 UDF 可以通过使用特征建模应用模块来访问。

创建 UDF 的步骤如下：

1）在创建 UDF 前，先准备好要加入 UDF 的特征对象。选择"菜单→工具→用户定义特征→向导"命令，打开"用户定义特征向导"对话框，在"名称""部件名"文本框中分别输入 UDF 名称和 UDF 部件文件名称，单击"下一步"按钮，如图 1-1-2 所示。

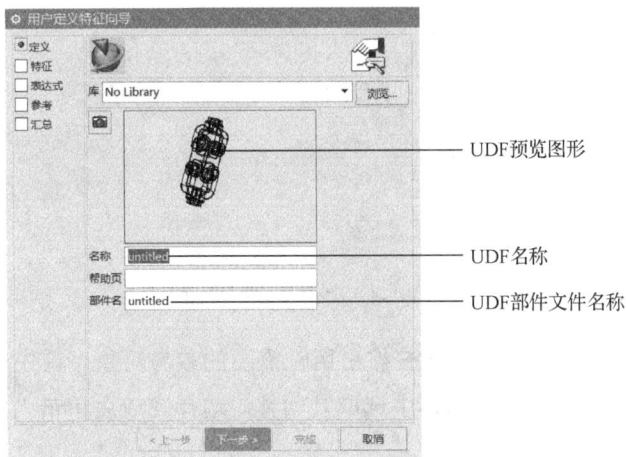

图 1-1-2　"用户定义特征向导"对话框

2）进入"特征"界面，选取特征。在"部件中的特征"列表框中选中可选特征，然后单击添加特征按钮 进行添加，选中"允许特征爆炸"复选框，单击"下一步"按钮，如图 1-1-3 所示。

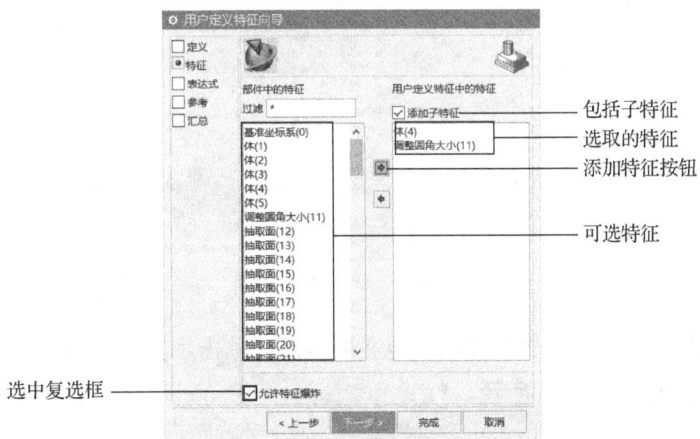

图 1-1-3　"特征"界面

3）进入"表达式"界面，定义 UDF 引用可修改的表达式。在"可用表达式"选项区域选中可选表达式，然后单击添加特征按钮 进行添加，单击"下一步"按钮，如图 1-1-4 所示。

图 1-1-4　"表达式"界面

4）进入"参考"界面，定义 UDF 被引用时需要的参考对象。首先单击"添加几何体"按钮，进入其对话框，然后在几何体中选取几何体，选择完成后单击"下一步"按钮。"参考"界面如图 1-1-5 所示。

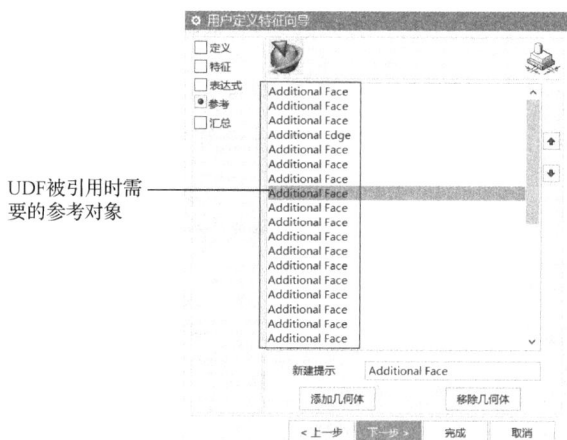

图 1-1-5　"参考"界面

5）进入"汇总"界面，显示前面所定义的信息。单击"完成"按钮，系统将自动保存信息。"汇总"界面如图 1-1-6 所示。

3．装配

在进行新产品开发时，当完成了零部件的设计后，就可以把所有的零部件组装起来，这种虚拟现实的方式称为虚拟装配。它可以对产品进行装配检查与功能仿真，并对装配对象进行接触对齐、同心、平行、垂直、固定等操作。

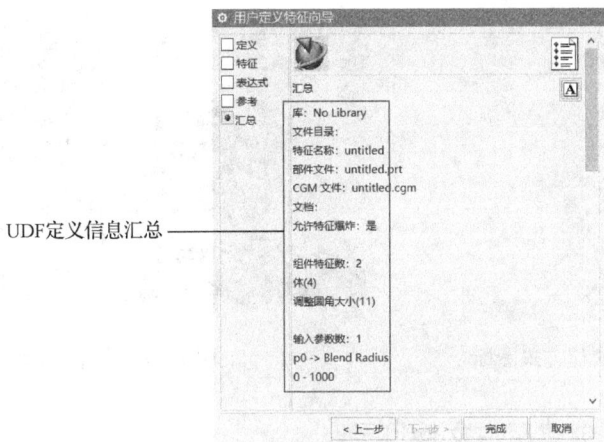

UDF定义信息汇总————

图 1-1-6　"汇总"界面

4. 工程图

用户可以根据已创建的三维模型自动生成工程图图样，也可以使用内置的曲线或草图工具手动绘制工程图。"制图"命令支持自动生成图样布局，包括正交视图投影、剖视图、辅助视图、局部放大图，以及轴测图等，也支持视图的相关编辑和自动隐藏线编辑。

UG NX 的特点如下：

1）更好的协调性。UG NX 中文版把"主动数字样机"（active mockup）引入行业，可以让工程师更加全面地了解整个产品的关联和关系，从而更加高效地工作。

2）更好的生产力。UG NX 中文版提供了一个新的用户界面及 NX "由你做主"（your way）自定义功能，可简化工作流程、提高效率。比较结果表明，生产力提高了20%。

3）更多的灵活性。为企业提供了"无约束的设计"（design freedom），帮助企业有效处理所有历史数据，使历史数据被最大化使用，避免不必要的重新设计。

4）更强的效能。把 CAD、CAM 和 CAE（计算机辅助工程）无缝集成到一个统一、开放的环境中，提高了处理产品和流程信息的效率。

【技能点 2】　启动UG NX 12.0 软件

启动并进入 UG NX软件环境的方法有以下两种。

方法一：双击Windows 操作系统桌面上的NX 12.0 快捷方式图标，如图1-1-7 所示。

方法二：从Windows 操作系统（以Windows 10 操作系统为例）的"开始"菜单进入UG NX。具体操作方法如下。

1）单击Windows 10 操作系统桌面上的"开始"按钮，弹出"开始"菜单。

2）找到NX 12.0 应用程序并单击，启动UG NX，如图 1-1-8 所示。

图 1-1-7　NX 12.0 快捷方式图标　　　　　　图 1-1-8　软件启动界面

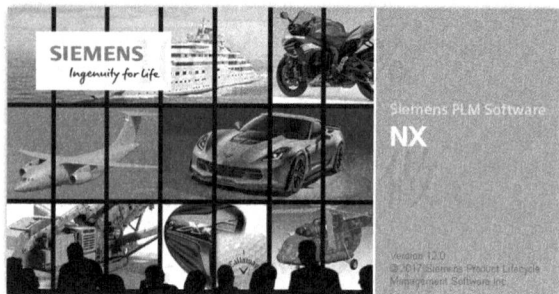

【技能点 3】　创建用户文件目录

使用 UG NX软件时，应该注意文件的目录管理，保证文件的存放位置便于查找。如果文件管理混乱，会造成系统找不到正确的相关文件，从而严重影响 UG NX 软件的全相关性，同时也会使文件的保存、删除等操作产生混乱，因此要按照操作者的姓名、产品名称（或型号）建立用户文件目录。启动 UG NX软件后，选择"文件→实用工具→用户默认设置"命令，打开"用户默认设置"对话框，如图 1-1-9 所示。在"基本环境"列表框中选中"常规"选项，选择右侧的"目录"选项卡并进行设置，然后单击"确定"按钮。

图 1-1-9　"用户默认设置"对话框

在启动软件创建建模、装配、制图、外观设计等文件时，在该软件的主界面将出现"历史记录"栏，如图 1-1-10 所示，便于用户打开最近使用的文件；也可单击"主页"选项卡中的"新建"按钮（图 1-1-11），打开"新建"对话框，在该对话框中创建建模、装配等模型文件，修改文件名称和保存位置后，单击"确定"按钮开始进行创建，如图 1-1-12 所示。

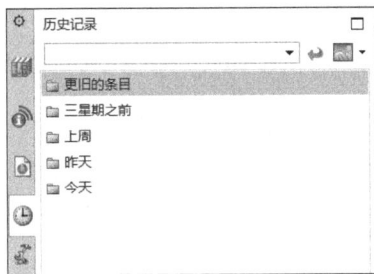

图 1-1-10 "历史记录"栏

图 1-1-11 "新建"按钮

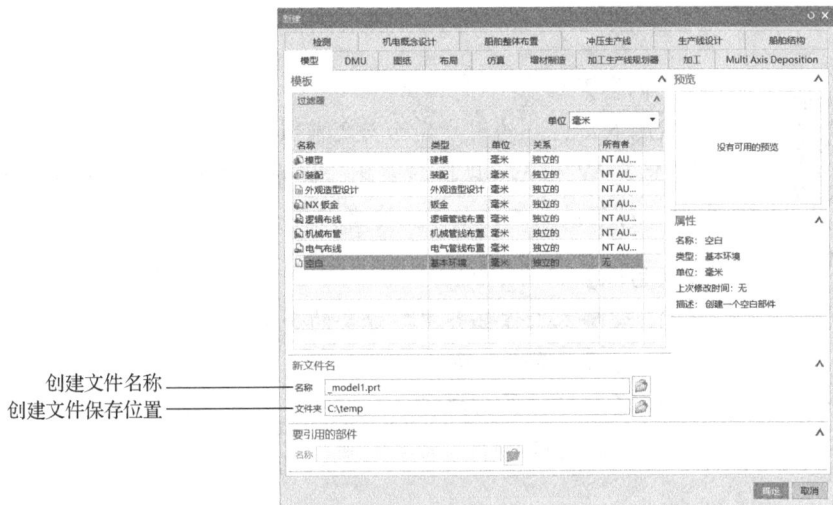

图 1-1-12 "新建"对话框

技能点拨

1）在基本环境中导入与导出的不同类型文件，在后期将会被运用于工程图与其他软件的结合处理；在低版本 UG NX 中没有"GC 工具箱"供制作齿轮等使用时，可通过"导入"功能将齿轮文件导入模型。

2）为避免创建的建模模型文件或其他 UG NX 文件的管理混乱，使用"创建用户文件目录"时实际使用的是用户默认设置，在设置完成后重启软件即可设置为默认文件存放位置。

工作任务 1.2

UG NX 12.0 软件的工作界面及定制

视频：工作界面
设置

【核心内容】

UG NX 12.0 的用户界面与之前版本有很大不同，UG NX 12.0 版本采用的是 Windows 风格，因此了解并习惯其新界面的组成及个性化的定制，对于提高工作效率十分有必要。

【学习目标】

1. 理解本工作任务中各命令的含义。
2. 能设置界面主题。
3. 了解工作界面内容。
4. 能进行选项卡及菜单定制。

任务分析

用户可以不修改界面主题，部分个性化用户也可以修改为适用于自己的界面主题，UG NX 12.0 版本和 NX 6、NX 8 版本的不同之处是，它主要为功能区的选项卡的界面设计，系统 默认命令的位置简单明了。对于选项及菜单定制，当需要添加一个选项卡时，就需要在该软件中对选项卡进行定制；菜单定制，即圆盘菜单的定制。

【技能点 1】 设置界面主题 　　　　　　　【技能点 2】 熟识用户界面
【技能点 3】 选项卡及菜单定制

实战演练

【技能点 1】 设置界面主题

打开软件后，一般情况下系统默认显示的是如图 1-2-1 所示的界面主题。因为大部分用户已经习惯在早期版本中的"经典"界面主题下使用该软件，所以用户可以按照以下方法进行界面主题的设置和个性化设置。

图 1-2-1　系统默认欢迎界面

1. 欢迎界面网页框架简单自定义设置

当用户将软件欢迎界面关闭后想再次打开时，可使用 Ctrl+2 组合键打开"用户界面首选项"对话框，如图 1-2-2 所示，在该对话框中选中"选项"选项，单击"重置欢迎界面"按钮，然后重启软件。

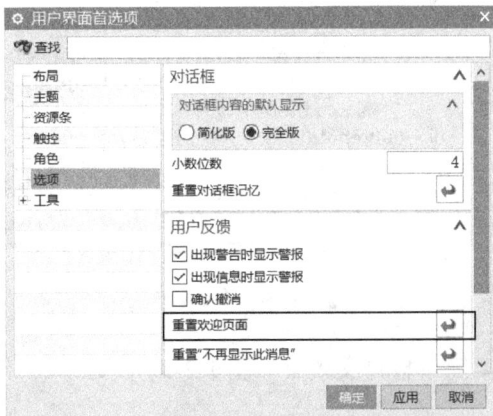

图 1-2-2　"用户界面首选项"对话框

欢迎界面网页框架简单自定义步骤如下：

1）在计算机中找到UG NX的安装目录。

2）通过文件路径"UG/UGTIPS/background/html/background_simpl_ chinese.html"，找到"mcd_background_simpl_chinese.html"文件，以记事本方式打开该文件，如图 1-2-3 所示。

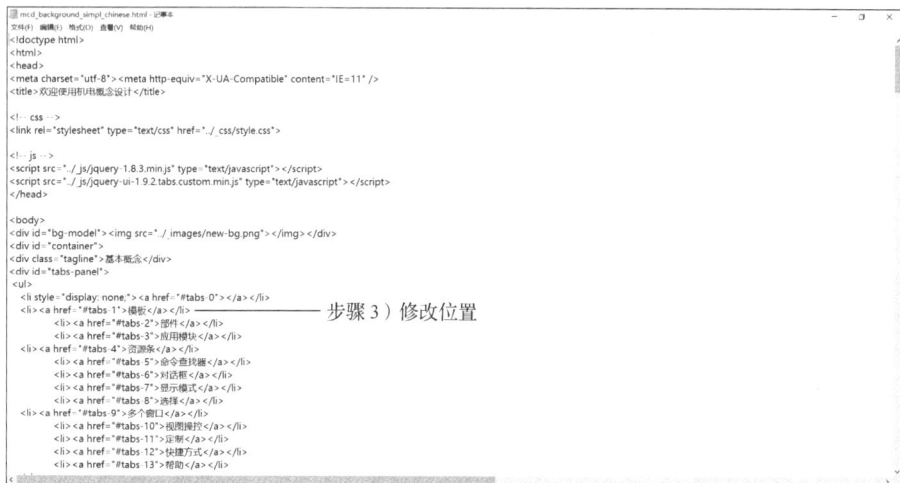

图 1-2-3　打开文件

3）在图 1-2-3 中将"模板"修改为"这是刚刚修改的地方建立模板用"，如图 1-2-4 所示。保存该记事本，然后重启。

图 1-2-4　修改原"模板"文字

4）欢迎界面网页框架简单自定义效果如图 1-2-5 所示。

2. 更改系统默认背景

启动软件，在关闭欢迎界面后更改背景。系统默认背景如图 1-2-6 所示。

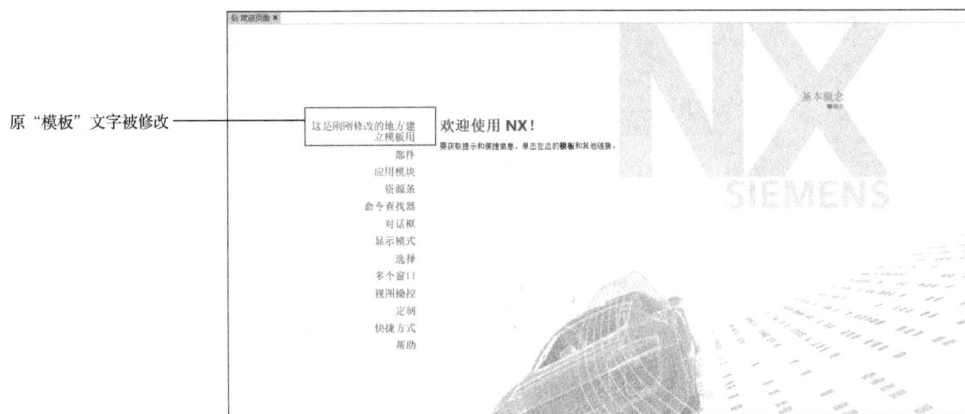

图 1-2-5 欢迎界面网页框架简单自定义效果

图 1-2-6 系统默认背景

更改背景的步骤如下：

1）在计算机中找到 UG NX 的安装目录。

2）由文件路径 "Siemens\NX 12.0\UGII\images" 找到并打开 "images" 文件夹，该文件夹为软件背景图存放位置。背景图如图 1-2-7 所示。

3）使用其他图片替换文件中的背景图，如图 1-2-8 所示。需要注意的是，替换图片的文件名须修改为原背景图的文件名，但不删除原背景图，须将其修改为不重复的文件名。

4）替换背景图片操作完成后重启软件即可。重启后的软件界面如图 1-2-9 所示。

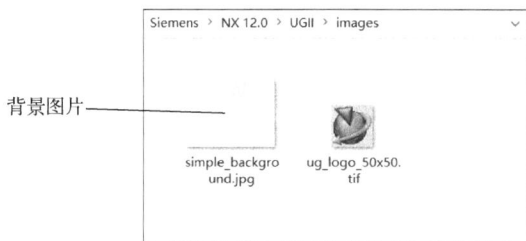

图 1-2-7 背景图

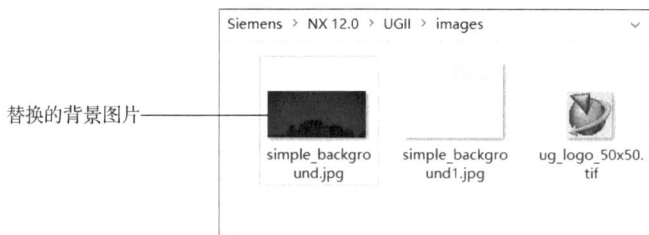

图 1-2-8 替换背景图

图 1-2-9 重启后的软件界面

【技能点 2】 熟识用户界面

UG NX 12.0 的工作界面如图1-2-10所示，包括快速访问工具条、命令组工具条、选项卡、标题栏、停靠功能区、绘图区、快捷菜单、坐标系、导航器、资源条、菜单栏等。表 1-2-1 所示为 UG NX 12.0 工作界面中各组成部分说明。

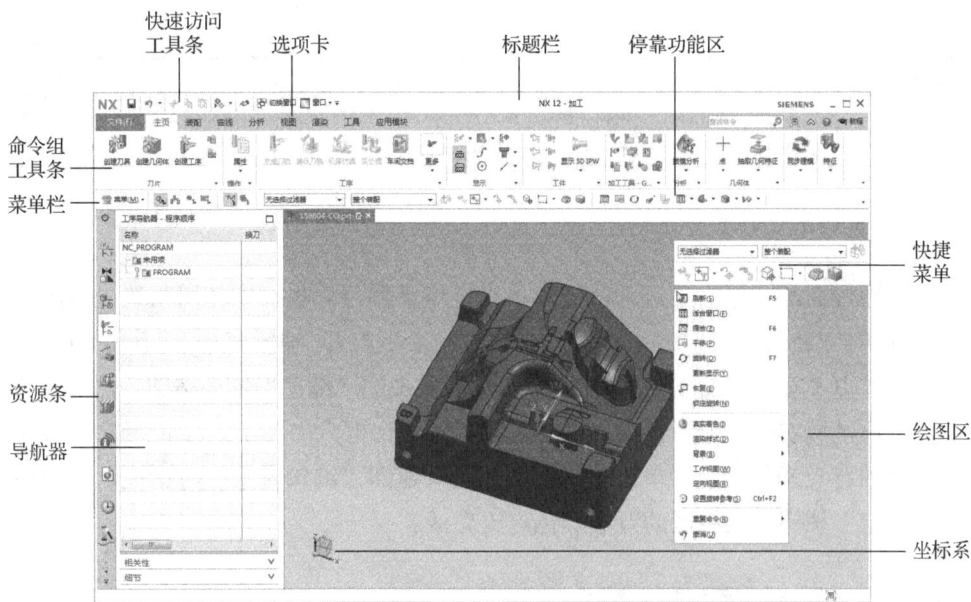

图 1-2-10　UG NX 12.0 的工作界面

表 1-2-1　UG NX 12.0 工作界面中各组成部分说明

组成部分	说明
快速访问工具条	快速访问工具条包含"保存""另存为""切换窗口""重做"等命令，单击倒三角按钮 ▼ 可对快速访问工具条进行调整，以实现命令的隐藏与显示，也可以将菜单栏显示在该位置中，方便进行相关菜单的操作
命令组工具条	包含在选项卡中，如"直接草图"功能组、"曲线"功能组等，系统将自动判断用户经常使用的命令并将其在命令组工具条中显示出来，其他命令隐藏在该工具条的倒三角按钮中
选项卡	UG NX 选项卡（以建模模块为例）包括主页、装配、曲线、曲面、分析、视图、渲染、工具、应用模块，同样在选项卡功能区空白处右击，可以进行选项卡的添加和删除。用户通过选项卡查找命令，速度会加快，使用效率提高。命令组工具条包含在选项卡中
标题栏	显示 NX 版本号及模块
停靠功能区	主要用来提示用户如何选择不同功能，在建模中使用不同的命令将出现不同的提示栏。它包含各种系统捕捉类型，如端点捕捉、中点捕捉等，还有视图方式、渲染样式等，方便用户快速使用
绘图区	绘图区是 UG NX 的主要工作区域，不管是在什么环境下进行什么操作，都在该区域进行，并且用户可根据自己的需要调整绘图区的背景颜色。其中，光标是进行建模捕捉的媒介，用户可开启大光标实现精确定位捕捉
快捷菜单	平时快捷菜单是隐藏的，用户可通过在绘图区右击调用快捷菜单。快捷菜单中包含对现模型的移动、旋转、缩放功能，以及停靠功能区的大部分功能，是系统自动判断的常用功能，方便用户快速调取、使用。用户可在快捷菜单中对绘图区的背景进行小范围的颜色更改，如白色、浅灰等
坐标系	在软件模型中常显示出来的有工作坐标系和基准坐标系，基准坐标系显示的是组件的坐标系
导航器	导航器用于列举出当前操作的步骤和过程历史记录，当前的操作和进入的模块不同，显示的内容也不同。常用的导航器有部件导航器和装配导航器等
资源条	包含装配导航器、约束导航器、部件导航器、重用库、历史记录（软件打开文件记录）、Web 浏览器、角色等。其中，重用库是用来调用标准件的，角色可由用户自主创建并保存，根据不同情形设置不同角色，平时学习推荐使用高级角色

续表

组成部分	说明
菜单栏	菜单栏命令包括文件、编辑、视图、插入等，UG NX 软件中大部分快捷命令在菜单栏中都能找到，它主要用于调用 UG NX 各个功能命令及更改系统参数等

1. 自定义绘图区的背景颜色

用户可通过在绘图区右击进入快捷菜单来自定义颜色，也可以使用系统提供的少数背景颜色进行切换，还可选择"文件→首选项→背景"命令打开"编辑背景"对话框，如图1-2-11所示。分别选中"着色视图""线框视图"选项区域中的"纯色"单选按钮，然后单击"普通颜色"选项区域右侧的颜色按钮，打开"颜色"对话框，如图1-2-12所示，在该对话框中选择需要的背景颜色，然后单击"确定"按钮，返回"编辑背景"对话框，单击该对话框中的"确定"按钮，绘图区的背景颜色更改完成。

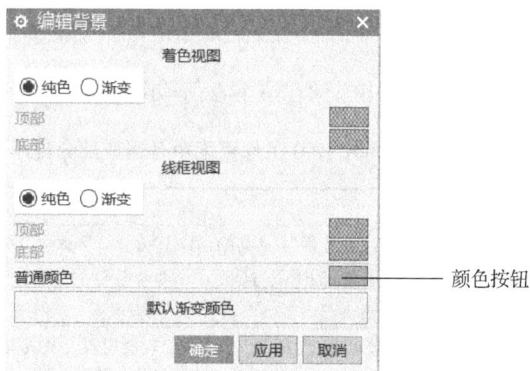

图1-2-11　"编辑背景"对话框

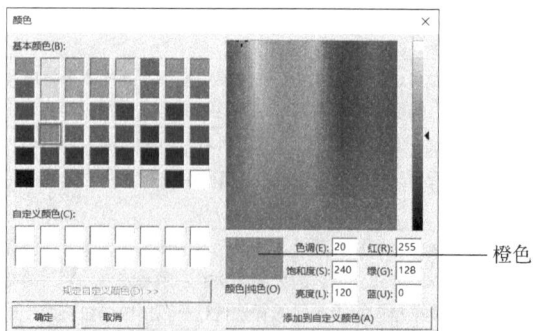

图 1-2-12　"颜色"对话框

绘图区的背景颜色被替换为选择的颜色，如图 1-2-13 所示。

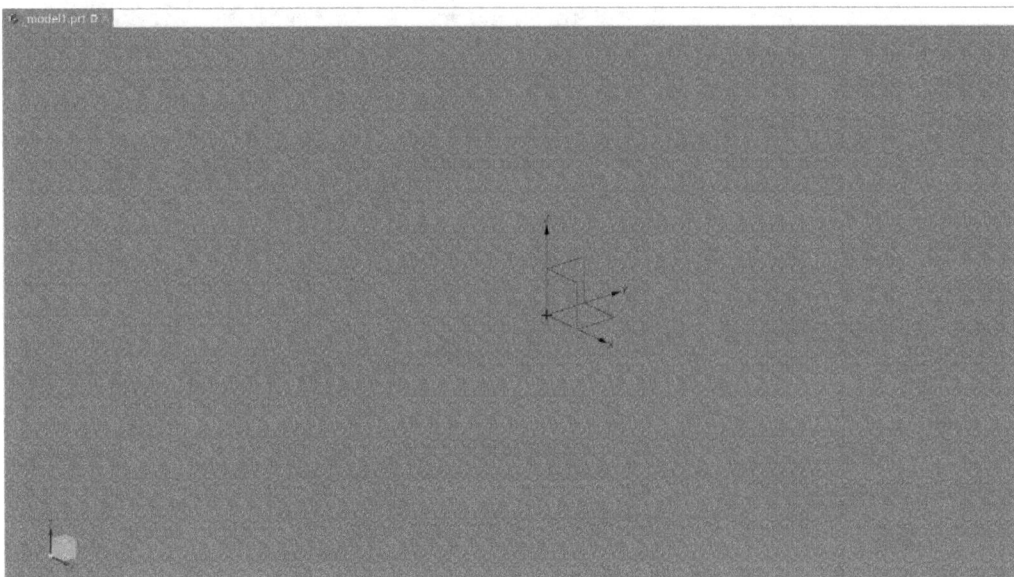

图 1-2-13 替换绘图区背景颜色

2. 显示十字光标，实现精准定位捕捉

选择"菜单→首选项→选择"命令，打开"选择首选项"对话框，在"光标"选项区域中选中"显示十字准线"复选框，如图 1-2-14 所示，然后单击"确定"按钮，绘图区显示出十字光标，如图 1-2-15 所示。

图 1-2-14 "选择首选项"对话框

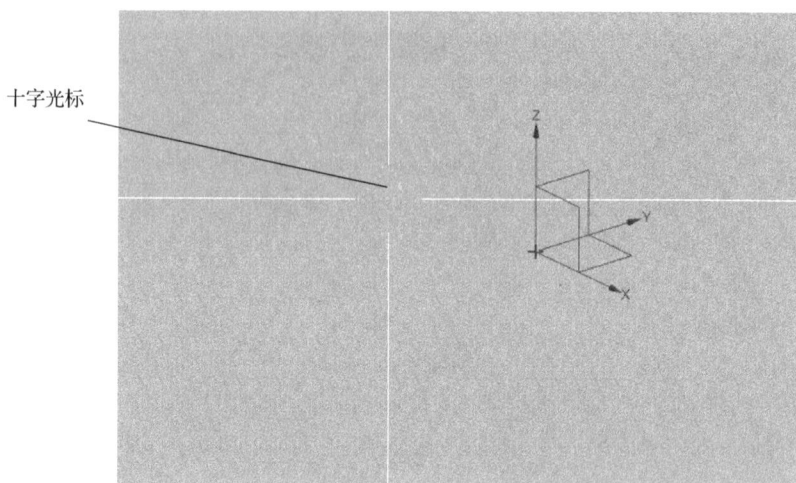

图 1-2-15　显示十字光标

【技能点 3】　选项卡及菜单定制

1. 选项卡定制

当需要添加一个选项卡时，就需要在该软件中对选项卡进行定制。选项卡的定制步骤如下：

1）在选项卡空白处右击，在弹出的快捷菜单中选择"定制"命令，如图 1-2-16 所示。

2）打开"定制"对话框，不用管该对话框，但也不要关闭。此时选项卡右侧出现 ＋ 按钮，如图 1-2-17 所示，单击该按钮。

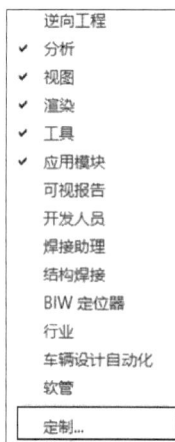

图 1-2-16　选择"定制"命令

图 1-2-17　选项卡右侧出现 ＋ 按钮

3）打开"选项卡属性"对话框，在该对话框中为新建立的选项卡命名，这里改为"选项卡"，如图 1-2-18 所示。

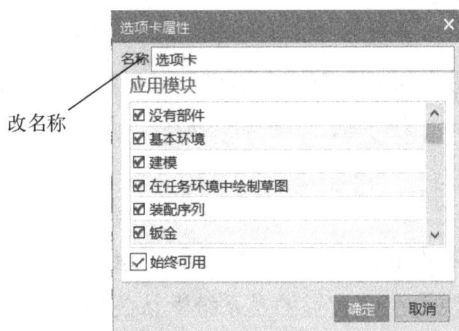

图 1-2-18　"选项卡属性"对话框

4）在"选项卡属性"对话框中，选中"应用模块"列表框中的全部复选框，这样就可在选项卡中使用这些模块，然后单击"确定"按钮。之后在选项卡右侧会出现以"选项卡"命名的空白选项卡。此时 + 还在，即"定制"对话框没有关闭，如图 1-2-19 所示。

图 1-2-19　可选应用模块

5）在新建立的空白选项卡中添加需要的命令，即在打开的"定制"对话框的"命令"选项卡中的"项"列表框中选择想添加的命令，如图 1-2-20 所示。例如，选择将设计特征加入选项卡，直接长按鼠标左键，在"项"列表框中把需要的命令拖动到空白选项卡中即可。然后单击"关闭"按钮。命令添加后的"选项卡"选项卡如图 1-2-21 所示。

图 1-2-20　选择想添加的命令

图 1-2-21　命令添加后的"选项卡"选项卡

注意：所有命令都有一个等级关系，一个命令组内下级的命令都可以在组内自行分解。例如，一个命令组内可能含有很多命令，在不需要"更多"组时可以将它取消；在需要"更多"里面的某一个命令时，可按步骤 5）进行添加。

2. 菜单定制

菜单定制，即圆盘菜单的定制。在绘图时，按住鼠标右键不放，系统将弹出九宫格式的快捷菜单，其中的 8 个快捷命令设置的是系统默认的命令。当需要用到快捷菜单中的命令时，按住鼠标右键不放将进入圆盘菜单，如图 1-2-22 所示，右键依旧不要放开，拖动光标到命令上方后松开右键，即可激活该命令。用户若想在圆盘菜单中定制其他命令也可通过"定制"命令完成，步骤如下：

1）在选项卡空白处右击，弹出如图 1-2-23 所示的快捷菜单，选择"定制"命令。

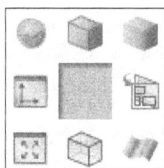

图 1-2-22　圆盘菜单

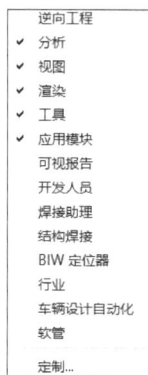

图 1-2-23　快捷菜单

2）打开"定制"对话框，选择"快捷方式"选项卡，在"类型"选项区域中选择"查看"选项，如图 1-2-24 所示。

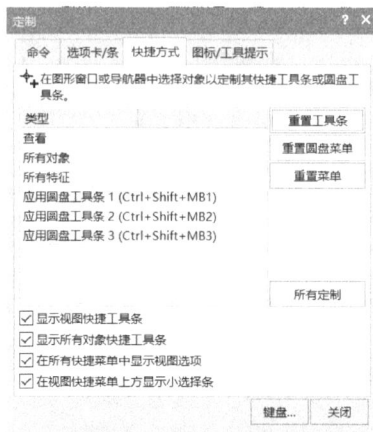

图 1-2-24　"定制"对话框

3）打开"查看"工具条，进行定制圆盘菜单，如图 1-2-25 所示。例如，将右上角的"着色"命令移除，在打开的"查看圆盘菜单"对话框中，选中需要移除的命令（以添加需要的新快捷命令），按住鼠标左键不放拖出去，完成移除，如图 1-2-26 所示。

图 1-2-25　定制圆盘菜单

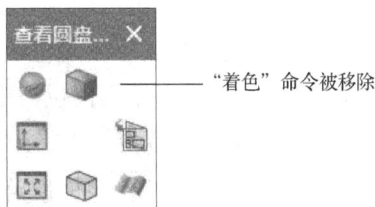

图 1-2-26　移除"着色"命令

4）在"查看圆盘菜单"对话框中移除"着色"命令后，在"定制"对话框中找到需要添加到圆盘菜单的命令，如"旋转"命令。找到后，直接按住鼠标左键不放，拖动到该九宫格圆盘菜单的空余位置，在空余位置出现×时，如图 1-2-27 所示，松开鼠标即可。

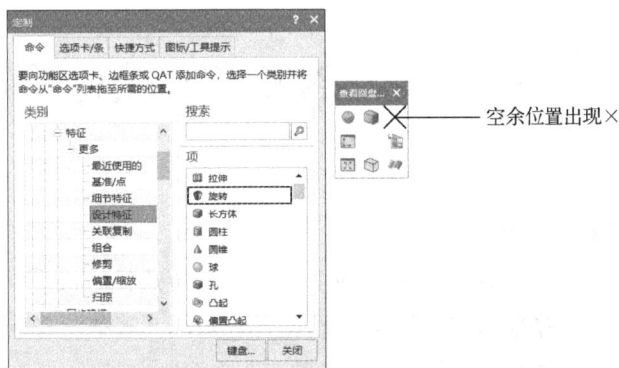

图 1-2-27　添加"旋转"命令

5）完成圆盘菜单的定制后，关闭所有对话框。当在绘图区再次进入圆盘菜单时，定制的"旋转"命令如图 1-2-28 所示，此时可以直接调用"旋转"命令。

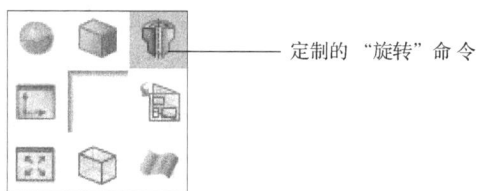

图 1-2-28　定制的"旋转"命令

技能点拨

1）在使用 UG NX 12.0 的欢迎界面框架自定义和更改界面主题背景操作时，一般建议用户不进行更改，若为满足个性化需求则可以更改。因为这需要在软件的安装路径下打开对应的源代码文件，而修改源代码容易导致软件无法正常使用。

2）工作界面的定制，主要是定制一些个性化的内容，包括讲解模块和快捷键的设置。用户可以根据个人习惯和不同岗位需求定制属于自己的工作台，以提高工作效率。

3）用户界面和圆盘菜单的定制用于用户在使用 UG NX 软件时有自己的操作习惯的情况。

工作任务 1.3

UG NX 12.0 软件的基本操作

【核心内容】

UG NX 12.0 软件的基本操作包括鼠标的使用方法、视图及角色操作、对象操作、图层操作，用户熟练地掌握这些基本操作对后期的绘图学习尤为重要。

【学习目标】

1. 理解本工作任务中各命令的含义。

2. 掌握鼠标的使用方法和视图及角色操作。

3. 掌握对象操作和图层操作。

任务分析

通过鼠标可对模型进行移动、旋转、缩小、放大等操作，从而有效提高工作效率。对于视图及角色操作，视图指观察模型，有放大、缩小、平移操作，也包括鼠标操作对视图的一个运用；角色指 NX 12.0 角色文件，即保存原有的界面设计风格的文件，这里的风格可以是 NX 默认的，也可以是用户自定义的，其作用在于可以快速返回用户所指定的 NX 界面。对象操作包括对象的显示与隐藏、对象的移动、对象的删除和对象的选择等。图层操作用于管理和控制复杂图形。

【技能点 1】 鼠标的使用 　　　　　【技能点 2】 视图及角色操作

【技能点 3】 对象操作 　　　　　　【技能点 4】 图层操作

实战演练

【技能点 1】 鼠标的使用

1. 鼠标左键

在建模模型中，直接对对象单击可选中对象，选中的对象与其他未选中的对象存在颜色差异，以便于用户发现，如图 1-3-1 所示。也可以按住鼠标左键不放，拖动鼠标对对象进行框选，即鼠标画出的线框圈住的对象会被选中，如图 1-3-2 所示。若选中后想取消，可在绘图区空白处单击进行取消，也可按 Esc 键取消。

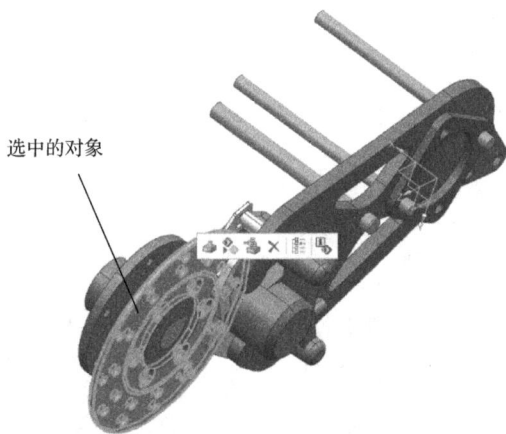

图 1-3-1　单击选中对象

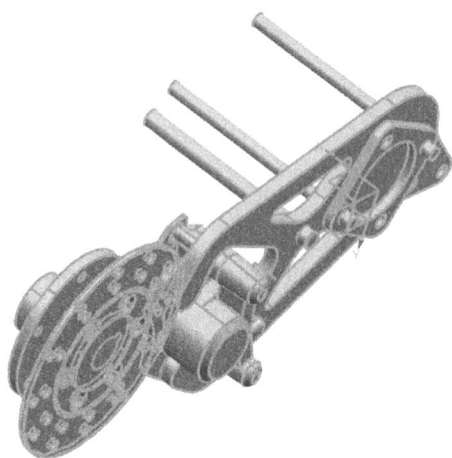

图 1-3-2　按住鼠标左键不放，拖动选择全部对象

2. 鼠标右键

在不同的位置右击会出现不同的效果。例如，在绘图组件处右击，系统将弹出快捷菜单；在对象上右击，将弹出如图 1-3-3 所示的菜单。在绘图区空白处长按右键不放可调出圆盘菜单，如图 1-3-4 所示。

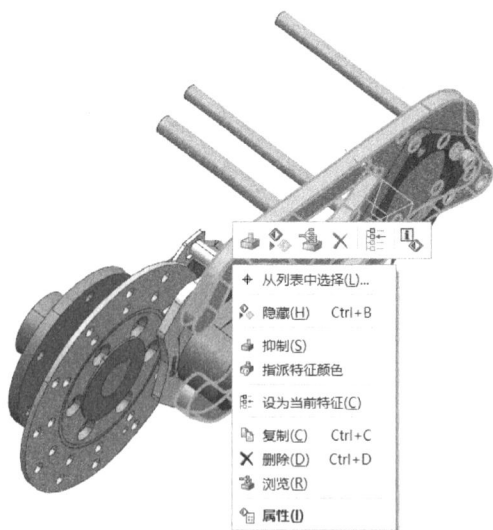

图 1-3-3　在对象上右击后弹出的菜单

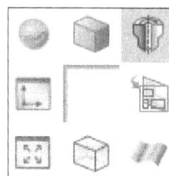

图 1-3-4　圆盘菜单

3. 鼠标滚轮中键

滚动鼠标中键的滚轮能对模型进行放大、缩小操作，这里的放大、缩小不是对模型本身的放大与缩小，而是镜头拉近、拉远的效果。缩放前视图大小、镜头拉远后视图大小、镜头拉近后视图大小分别如图 1-3-5、图 1-3-6、图 1-3-7 所示。

图 1-3-5 缩放前视图大小   图 1-3-6 镜头拉远后视图大小

图 1-3-7 镜头拉近后视图大小

4. 鼠标左键加中键

先同时按住鼠标左键和鼠标中键，然后滑动鼠标，同样能实现缩放的效果。和滚轮操作缩放的区别是：该方法动作更平滑些。另外，按 Ctrl+鼠标中键也可以进行缩放。

5. 鼠标右键加中键

先同时按住鼠标右键和鼠标中键，然后滑动鼠标，可实现移动视图的功能。同样地，按 Shift+鼠标中键也可实现移动视图的功能。

6. 鼠标中键

先按住鼠标中键，然后滑动鼠标，可实现 3D 旋转模型的功能。将光标靠近模型一点按住中键转动时，以这一点为转动点；将光标在绘图区空白位置且在模型下方进行转动时，以垂直方向为轴进行垂直旋转；将光标靠近模型右边空白位置转动时，以水平方向为轴进行前后转动；将光标靠近模型上边空白位置转动时，以前后方向为轴进行左右转动；将光标靠近模型左边空白位置转动时，以水平方向为轴进行前后转动。

在想对模型进行自定义轴转动时，可以使用 Ctrl+R 组合键打开"旋转视图"对话框，如图 1-3-8 所示。首先单击"任意旋转轴"按钮，打开"矢量"对话框选择绕轴；其次单击"矢量"对话框中的"确定"按钮返回"旋转视图"对话框；之后拖动"旋转视图"对话框中的进度条，如图 1-3-9 所示，来实现模型绕选择轴的旋转，也可通过直接输入转动角度值进行转动；最后单击"确定"按钮。

图 1-3-8　"旋转视图"对话框

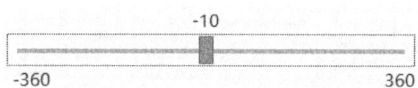

图 1-3-9　拖动进度条

鼠标中键在其他方面的运用也很广泛。在一些对话框中，对某（多）个对象或面进行选择时，完成上一个的选择要求后，可按鼠标中键跳到下一个选择要求进行选择，方便快捷。

【技能点 2】　视图及角色操作

1. 视图操作

视图指从一定方向观察模型所得到的图像，有放大、缩小、平移操作，也包括鼠标操作对视图的一个运用。

选择"菜单→视图→操作→刷新"命令，重画图形窗口中的所有视图。例如，擦除临时显示的对象，若图像比较模糊，则可以进行"刷新"。选择"菜单→视图→操作→适合窗口"命令，可调整工作视图的中心位置和比例以显示所有对象。例如，当对模型进行缩放或平移时，不小心把模型缩小到很小或很大，导致不方便对模型进行操作，或者打开文件时在绘图区无法找到模型（图 1-3-10），此时可选择"适合窗口"命令，系统会自动将模型以合适的视图摆放在绘图区，如图 1-3-11 所示。

图 1-3-10　在绘图区中无法找到模型

图 1-3-11　系统自动将模型以合适的
视图摆放在绘图区

2. 角色操作

NX 12.0 角色文件指保存原有的界面设计风格的文件，这里的风格可以是 NX 默认的，也可以是用户自定义的,其作用在于可以快速返回用户所指定的 NX 界面。

　　NX 12.0 的角色文件种类有多个,不同的种类包含不同的内容。工程师一定要掌握角色文件的创建与加载方法,创建一个符合用户习惯的角色文件,这样用户在工作中才能更灵活自如地进行设计。角色文件一般都被使用在完整的高级角色中,需要注意的是,加载与创建角色需要进入用户界面进行设置。

　　很多用户在换计算机后,想将低版本的角色定制加载到高版本中,在另一台计算机中使用 UG NX 软件进行操作时,需要重新进行个人习惯的界面定制。若想将一台计算机使用的界面风格带到另一台计算机中,则需将该界面风格设置保存到创建的角色中。

　　角色的创建过程如下:

　　在 NX 12.0 界面的资源条中单击"角色"按钮🦾,打开"角色"对话框,如图 1-3-12 所示。一般在"演示"列表框中选择"角色默认"选项,如图 1-3-13 所示,然后在"内容"列表框中选择"角色高级"选项,如图 1-3-14 所示。

图 1-3-12　"角色"对话框

图 1-3-13　角色"演示"列表框

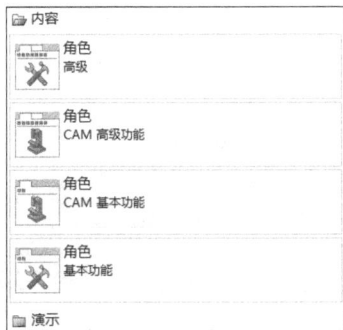

图 1-3-14　角色"内容"列表框

在 NX 12.0 定制好符合个人习惯的操作界面和快捷键后，选择"菜单→首选项→用户界面"命令，打开"用户界面首选项"对话框，如图 1-3-15 所示；也可按 Ctrl+2 组合键打开该对话框。在该对话框中选择"角色"选项进行角色创建，将个人操作定制设置保存到新建角色文件中。

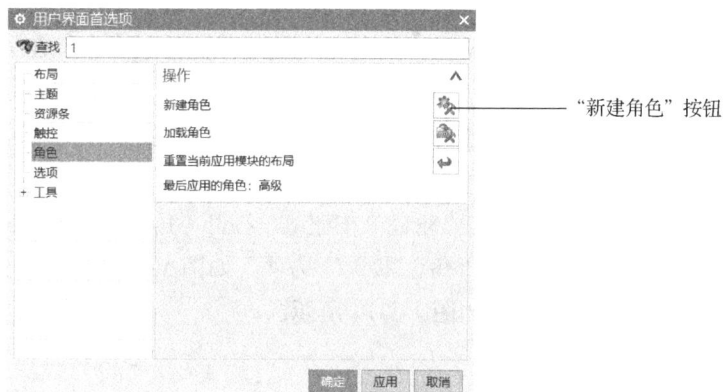

图 1-3-15 "用户界面首选项"对话框 1

单击"新建角色"右侧的按钮，打开"新建角色文件"对话框，在该对话框中对角色文件的名称、保存位置及保存类型（类型扩展名为".mtx"）进行设置，如图 1-3-16 所示，单击"OK"按钮，打开"角色属性"对话框，如图 1-3-17 所示，单击"确定"按钮，返回"用户界面首选项"对话框，单击"确定"按钮，即在保存位置生成包含个人习惯的定制界面文件，即角色文件，如图 1-3-18 所示。

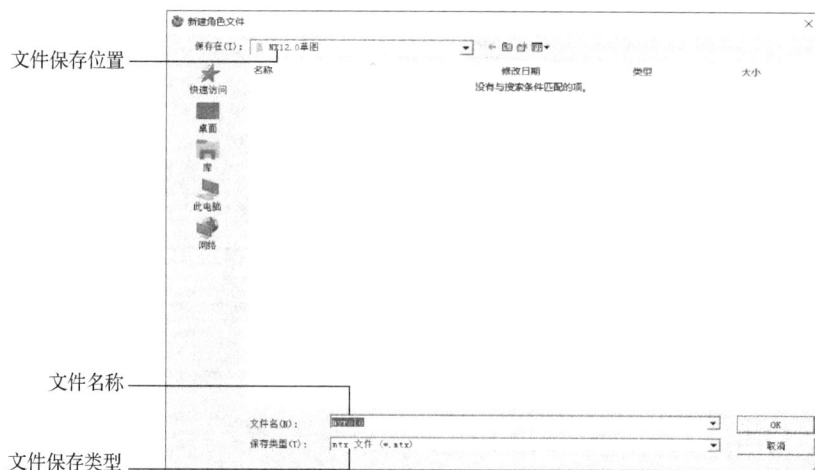

图 1-3-16 "新建角色文件"对话框

图 1-3-17　"角色属性"对话框

图 1-3-18　新生成的角色文件

角色的加载过程如下：

在生成角色文件后，即可通过闪存盘等传送文件的媒介将其移动到另一台计算机中，若想使用此角色文件的角色设置，不能直接打开该文件，需要使用角色的加载功能使用该文件。

用上述方法打开"用户界面首选项"对话框，单击"加载角色"右侧的按钮，如图 1-3-19 所示。打开"打开角色文件"对话框，在该对话框中找到新生成的角色文件并选中，如图 1-3-20 所示，单击"OK"按钮，系统将在 NX 12.0 中覆盖现有的角色设置，将其替换为新生成的角色文件中的设置。

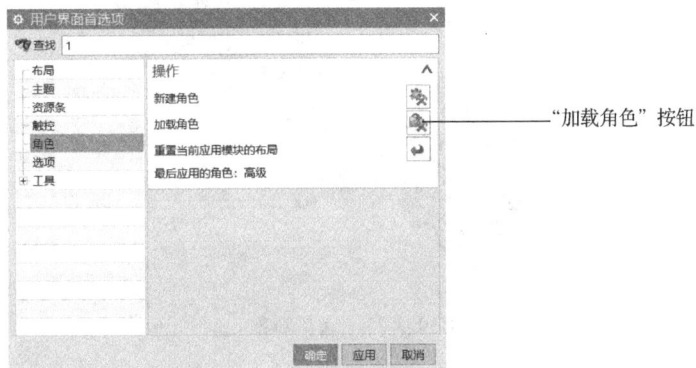

图 1-3-19　"用户界面首选项"对话框 2

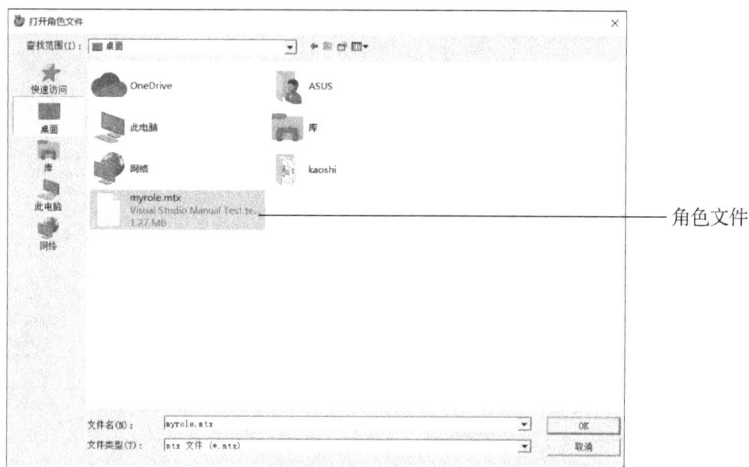

图 1-3-20　"打开角色文件"对话框

【技能点 3】 对象操作

UG NX 的对象操作包括对象的选择、对象的显示与隐藏、对象的移动和对象的删除等。下面主要介绍对象的选择和删除。

1. 对象的选择

可利用鼠标对对象进行单个的选择，也可通过部件导航器对对象进行选择，选择对象对后续的命令操作有很大帮助，如图 1-3-21 所示。

图 1-3-21　选择对象

2. 对象的删除

在选择对象后，将鼠标指针移动到选择的对象上并右击，如图 1-3-22 所示，在弹出的快捷菜单中选择"删除"命令，或者在选择对象后按 Delete 键进行删除，此时系统弹出

"通知"对话框，如图 1-3-23 所示，单击"确定"按钮即可完成对选择对象的删除。

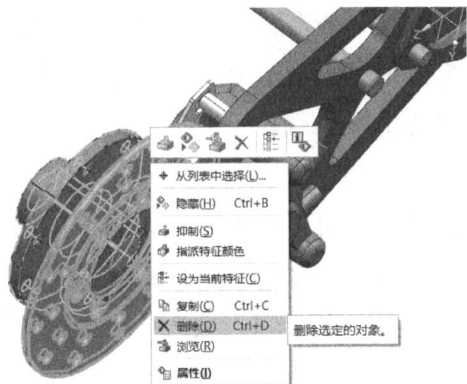

图 1-3-22　在选择对象上右击

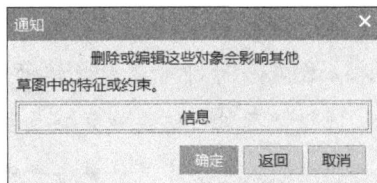

图 1-3-23　"通知"对话框

【技能点 4】　图层操作

图层操作用于管理和控制复杂图形。UG NX 的图层是三维的，每个图层分为正反两面，共 256 层，是不能对图层进行增加或减少的，高版本的 UG NX 默认某一层的图层为专门的参数位置。

图层查看方式如下：

选择"菜单→格式→图层设置"命令，或者单击"视图"选项卡→"可见性"功能组→"图层设置"按钮，打开"图层设置"对话框，如图 1-3-24 所示，在"显示"下拉列表中选择"所有图层"选项，共 256 个图层。其中，被选中的图层为显示的图层，取消显示该图层则该图层的所有对象隐藏，如图 1-3-25 所示。

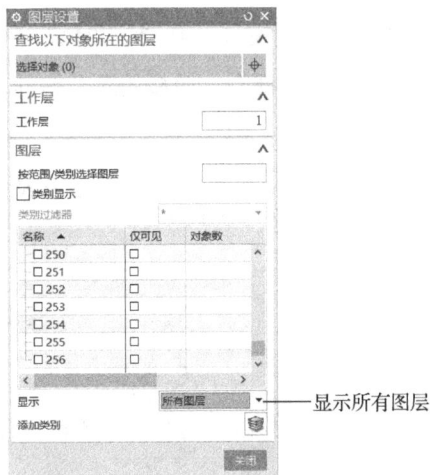

图 1-3-24　"图层设置"对话框

图 1-3-25　取消显示图层

在绘图中，可以将不同种类或用途的图形分别置于不同的层，从而实现对图形的统一管理。形象地说，一个图层就像一张透明的图纸，可以在上面分别绘制不同的特征或图素，最后将这些透明纸叠加起来，从而得到最终的复杂图形。点、线、片体与实体都可用图层进行管理。使用 Ctrl+L 组合键可以打开"图层设置"对话框。

注意：

1）改变物体所在层。在绘制对象之前在"图层设置"对话框的"图层"选项区域中输入相应图层序号即可改变物体所在层。如果已经绘制完成而忘了设置图层，则选中对象后，选择"菜单→格式→复制至图层/移动至图层"命令打开相应的对话框，然后在打开的对话框中输入图层序号并单击"确定"按钮即可。

2）工作层的设置。可以直接在"图层设置"对话框的"工作层"文本框中输入对应工作层序号（图 1-3-26），或在"图层"选项区域中选择相应图层，然后单击"作为工作层"按钮并确定。

工作层	∧
工作层	1

图 1-3-26　建模实体时输入对应工作层序号

技能点拨

1）在进行角色选择时，用户可根据不同的操作设备选择触摸屏、高清等角色。

2）使用鼠标选中对象时，不管是实体模型还是二维草图线都会有明显的颜色差异（便于用户区分）。

3）使用工作层修改模型参数时，应注意其他隐藏的模型，在建模时是否已被放到规范的图层中。

工作任务 *1.4*

UG NX 12.0 软件的参数设置

【核心内容】

　　UG NX 12.0 软件的参数设置包括用户默认设置、建模首选项设置、制图首选项设置，若在建模之前有具体规范要求，则用户掌握该类参数设置可提高用户的工作效率。

【学习目标】

1. 理解本工作任务中各命令的含义。
2. 掌握用户默认设置的操作方法。
3. 掌握建模首选项和制图首选项的设置操作方法。

任务分析

　　用户默认设置指 NX 默认设置环境，包括建模、制图和加工等默认设置的环境。建模首选项设置指在默认建模环境下修改设置后，新建建模模板，可利用建模首选项对实体的距离公差和角度公差及实体密度进行默认数值设置。制图首选项设置指对图纸格式、尺寸、文本单位等进行设置。

　　【技能点 1】　用户默认设置　　　　　　　　【技能点 2】　建模首选项设置

　　【技能点 3】　制图首选项设置

实战演练

【技能点 1】　用户默认设置

用户修改了 UG NX 设置之后系统不会保存，如建模、体的颜色、尺寸标准的小数位数等的设置，重启软件后就又变回原来的设置了，这是因为 UG NX 设置是以模板文件的形式保存的，要保存设置就需要先保存模板文件。用户默认模板位置路径为"UG NX 安装目录\NX12.0\LOCALIZATION\prc\simpl_chinese\startup\model_plain-1-mm-template.prt"下的"model_plain-1-mm-template.prt"文件。

选择"文件→打开"命令，打开"打开"对话框，如图 1-4-1 所示，按照路径找到用户默认文件，单击"OK"按钮进入用户默认建模模板进行修改。在默认建模环境下修改的设置，再次打开软件后，已修改的设置不会改变，除非再次修改默认设置。

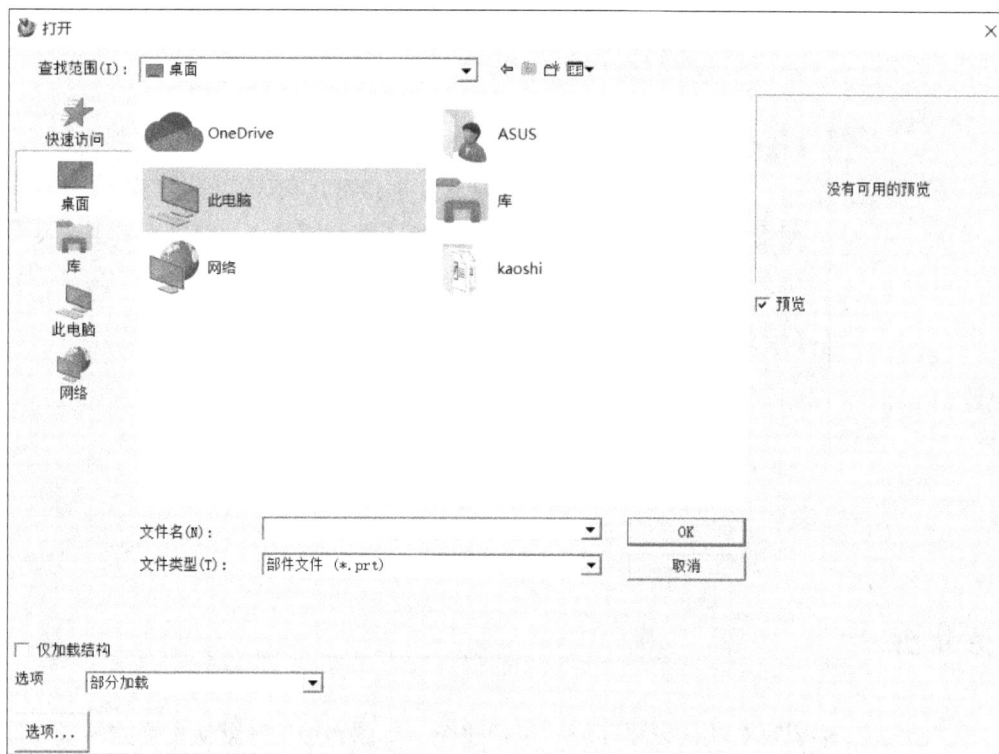

图 1-4-1 "打开"对话框

【技能点 2】 建模首选项设置

1. 设置默认数值

在默认建模环境下修改设置后，新建建模模板，可利用"建模首选项"命令对实体的距离公差、角度公差及实体密度进行默认数值设置。下面举例修改实体默认密度，然后单击"确定"按钮完成实体默认密度值的修改，如图 1-4-2 所示。

2. 查看实体密度及质量

选择"菜单→分析→测量体"命令或者在"分析"选项卡的"测量"功能组中单击

"更多→体→测量体"按钮 🔲，打开"测量体"对话框，选择需要查看的实体，如图 1-4-3 所示。

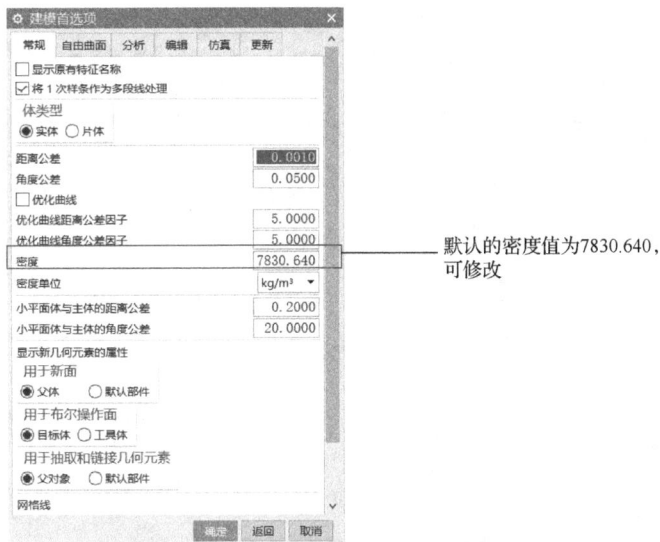

默认的密度值为7830.640，可修改

图 1-4-2　修改实体默认密度

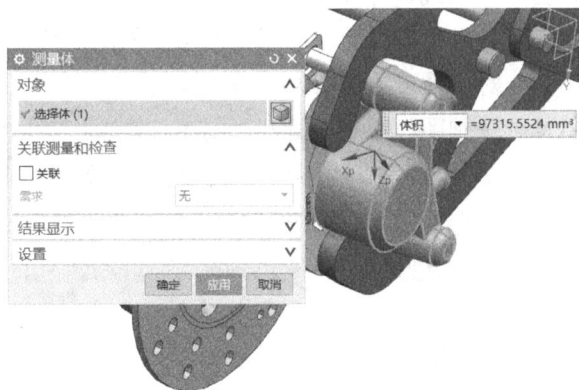

图 1-4-3　"测量体"对话框

在"测量体"对话框中单击"结果显示"右侧的下拉按钮，在弹出的下拉菜单中选中"显示信息窗口"复选框，如图 1-4-4 所示，打开"信息"对话框，如图 1-4-5 所示，在该对话框中可以查看实体的密度、质量等信息。

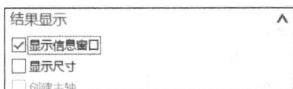

图 1-4-4　选中"显示信息窗口"复选框

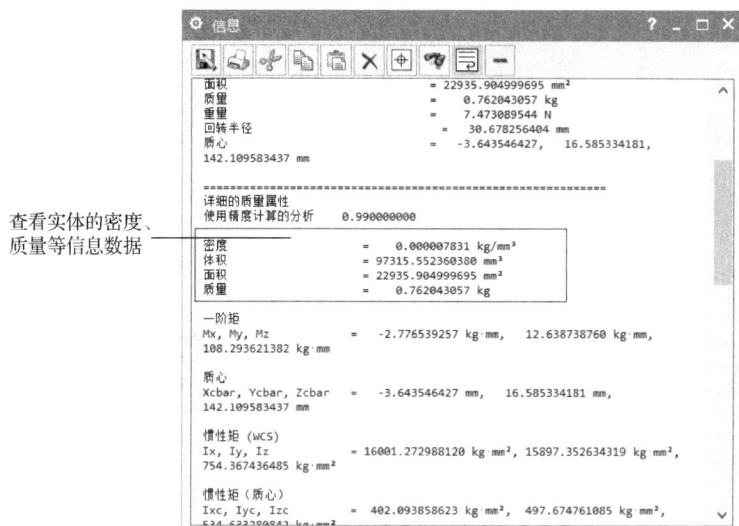

图 1-4-5 "信息"对话框

【技能点 3】 制图首选项设置

在草图绘制时，会对草图线进行尺寸标注，系统默认的是保留小数点后一位数，即使重新约束小数点后有多位数，系统也会自动根据四舍五入法保留小数点后一位数，此时需利用"制图首选项"命令对小数点的保留位数进行修改。

选择"文件→首选项→制图"命令，打开"制图首选项"对话框，在该对话框中选择"尺寸→文本→单位"选项，找到可修改小数位数的数值框，如图 1-4-6 所示，在数值框中输入所需的小数点保留位数，单击"确定"按钮即可完成小数点保留位数的修改。

图 1-4-6 修改小数位数

技能点拨

1）列举建模中常用的默认设置。建模首选项是对创新模型的精建模设置，它需要用户对 UG NX 有一定的熟练度。

2）如果在建模之前没有具体规范要求，则可按照系统默认参数进行建模。

项目考核评价

项目考核评价以自我评价和小组评价相结合的方式进行，指导教师根据项目考核评价和学生学习成果进行综合评价。

1）根据任务完成情况，检查任务完成质量。

2）归纳总结程序和操作技术要点，并能提出改进建议。

3）能虚心接受指导，同时善于思考，能够举一反三。

初识 UG NX 软件考核评价表

班级：　　　　　第（　）小组　　　　　姓名：　　　　　时间：

评价模块	评价内容	分值	自我评价	小组评价
理论知识	1. 对 UG NX 有一定的了解	10		
	2. 理解本工作任务中的关键术语	10		
	3. 掌握本工作任务中各项命令的技术要点	10		
操作技能	1. 熟悉 UG NX 工作界面和掌握定制操作	20		
	2. 熟练掌握 UG NX 的基本操作	20		
	3. 熟练掌握 UG NX 的参数设置	20		
职业素养	1. 以人为本，具有精益生产的理念	5		
	2. 团队合作，具有数据安全的职业素养	5		

综合评价：

导师或师傅签字：

直击工考

一、单选题

1. 利用鼠标实现模型平移的操作方法是（　　）。

A. "鼠标右键+中键"组合键　　B. "Shift+鼠标中键"组合键

C. 右击　　D. 单击

2．利用鼠标实现模型旋转的操作方法是（　　　）。

    A．单击鼠标中键   B．"鼠标左键+中键"组合键

    C．右击   D．单击

3．下列选项中可以定义实体密度的方式为（　　　）。

    A．选择"编辑→对象选择"命令，进行密度设置

    B．双击实体模型，在"特征"对话框中添加密度值

    C．在"建模首选项"对话框中设置

    D．在部件导航器中右击实体，在弹出的快捷菜单中选择"属性"选项，进行密度设置

4．下列对于 UG NX 的特点的描述中正确的是（　　　）。

    A．具有更人性化的操作界面

    B．具有完整统一的全流程解决方案

    C．知识驱动的自动化

    D．以上说法都正确

5．下列关于在绘图区操作模型的说法中正确的是（　　　）。

    A．模型的缩放，其真实大小也发生变化

    B．模型的缩放，其位置会发生变化

    C．模型的缩放，其真实大小及位置都不变

    D．模型的缩放，其大小发生变化、位置不变

6．在 UG NX 的用户界面中，提示用户下一步操作的区域为（　　　）。

    A．信息窗口   B．提示行   C．状态行   D．部件导航器

7．在编辑对象显示中，以下选项中无法进行的是（　　　）。

    A．图层移动   B．颜色设置

    C．透明度设置   D．参数设置

8．当改变工作层后，原先的工作层会自动变为（　　　）。

    A．工作   B．可选   C．仅可见   D．不可见

9．UG NX 的版本信息和当前激活的应用环境显示在（　　　）。

    A．标题栏   B．菜单栏   C．图形窗口   D．对话框

10．下列选项中可以改变 UG NX 资源条的位置的是（　　　）。

    A．可视化显示预设置   B．用户界面预设置

    C．建模预设置   D．工作平面预设置

二、判断题

1．当退出 UG NX 时，用户界面外观、布局、尺寸及布置将会被保存。   （　　　）

2．导航器只有部件导航器。   （　　　）

3. 创建用户文件目录使用的是用户默认设置，在设置完成后不需要重启软件系统，方便用户设置。 （　　）

4. 通常情况下快捷菜单是隐藏的，可通过在绘图区单击调用快捷菜单。 （　　）

5. 使用鼠标选中对象时，不管是实体模型还是二维草图线都会有明显的颜色差异。（　　）

三、简答题

简述 UG NX 工作界面的主要组成部分。

大国工匠

40 余年无悔的坚守——胡双钱

胡双钱，在 40 余年的航空技术制造工作中经手的零件上千万，没有出过一次质量差错。1980 年，技校毕业的他成为上海飞机制造厂的一名钳工。从此，伴随着中国飞机制造业的发展，他始终坚守在这个岗位上。2002 年、2008 年我国 ARJ21 新支线飞机项目和大型客机项目先后立项研制，中国人的大飞机梦再次被点燃。有了几十年的积累和沉淀，胡双钱觉得实现心中梦想的机会来了。大飞机制造让胡双钱又忙了起来。他加工的零部件中，尺寸最大的将近 5 米，最小的比曲别针还小。胡双钱不仅要做各种形状各异的零部件，有时还要临时"救急"。有一次，生产急需一个特殊零件，从原厂调配需要几天时间，为了不耽误工期，只能用钛合金毛坯来现场临时加工，这个任务交给了胡双钱。这个本来要靠细致编程的数控车床来完成的零件，在当时却只能依靠胡双钱的一双手和一台传统的铣钻床完成，连图纸都没有。打完需要的36 个孔，胡双钱用了 1 个多小时。当这个"金属雕花"作品完成之后，零件一次性通过检验，送去安装。

在 2015 年，胡双钱一周有 6 天要泡在车间里，但他却乐此不疲。他说："每天加工飞机零件，我的心里踏实，这种梦想成真的感觉是多少钱都买不来的。""飞机关系到生命，干活要凭良心。"在当年，55 岁的胡双钱是上海飞机制造厂里年龄最大的钳工。在这个 3000 平方米的现代化厂房里，胡双钱和他的钳工班组所在的角落并不起眼，而打磨、钻孔、抛光，对重要零件进行细微调整，这些大飞机需要的精细活都需要他们手工完成。划线是钳工作业最基础的步骤，稍有不慎就会"差之毫厘，谬以千里"。为此，胡双钱发明了自己的"对比检查法"，他从最简单的涂淡金水开始，把它当成零件的初次划线，根据图纸零件形状涂在零件上，"好比在一张纸上先用毛笔写一个字，然后用钢笔再在这张纸上的同一个地方写同样一个字，这样就可以增加一次复查的机会，减少事故的发生"。

默默无闻的胡双钱获得了不少荣誉。2009 年，他荣获全国五一劳动奖章，2015 年又被评为全国劳动模范，平生第一次走进庄严的人民大会堂接受表彰。胡双钱感慨："我们赶上了好时代。"他说："我们的民机事业经历过坎坷与挫折，但终于熬过来了，迎来了春天。我们应该更加珍惜今天的事业，想要更好，也还要靠自己。"

胡双钱现在最大的愿望是"最好再干 10 年、20 年，为中国大飞机多做一点"。

2 项 目

二维草图设计

二维草图是空间某平面上的二维几何图形，草图是零件设计与建模的基础，大部分的三维实体和曲面都是通过草图来创建的。例如，在创建拉伸、扫掠、通过曲线网格等特征时，都需要进行二维草图的设计来实现对应特征的创建。

【学习目标】

1. 认识二维草图。
2. 能进行草图修剪及编辑。
3. 会草图约束。
4. 能绘制小车轮子支架、履带和小车座位板的草图。

【素养目标】

1. 培养一丝不苟的工作态度和善于分析问题、解决问题的能力。
2. 发扬吃苦耐劳、专注执着的工匠精神，提升职业素养和信息素养。

工作任务 **2.1**

认识二维草图

视频：二维草图绘制

【核心内容】

二维草图是位于空间的点、线的组合，必须在平面上绘制。这个平面可以是基准平面，也可以是实体的特征表面等，绘制草图时应首先确定草图的绘制平面。一般情况下，没有特殊说明时，草图均指二维草图。

【学习目标】

1. 了解和设置草图环境。

2. 会进入与退出草图环境。

3. 会定向草图。

4. 能进行草图管理。

任务分析

通过学习草图的应用，用户可了解二维与三维的密切联系及草图对三维建模的作用，为学习草图的绘制及三维建模知识打下基础。教材中用大量的图片呈现草图的具体应用细节，使初学者更容易理解和掌握草图的应用。

用户在初识草图环境后，可进入草图环境进行图形的绘制，当草图视图发生了变化，不便于对象的观察时，可通过"定向到草图"命令将视图调整为俯视图，完成图形绘制，单击"完成草图"按钮即可完成草图的绘制，进入建模操作界面。草图环境中有许多命令，都与草图的绘制有着密切的联系，其中草图管理功能组对草图的绘制及三维建模有着重要作用。

| 【技能点 1】 熟识草图环境 | 【技能点 2】 进入与退出草图环境 |
| 【技能点 3】 定向到草图 | 【技能点 4】 草图管理 |

实战演练

【技能点1】　熟识草图环境

草图是与三维模型相关联的二维轮廓线的集合,可以在三维模型任一平面建立二维草图并进行编辑。如图2-1-1所示为草图环境,是UG NX为了满足部分用户需求提供的草图绘制功能,利用草图绘制功能用户可以表达更多的模型信息。用户在建立三维模型时可退出草图模式,利用草图线进行拉伸、旋转、扫掠等操作创建三维模型,定位约束到一定地点,并通过一系列的细节操作(如尺寸约束、拐角制作、设置圆弧半径等)设计出完美的二维草图,其中二维草图也是为三维模型打下基础。

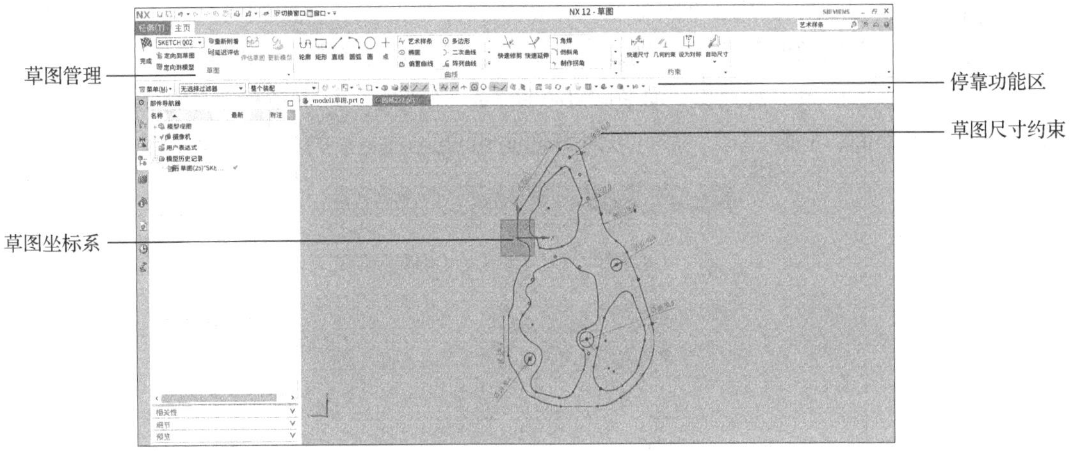

图2-1-1　草图环境

UG NX中草图形式有两种,分别是直接草图和任务草图,分别如图2-1-2和图2-1-3所示。直接草图为直接进入的草图并创建草图平面,在存在三维模型时进入该模型二维草图,该直接草图界面无任何更改,是在建模环境下进行直接绘制的草图。在草图界面进行绘制时,直接使用快捷键L、Z等进行直线、轮廓等曲线编辑。在直接草图编辑拉伸、旋转等可直观看到草图更改后对模型的实时更新。任务草图是在草图环境中打开的草图。任务草图模式提供了一个独立的草图编辑界面,专注于草图的创建和修改。

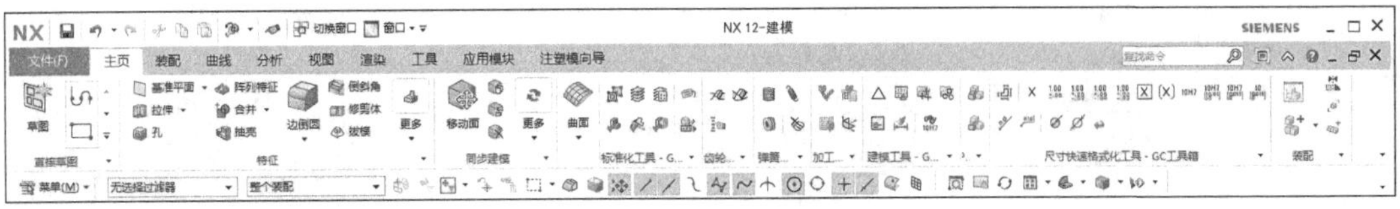

图2-1-2　直接草图

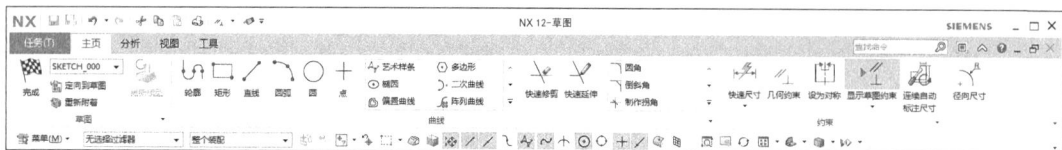

图 2-1-3　任务草图

【技能点 2】　进入与退出草图环境

1）单击"直接草图"功能组中的"草图"按钮（图 2-1-4），打开"创建草图"对话框（图 2-1-5），可在"草图类型"下拉列表中选择"在平面上"选项来创建草图，也可选择"基于路径"创建草图。"平面方法"选项中的"自动判断"选项用于指定三维模型中的某一平面或指定 *XYZ* 三面投影面等作为绘制草图的平面，"新平面"选项用于创建新的平面。每次编辑操作该草图时均为固定草图平面，如需在其他平面绘制草图则需结束当前草图操作环境，重新指定草图绘制平面进入创建。在确定创建的草图坐标方向时，单击"坐标系"按钮，打开"坐标系"对话框，如图 2-1-6 所示，在"类型"下拉列表中选择"平面、X轴、点"或"平面、Y轴、点"都可以对草图与用户之间关系的方向进行设置。

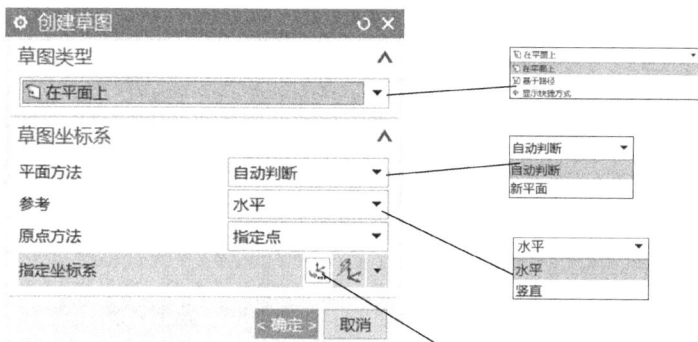

图 2-1-4　"草图"按钮　　　　　　　　图 2-1-5　"创建草图"对话框

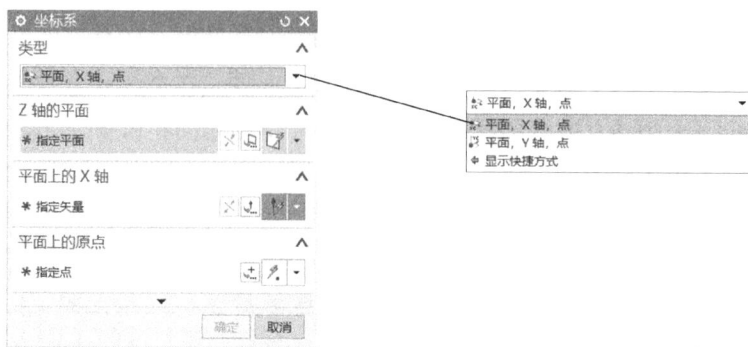

图 2-1-6　"坐标系"对话框

对草图坐标系进行方位确定时，可以选择"参考"下拉列表中的"水平"选项，也可以选择"竖直"选项。对"草图类型"和"草图坐标系"选项区域编辑完成后，在"直接草图"功能组中单击"完成"按钮 或使用 Ctrl+Q 组合键退出草图模式。

2）可选择"菜单→插入→草图"或"插入→在任务环境中绘制草图"命令进入草图环境，如图 2-1-7 所示。

图 2-1-7　从菜单栏进入草图环境

3）可在"部件导航器→模型历史记录"选项区域中双击某草图记录进入草图环境，如图 2-1-8 所示。此进入方式为当前模型已存在草图模式，双击可直接进入直接草图模式。或者在"部件导航器→模型历史记录"选项区域中右击某草图记录，然后在弹出的快捷菜单中选择"可回滚编辑"命令，可进入任务草图模式，如图 2-1-9 所示。

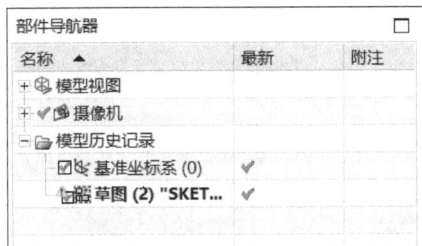

图 2-1-8　"部件导航器→模型历史记录"选项区域

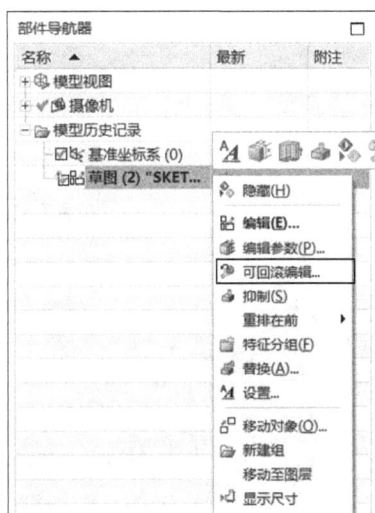

图 2-1-9　选择"可回滚编辑"命令

4）在直接草图环境中，单击"直接草图"功能组中"更多→在草图任务环境中打开"按钮，如图 2-1-10 所示，可将直接草图模式转换为任务草图模式。

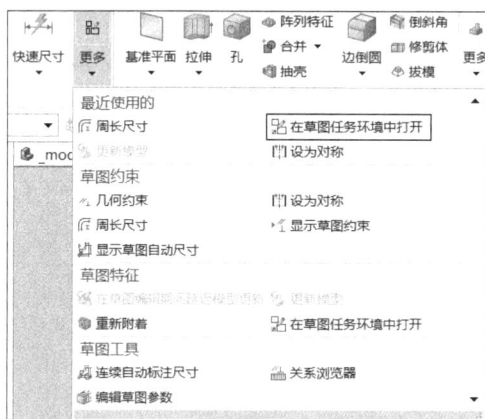

图 2-1-10　单击"更多→在草图任务环境中打开"按钮

5）通过设置快捷键进入草图环境。在功能区空白处右击，在弹出的快捷菜单中选择"定制"命令（图 2-1-11），打开"定制"对话框，单击"键盘"按钮，在打开的"定制键盘"对话框中找到草图命令，为其设置新的快捷键，如图 2-1-12 所示，最后单击"指派"按钮并关闭，进入创建。

图 2-1-11　选择"定制"命令　　　　图 2-1-12　"定制"对话框与"定制键盘"对话框

【技能点 3】 定向到草图

"定向到草图"按钮与"定向到模型"按钮可以帮助用户在草图创建和编辑过程中便捷地查看和操作草图，如图 2-1-13 所示。

模型处在任务草图环境中时，单击"定向到草图"按钮可以草图坐标系为中心点将视图快速定向到中间位置及将草图定向到用户视图中间位置，比例大小为适合视图比例，如图 2-1-14 所示。

图 2-1-13 "定向到草图"按钮与"定向到模型"按钮

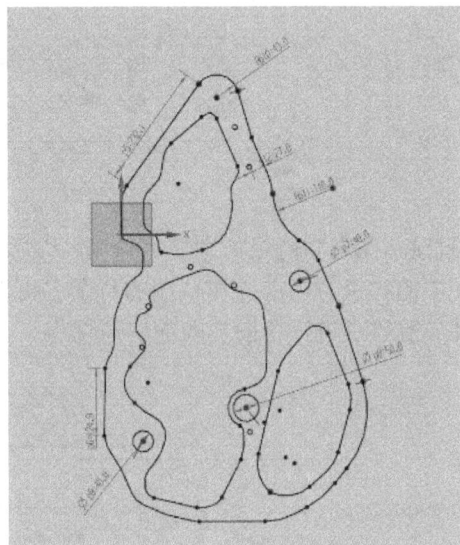

图 2-1-14 单击"定向到草图"按钮后的效果

在任务草图环境中时，单击"定向到模型"按钮可以将视图定向到进入草图环境之前的模型视图，便于查看在任务草图环境中对草图尺寸等的更改及建模的效果，如图 2-1-15 所示。

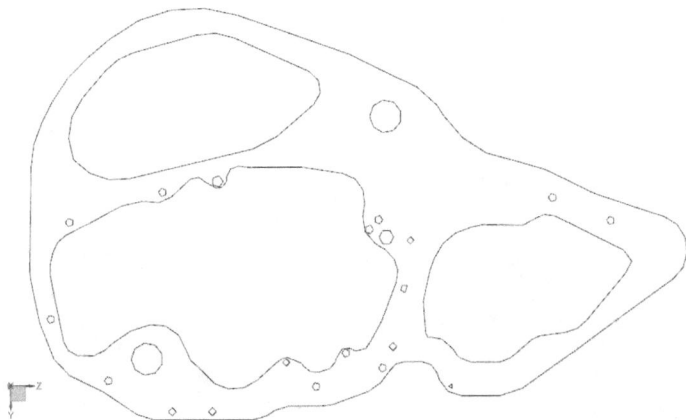

图 2-1-15 单击"定向到模型"按钮后的效果

【技能点4】 草图管理

利用任务草图的"草图"功能组可以将草图重新附着到新选择的选取面上。

利用任务草图的"草图"功能组（图 2-1-16）可对草图进行尺寸评估。其中，"评估草图"按钮只有在"延迟评估"按钮激活后才会被激活。在激活"延迟评估"按钮后，首先对草图尺寸进行修改，然后单击"评估草图"按钮，草图会自动约束到修订的尺寸，最后单击"更新模型"按钮，使三维模型更新到修订后的尺寸。

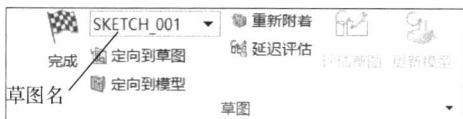

图 2-1-16 "草图"功能组

"直接草图"功能组如图 2-1-17 所示。如图 2-1-18 所示的"直接草图"功能组可以显示草图中的约束。当前操作草图的草图名可以被更改，当该三维文件存在多个草图时，可在部件导航器中进行草图之间的快速切换。

图 2-1-17 "直接草图"功能组 1

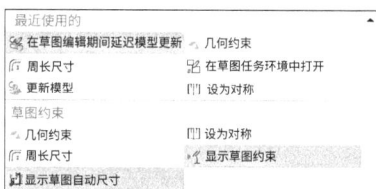

图 2-1-18 "直接草图"功能组 2

"重新附着"按钮的使用步骤如下：

1）在如图 2-1-19 所示的部件导航器中双击"草图（11）"选项进入直接草图环境，如图 2-1-20 所示。

图 2-1-19 部件导航器

图 2-1-20 进入直接草图环境后

2）在任务草图的"草图"功能组中单击"重新附着"按钮 🔲 重新附着，打开"重新附着草图"对话框，在"草图平面"选项区域中的"平面方法"下拉列表中选择"新平面"选项，如图 2-1-21 所示。

3）在三维模型中选取新的附着面，如图 2-1-22 所示。

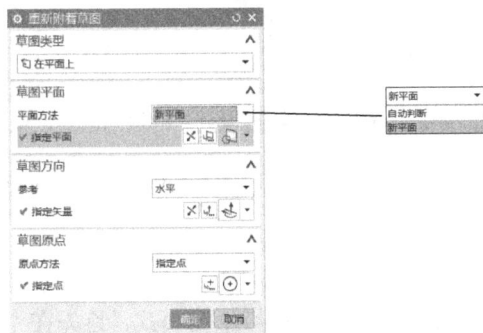

图 2-1-21　选择"新平面"选项

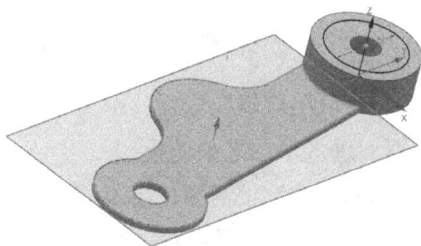

图 2-1-22　选取新的附着面

4）在"草图原点"选项区域的"原点方法"的下拉列表中选择"指定点"选项，打开"点"对话框（图 2-1-23），在"类型"下拉列表中选择"面上的点"选项（图 2-1-24），选定原草图新的附着位置。

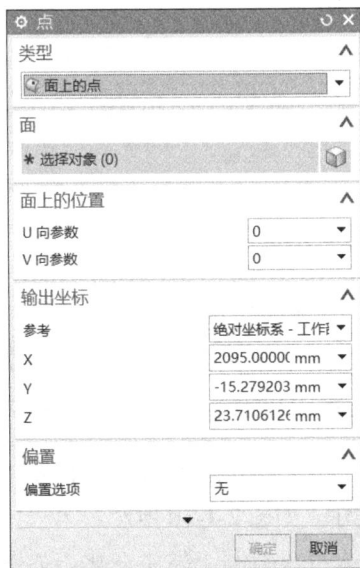

图 2-1-23　"点"对话框

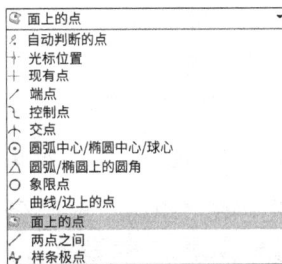

图 2-1-24　选择"面上的点"选项

5）在新的附着面上选取位置，然后单击"确定"按钮，效果如图 2-1-25 所示。

6）在三维模型中得知，草图圆已经附着到了新选取的附着面上了，如图 2-1-26 所示。

图 2-1-25　在新的附着面上选取位置效果　　图 2-1-26　草图圆已经附着到新选取的附着面上

7）在草图编辑完成后，单击任务草图"草图"功能组中的"完成"按钮退出草图模式，返回进入草图之前的视图。

"延迟评估"按钮的使用步骤如下：

1）在部件导航器中双击"草图（9）"选项（图 2-1-27）进入直接草图模式，首先在"直接草图"功能组中选择"更多→在草图编辑期间延迟模型更新"选项，如图 2-1-28 所示。

图 2-1-27　双击"草图（9）"选项　　图 2-1-28　选择"在草图编辑期间延迟模型更新"选项

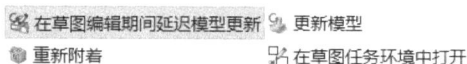

2）对矩形草图的尺寸进行修改，双击矩形线性约束尺寸（图 2-1-29），打开"线性尺寸"对话框，在"驱动"选项区域中输入要更改的尺寸，如图 2-1-30 所示。

3）修改完成后，单击"关闭"按钮，三维模型尺寸没有马上发生变化，如图 2-1-31 所示。

4）选择"更新模型"选项，如图 2-1-32 所示，使建模环境下的三维模型尺寸约束到修改后的尺寸，如图 2-1-33 所示。

图 2-1-29　矩形线性约束尺寸

图 2-1-30　"线性尺寸"对话框

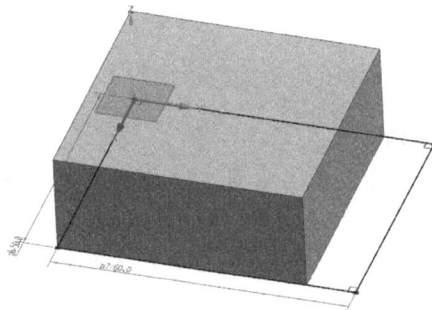

图 2-1-31　三维模型尺寸没有马上发生变化

图 2-1-32　选择"更新模型"选项

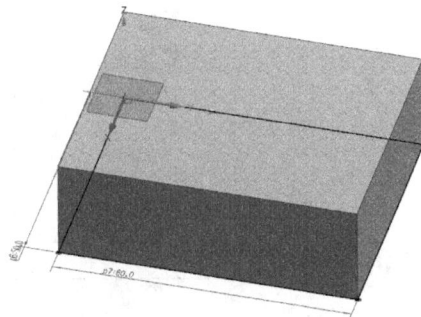

图 2-1-33　三维模型尺寸约束

技能点拨

1）直接草图和建模环境的草图是有区别的。一般情况下系统默认进入直接草图，包括建模时在某面绘制直接草图线，也是进入直接草图。若想进入建模环境草图，只能手动进入。

2）在定制命令快捷键时应避开其他功能的快捷键，否则会发生错误。

3）进入草图环境绘制草图线时，要考虑后期生成三维模型时的尺寸和线段是否已经闭合。

工作任务 2.2

编辑草图曲线

视频：曲线绘制

【核心内容】

进行草图绘制时需要确定曲线绘制的正确性，因为不是每条曲线都可以一步到位绘制好，所以在曲线初步绘制完成后还可能需要对其进行倒斜角、修剪、延伸等操作才能完成草图的正确绘制，这就是草图的编辑。

【学习目标】

1. 理解草图曲线中编辑曲线的各个命令的用法。
2. 掌握曲线的"倒斜角"和"角焊"命令的操作方法。
3. 掌握曲线的"快速修剪""快速延伸""制作拐角"命令的操作方法。
4. 掌握"移动曲线"和"删除曲线"命令的操作方法。

任务分析

草图曲线的编辑对草图绘制有着重要的作用，熟练掌握草图中曲线的各项编辑命令可提高绘图效率。

"倒斜角"和"角焊"命令会根据设置生成斜角和圆角,其中,"角焊"命令也称为"圆角"命令,它能使草图显得圆滑美观,更加符合审美。"快速修剪"命令可以在任一方向将曲线修剪至最近的交点或选定的曲线。"快速延伸"命令可将曲线延伸至另一邻近或选定的曲线。"制作拐角"命令通过将两条曲线延伸或修剪到公共交点来创建拐角。"移动曲线"命令可以移动一组曲线并调整相邻曲线以适应被移动的曲线。"删除曲线"命令应用于封闭的图形时会弹出错误的显示,该命令适用于未封闭的图形,如果要删除相应曲线,则可以在选中曲线后直接按 Delete 键。

【技能点 1】 倒斜角	【技能点 2】 角焊
【技能点 3】 快速修剪	【技能点 4】 快速延伸
【技能点 5】 制作拐角	【技能点 6】 移动曲线
【技能点 7】 删除曲线	

实战演练

【技能点 1】 倒斜角

对两条草图线之间的尖角进行倒斜角,用户可以根据创建倒斜角的不同方式及要求创建倒斜角。如图 2-2-1 所示,在"编辑曲线"工具栏中单击"倒斜角"按钮,在打开的"倒斜角"对话框中,可选择以"对称""非对称""偏置和角度"三种方式创建倒斜角。"对称"为两条相交草图线上到尖角的距离相对于尖角平分线对称。它可以通过输入距离设定,也可以拖动鼠标进行方向和距离的设定,如图 2-2-2 所示。

图 2-2-1　"编辑曲线"工具栏

图 2-2-2　选择"对称"方式并设置距离

如果用户选择"非对称"方式(图 2-2-3),则选择需要倒斜角的直线,第一选取的直线到尖角的距离为"距离 1",第二选取的直线到尖角的距离为"距离 2",如图 2-2-4 所示,并分别选中"距离 1""距离 2"复选框,设置下一倒斜角为直接选择直线自动生成。倒斜角效果如图 2-2-5 所示。

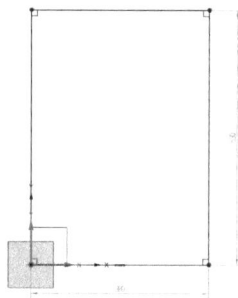

图 2-2-3　选择"非对称"方式并　　图 2-2-4　选择直线 1、2　　图 2-2-5　倒斜角效果
　　　　　设置距离　　　　　　　　　　　　　　　　　　　　　　（"非对称"方式）

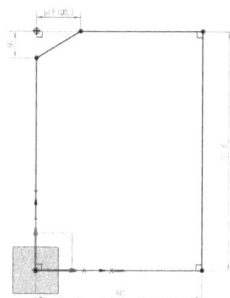

同理，如果用户选择"偏置和角度"方式（图 2-2-6），则选择需要倒斜角的直线，第一选取的直线到尖角为"距离"，第二选取的直线与倒斜线之间的夹角为"角度"，并分别选中"距离"和"角度"复选框，设置下一倒斜角为直接选择直线自动生成。倒斜角效果如图 2-2-7 所示。

图 2-2-6　选择"偏置和角度"方式并设置距离和角度　　图 2-2-7　倒斜角效果（"偏置和角度"方式）

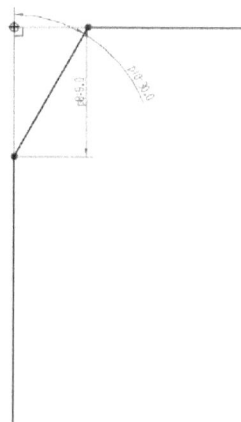

【技能点 2】 角焊

"角焊"命令与旧版本的"圆角"命令用法一致，是在相邻的两条或三条直线间按照指定的半径进行角焊，选择的两条直线可以是相交的，也可以是不相交的，但必须有延伸的交点。

在"编辑曲线"工具栏中单击"角焊"按钮┐（图 2-2-8），在打开的"圆角"对话框中有"修剪"与"取消修剪"（图 2-2-9）两种创建角焊的方法。"修剪"与"取消修剪"命令的区别在于：前者在进行角焊操作后，将自动删除圆角交点到原来两条直线或三条直线的夹角点的距离线段；后者则保留圆角交点到原来两条直线或三条直线的夹角点的距离线段。使用"修剪"方法创建角焊的效果如图 2-2-10 所示。

同理，先单击"取消修剪"按钮，然后选取两条直线（图 2-2-11），鼠标拖动方向在两直线范围内，并输入半径（图 2-2-12）。使用"取消修剪"方法创建角焊的效果如图 2-2-13 所示。

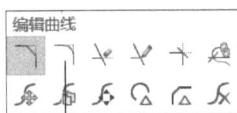

"角焊"按钮

图 2-2-8　"角焊"按钮

"修剪"按钮　　"取消修剪"按钮

图 2-2-9　"修剪"与"取消修剪"按钮

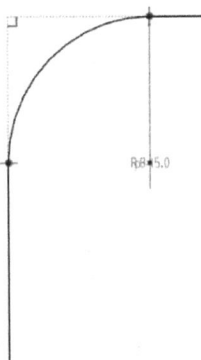

图 2-2-10　使用"修剪"方法创建角焊的效果

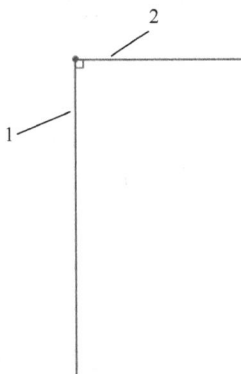

图 2-2-11　选取两条直线

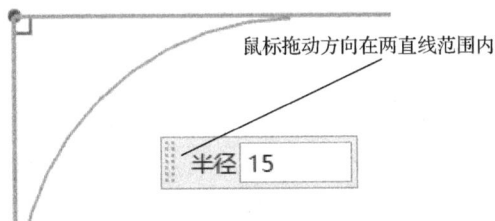

鼠标拖动方向在两直线范围内

半径 15

图 2-2-12　输入半径

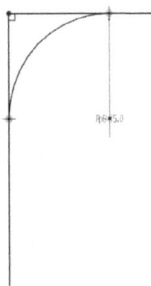

图 2-2-13　使用"取消修剪"方法创建角焊的效果

【技能点 3】 快速修剪

"快速修剪"命令用于对草图线的快速修剪。对于所有相交的曲线，选中需要删除的线段后进行删除。

在"编辑曲线"工具栏中单击"快速修剪"按钮，如图 2-2-14 所示，在打开的"快速修剪"对话框中单击"要修剪的曲线"选项区域中的"选择曲线"按钮，如图 2-2-15 所示。选中要删除的线段后，该线段与其他线段会有明显的颜色差异，便于观察修剪位置。"快速修剪"有三种修剪方式，即单独修剪、统一修剪、边界修剪。

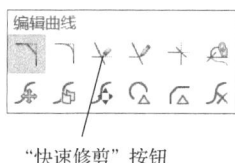

图 2-2-14 "快速修剪"按钮

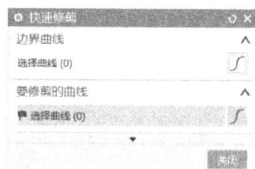

图 2-2-15 "快速修剪"对话框

单独修剪方式：首先单击要删除的曲线，然后逐条单击需要删除的线段，如图 2-2-16 所示。单独修剪效果如图 2-2-17 所示。

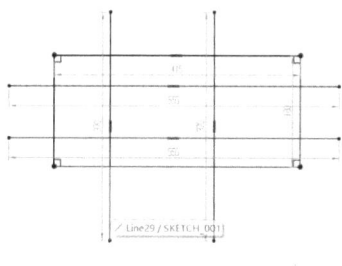

图 2-2-16 选取要删除的曲线

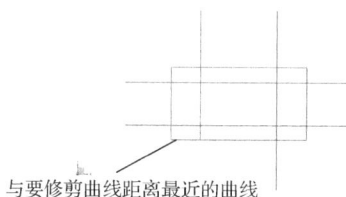

图 2-2-17 单独修剪效果

统一修剪方式：与单独修剪方式的原理一致，只需按住鼠标左键不放，绘制一条线穿过要删除的线，线段均是在任一方向要删除的曲线，如图 2-2-18 所示。统一修剪效果如图 2-2-19 所示。

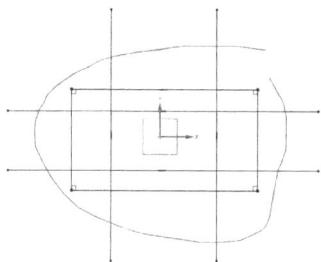

图 2-2-18 绘制一条线穿过要删除的曲线

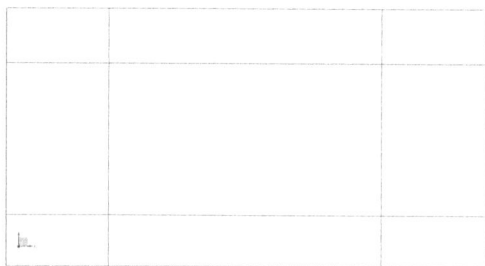

图 2-2-19 统一修剪效果

边界修剪方式：在"快速修剪"对话框中单击"边界曲线"选项区域中的"选择曲线"按钮（图 2-2-20），选择任一曲线作为边界曲线（图 2-2-21），然后可根据需要选择要修剪的曲线（图 2-2-22），最终删除的线段为选择的要修剪的曲线（在选择的边界曲线的左边或右边），中间过程不受其他交线、交点的影响。边界修剪效果如图 2-2-23 所示。

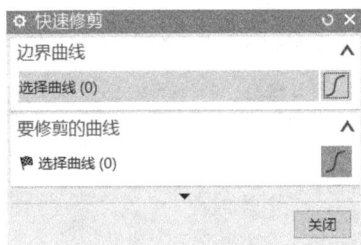

图 2-2-20　单击"选择曲线"按钮

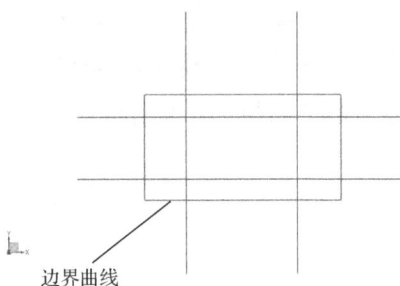

图 2-2-21　选择边界曲线

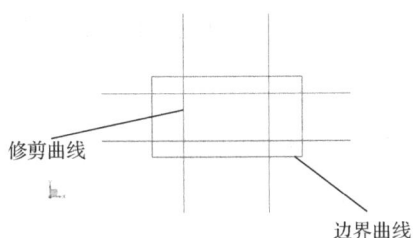

图 2-2-22　选择修剪曲线

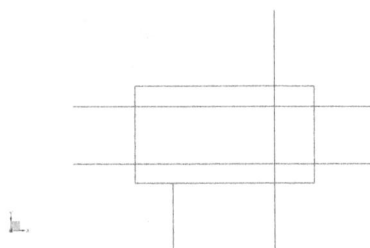

图 2-2-23　边界修剪效果

【技能点 4】　快速延伸

"快速延伸"命令能让需要延伸的曲线自动延伸到邻近曲线，或选定的曲线与之相交但不超出。

在"编辑曲线"工具栏中单击"快速延伸"按钮，如图 2-2-24 所示，在打开的"快速延伸"对话框的"要延伸的曲线"选项区域中单击"选择曲线"按钮，如图 2-2-25 所示。选中要延伸的曲线后，该曲线出现颜色差异，系统将自动把选取的要延伸的曲线延伸到距离最近的曲线，并出现预览延伸效果。用户也可以在"边界曲线"选项区域中自行选定边界曲线，将自动以延伸曲线原有的姿态延伸到选定边界曲线。"快速延伸"命令与"快速修剪"命令的作用是相反的，前者则是自动延伸到邻近曲线，后者是自动修剪线段到邻近曲线或线段的交点。"快速延伸"有三种延伸方式，即单独延伸、统一延伸、边界延伸。

图 2-2-24　"快速延伸"按钮

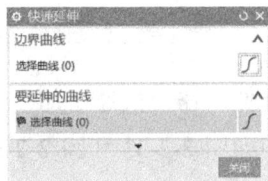

图 2-2-25　"快速延伸"对话框 1

单独延伸：系统能自动判断要延伸的曲线到最近曲线停止，只需选定需要延伸的曲线即可，如图 2-2-26 所示。单独延伸效果如图 2-2-27 所示。选择圆弧曲线延伸及圆弧延伸效果分别如图 2-2-28 和图 2-2-29 所示。

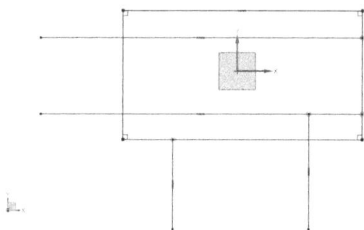

图 2-2-26　选择延伸曲线

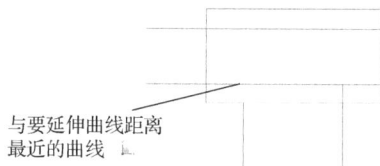

与要延伸曲线距离最近的曲线

图 2-2-27　单独延伸效果

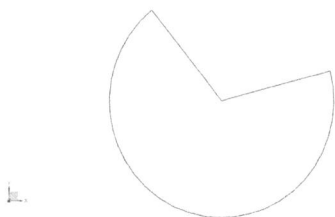

图 2-2-28　选择圆弧曲线延伸

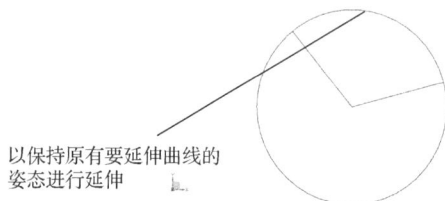

以保持原有要延伸曲线的姿态进行延伸

图 2-2-29　圆弧延伸效果

统一延伸：与单独延伸原理一致，只需按住鼠标左键不放，绘制一条线穿过需要延伸的线，线段均是延伸到距离要延伸曲线最近的曲线位置，如图 2-2-30 所示。统一延伸效果如图 2-2-31 所示。

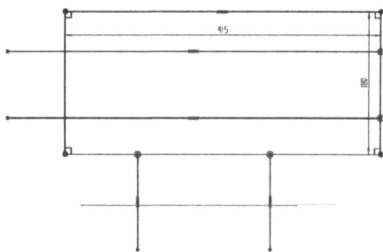

图 2-2-30　绘制穿过要延伸曲线的线

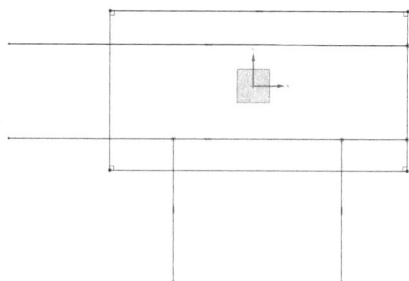

图 2-2-31　统一延伸效果

边界延伸：在"快速延伸"对话框（图 2-2-32）中，分别选定边界曲线及要延伸的曲线，分别如图 2-2-33 和图 2-2-34 所示，要延伸的曲线会自动延伸到选定的边界曲线。边界延伸效果如图 2-2-35 所示。

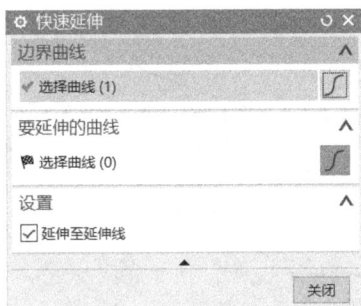

图 2-2-32　"快速延伸"对话框 2

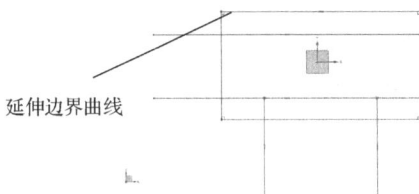

图 2-2-33　选择边界曲线

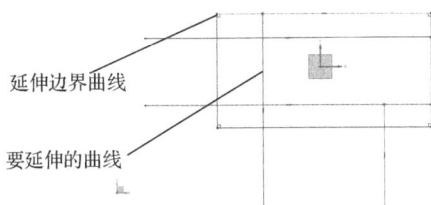

图 2-2-34　选择要延伸的曲线

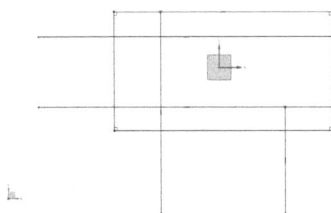

图 2-2-35　边界延伸效果

【技能点 5】　制作拐角

"制作拐角"命令用于将两条相交或没有相交的曲线在拐角处进行修剪或延伸,"制作拐角"按钮如图 2-2-36 所示。

在"编辑曲线"工具栏中单击"制作拐角"按钮,在打开的"制作拐角"对话框中单击"选择对象"按钮,如图 2-2-37 所示,选择两条相交或没有相交的曲线,系统会自动判断并进行修剪或延伸到交点。制作拐角有两种方法,分别为单独制作拐角和统一制作拐角。

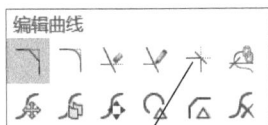

图 2-2-36　"制作拐角"按钮

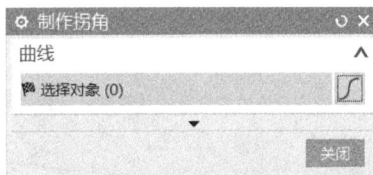

图 2-2-37　"制作拐角"对话框

单独制作拐角方法:分别选择两条相交或不相交的曲线,系统自动根据判断在选择第二条曲线时生成预览,分别如图 2-2-38 和图 2-2-39 所示。单独制作拐角效果如图 2-2-40 所示。

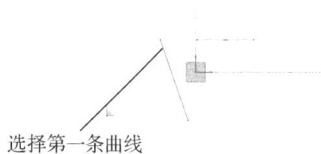

图 2-2-38 选择第一条未相交曲线   图 2-2-39 选择第二条未相交曲线

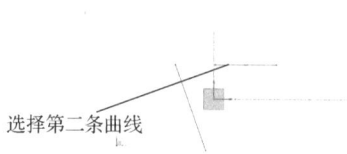

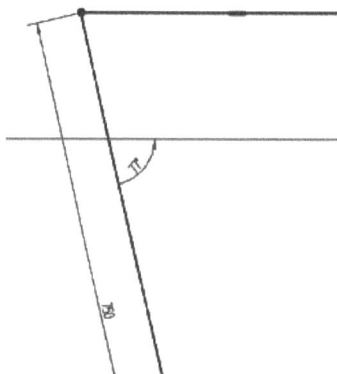

图 2-2-40 单独制作拐角效果

统一制作拐角可以处理未相交曲线，也可以处理相交曲线（图 2-2-41）。统一制作拐角方法：使用绘制线进行制作，长按鼠标左键并拖动绘制线，划过的地方保留，如图 2-2-42 所示，这个操作和修剪曲线的操作结果刚好相反，而且制作拐角的修剪还默认所选的曲线互为边界，就算是修剪一侧还有其他相交曲线也不影响修剪，相当于选择了边界曲线的"修剪"命令。在曲线自动延伸到两曲线交点时，一次只能操作两条曲线，和选择了边界曲线的延伸曲线类似。统一制作拐角效果如图 2-2-43 所示。

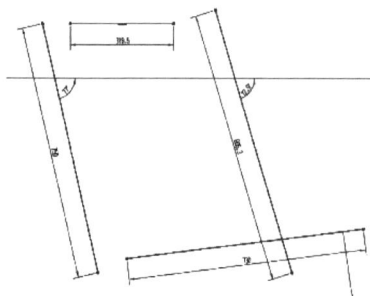

图 2-2-41 既有未相交曲线，也有相交曲线   图 2-2-42 绘制线穿过需要保留的线段

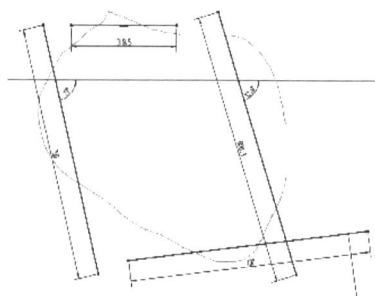

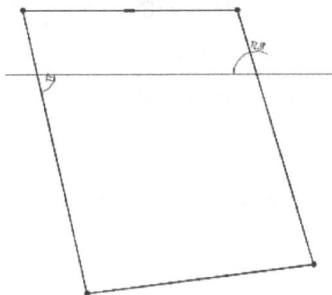

图 2-2-43 统一制作拐角效果

综上，制作拐角和修剪曲线、延伸曲线的共同点是都可以把曲线修剪或延伸到交点处，但是修剪曲线可以只修剪单条曲线，延伸曲线只能延伸一条曲线，边界曲线都没有变化；而制作拐角是两条曲线之间的修剪和延伸，两条曲线之间互为边界，超出的需要修剪，不相交的需要延伸到相交。因此，在制作时应注意只修剪或延伸一条直线的不能使用"制作拐角"命令，只修剪或延伸曲线到中间曲线的也不能使用"制作拐角"命令。

【技能点 6】 移动曲线

"移动曲线"命令用于移动一组曲线并调整相邻曲线，通过修剪和延伸使被移动曲线的相邻曲线运动到交点，也相当于被移动曲线与相邻曲线互为边界线自动修剪和延伸。

在"编辑曲线"工具栏"中单击"移动曲线"按钮 ✍ （图 2-2-44），在打开的"移动曲线"对话框中，可通过距离、角度、点到点等移动方式对曲线进行移动，如图 2-2-45 所示。没有相邻曲线的被移动曲线只进行相应移动方式的移动；在选有相邻曲线的被移动曲线时，系统会根据移动方式对选定的移动曲线进行到交点的修剪和延伸。

"移动曲线"按钮

图 2-2-44 "移动曲线"按钮

"矢量对话框"按钮

图 2-2-45 "移动曲线"对话框

下面举例说明：

1）在对没有相邻曲线的被移动曲线进行距离、角度的移动时，对需要移动的曲线进行选定（图 2-2-46、图 2-2-47），输入移动距离值（图 2-2-48）并进行矢量确定（图 2-2-49），原被移动曲线没有变化。距离移动曲线效果如图 2-2-50 所示。角度移动与距离移动类似，首先选定移动曲线并输入转动角度（图 2-2-51），然后在"点"对话框中指定轴点和输入角度值，如图 2-2-52 所示。角度移动曲线效果如图 2-2-53 所示。

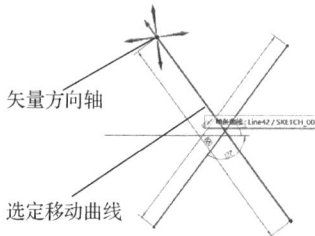

图 2-2-46　选定移动曲线

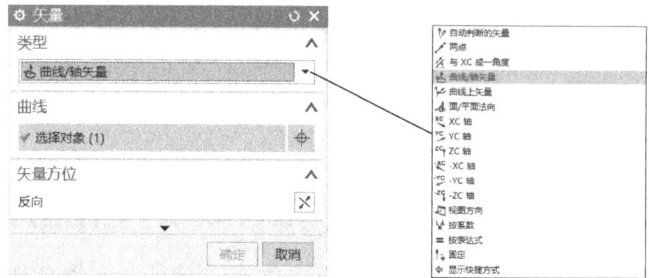

图 2-2-47　选择"曲线/轴矢量"选项

图 2-2-48　输入移动
距离值

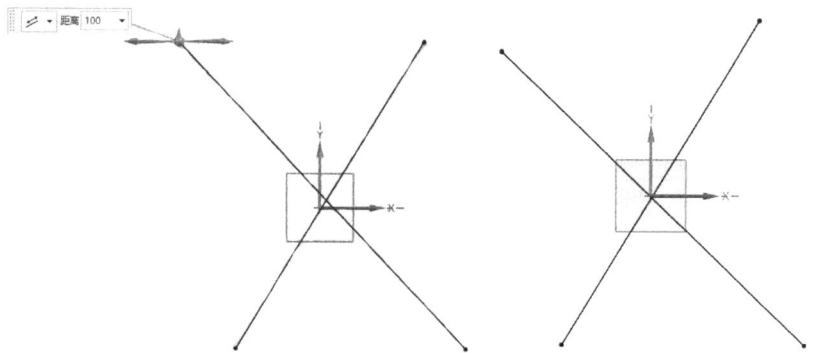

图 2-2-49　选定 Y 轴矢量方向

图 2-2-50　距离移动曲线效果

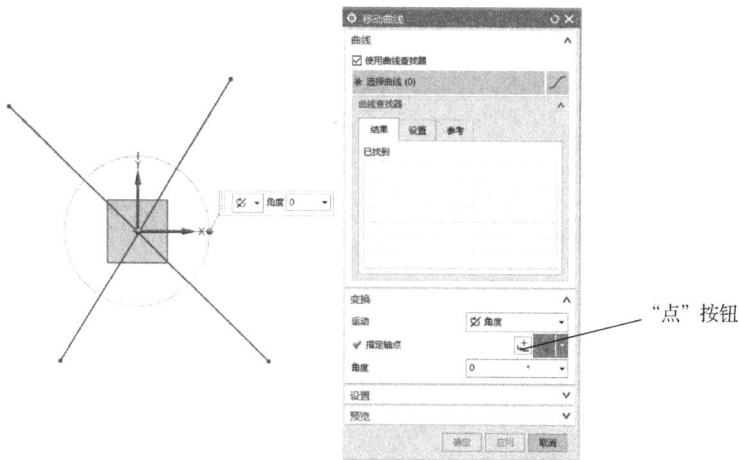

图 2-2-51　选定移动曲线并输入转动角度

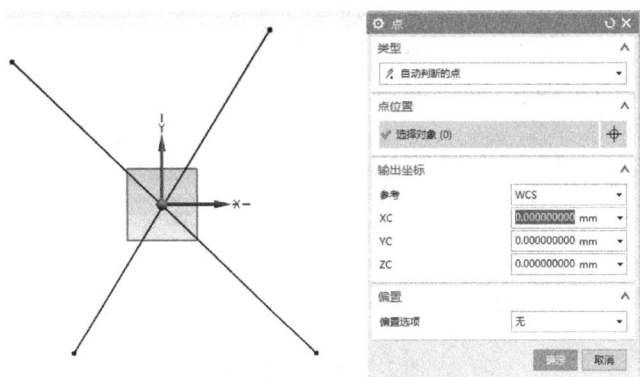

图 2-2-52　指定轴点和输入角度值

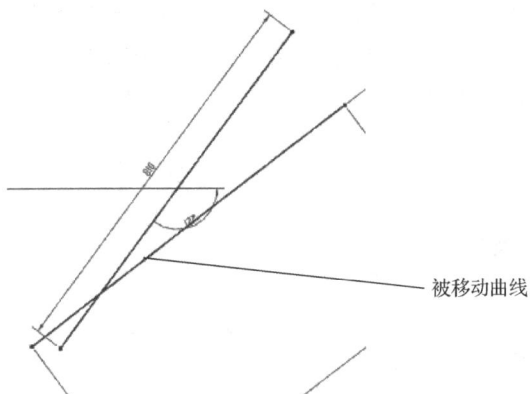

图 2-2-53　角度移动曲线效果

2）在对有相邻曲线的被移动曲线进行移动，且没有选定相邻曲线时，被移动曲线与相邻曲线根据移动距离在保持曲线原状态下进行修剪和延伸。在"移动曲线"对话框中选定移动曲线，确定移动方向为 Y 轴和移动距离，单击"确定"按钮，如图 2-2-54 所示。效果图如图 2-2-55 所示，保持原有曲线姿态。

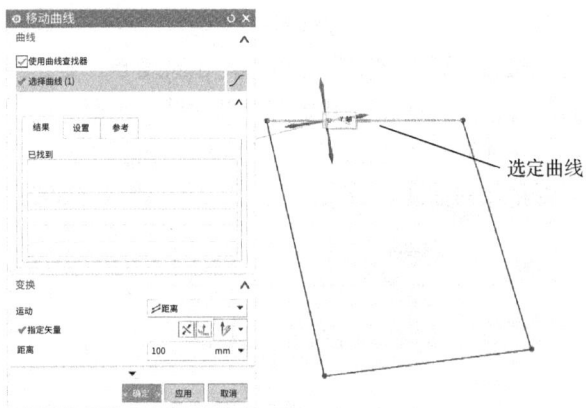

图 2-2-54　选定移动曲线，确定移动方向为 Y 轴和移动距离

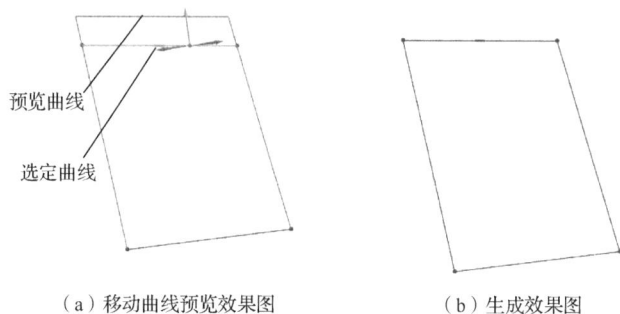

（a）移动曲线预览效果图　　　　　　（b）生成效果图

图 2-2-55　效果图 1

3）在对有相邻曲线的被移动曲线进行移动，且有选定相邻曲线时，在"移动曲线"对话框中选定有相邻曲线的三条需要移动的曲线，确定矢量方向为 Y 轴方向，移动距离为200mm，如图 2-2-56 所示。所有选定的移动曲线根据确定的矢量方向进行移动，原曲线姿态可能有所改变。效果图如图 2-2-57 所示。

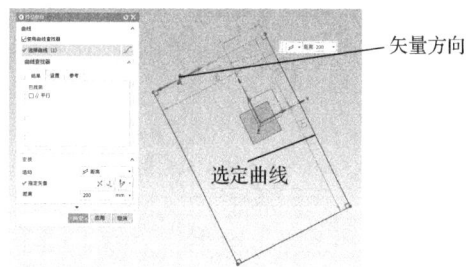

图 2-2-56　选定曲线，确定矢量方向及移动距离

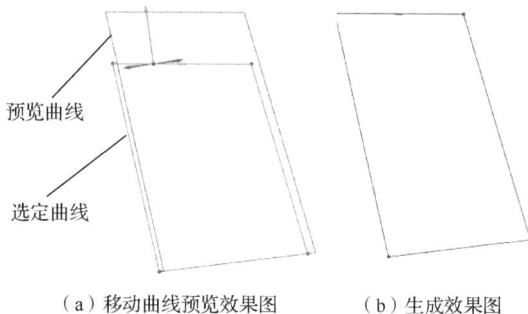

（a）移动曲线预览效果图　　　　（b）生成效果图

图 2-2-57　效果图 2

【技能点 7】　删除曲线

"删除曲线"命令用于删除一组曲线并自动调整相邻曲线。与"移动曲线"命令不同的是，"删除曲线"命令在删除线后，该线的相邻曲线互为边界线进行修剪和延伸，直到出现交点为止。若被删除线的相邻线通过修剪和延伸不能出现交点，则出现"警报"提示框提示"更改失败"，且选定的需要删除的曲线必须要有相邻曲线，否则也会出现"警报"提示框提示。在"编辑曲线"工具栏中单击"删除曲线"按钮 ，如图 2-2-58 所示，在打开的"删除曲线"对话框中选定需要删除的曲线。效果图如图 2-2-59 所示，曲线原有形态发生改变。

"删除曲线"按钮

图 2-2-58　"删除曲线"按钮

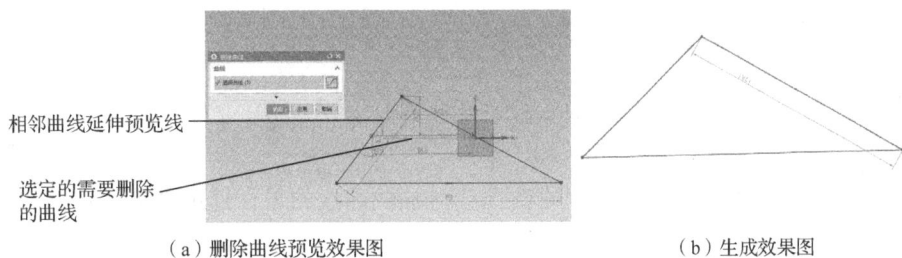

| 相邻曲线延伸预览线 |
| 选定的需要删除的曲线 |

（a）删除曲线预览效果图　　　　　　　　　　　　（b）生成效果图

图 2-2-59　效果图 3

技能点拨

1）"角焊"命令相当于以往 UG NX 版本的"圆角"命令，只是高版本更换了名称。

2）"快速修剪"命令和"快速延伸"命令是两个互补的命令，在编辑有多条草图线的草图时可配合使用。

3）"制作拐角"命令相当于"快速修剪"命令和"快速延伸"命令的组合，只针对拐角的生成，应当熟练运用鼠标拖动的快速操作。

工作任务 2.3

草图约束

【核心内容】

草图约束主要包括几何约束和尺寸约束两种类型，可以限制更改并定义草图的形状。绘制草图时，约束会自动添加到各种草图元素上，根据绘制草图的精确程度，可能需要用一个或多个约束固定草图的形状或位置。

【学习目标】

1. 理解草图约束的各个命令的用法。

2. 掌握几何约束的操作方法。

3. 掌握尺寸约束的操作方法。

任务分析

使用草图约束可以方便、快捷地修改曲线，加快曲线的设计速度并减少曲线设计的重复性。

草图元素的理想状态是"完全约束"，即每个元素的形状和位置都确定。"完全约束"是指把草图中的元素按一定规律关联起来，当修改其中一个元素的定形或者定位尺寸时，其他元素就会按既定的规律变化。用户在实际操作过程中常见的问题是"约束不全"或"过约束"。"约束不全"是指草图中的部分元素没有达到"完全约束"。对于一些简单的不存在反复修改情况的模型，"约束不全"是不会影响模型的。"过约束"是指草图中的某些元素被添加了相互重复的约束条件。用户可通过观察草图元素的颜色来判断草图处于哪个约束状态。在默认状态下，草图元素为蓝色，表示处于"没有约束"状态，指既没有定形也没有定位；栗色表示处于"欠约束"状态，指只定义了定形或者定位尺寸当中的一部分约束；绿色表示处于"完全约束"状态，指既完全定形也完全定位；红色表示处于"过约束"状态，指定形或定位约束条件中有互相重复的约束。

【技能点 1】 熟识草图约束　　　　【技能点 2】 显示草图约束、草图自动尺寸

【技能点 3】 草图几何约束　　　　【技能点 4】 草图尺寸约束

【技能点 5】 自动尺寸　　　　　　【技能点 6】 备选解

【技能点 7】 草图关系浏览器　　　【技能点 8】 转换至/自参考对象

【技能点 9】 动画尺寸

实战演练

【技能点 1】 熟识草图约束

草图约束如图 2-3-1 所示。在草图绘制结束后大多时候是需要对草图进行约束的，用户可双击需要修改的草图线的尺寸标注，进入相应对话框进行尺寸设置。UG NX 为用户提供草图约束功能：能对草图整体进行几何排布约束，即几何约束；也可以对草图线尺寸进行各种类型约束，调整尺寸，同时也会影响草图线形状，即尺寸约束。几何约束用于定义草图对象的几何特性，如直线的长度、草图对象之间的相互关系、两条直线垂直或平行、几个圆弧有相同的半径和相同的圆心点。利用尺寸约束功能可以为草图线添加尺寸标注，以及精确设置图形组成元素的尺寸，包括快速、线性、径向、角度等。

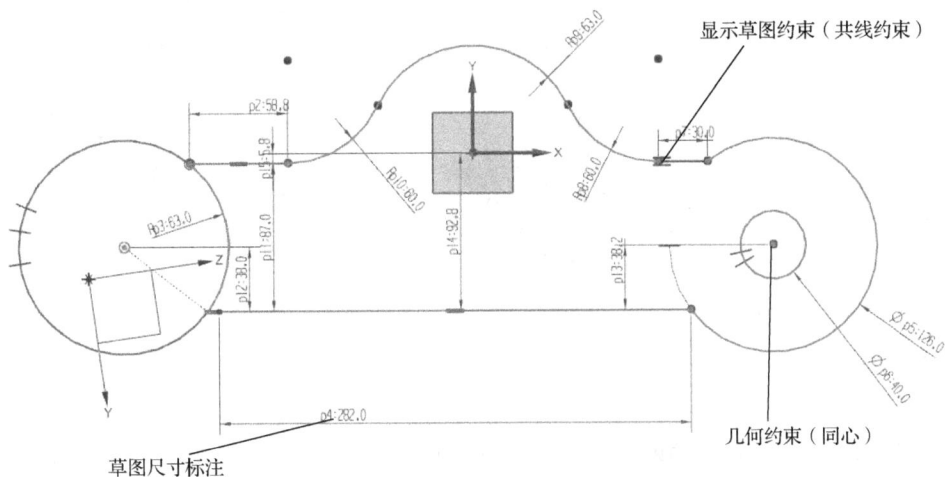

图 2-3-1　草图约束

【技能点 2】　显示草图约束、草图自动尺寸

利用"显示草图约束"命令可对在绘图区已经显示草图约束的草图进行几何约束显示和不显示设置。其打开路径为"菜单→工具→草图约束→约束"或"'直接草图'功能组→更多→显示草图约束"。如图 2-3-2 所示为"显示草图约束"命令打开,"显示草图自动尺寸"命令关闭时的草图约束。

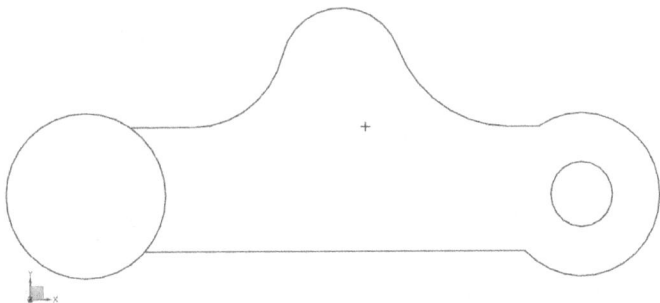

图 2-3-2　"显示草图约束"命令打开,"显示草图自动尺寸"命令关闭时的草图约束

利用"显示草图自动尺寸"命令在绘图工作区绘制草图线时,系统自动进行尺寸约束和对标注的草图进行尺寸约束显示和不显示设置。此命令对打开"显示草图自动尺寸"命令后绘制草图显示尺寸约束和标注的显示和不显示有作用,对手动添加的尺寸约束无作用。其打开路径为"菜单→工具→草图约束→显示草图自动尺寸"或"'直接草图'功能组→更多→显示草图自动尺寸"。如图 2-3-3 所示为"显示草图约束"命令关闭,"显示草图自动尺寸"命令打开时的草图约束。

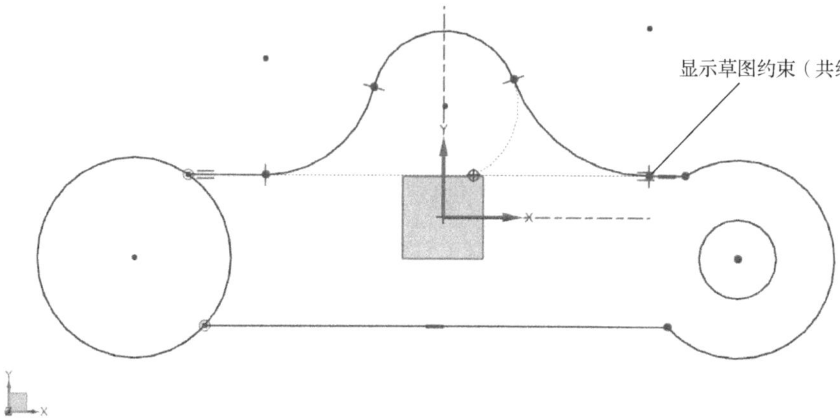

图 2-3-3 "显示草图约束"命令关闭,"显示草图自动尺寸"命令打开时的草图约束

【技能点 3】 草图几何约束

几何约束包含两种约束方式:手动几何约束和自动几何约束。手动几何约束的打开路径为"菜单→插入→草图约束→几何尺寸"或"'直接草图'功能组→更多→几何尺寸",单击"几何约束"按钮 ⁄ 几何约束 ,打开"几何约束"对话框,选定两个要进行几何约束的对象(图 2-3-4),再单击"约束"选项区域中的"同心圆"按钮(图 2-3-5),即可对两图形进行相应的几何约束,效果如图 2-3-6 所示。

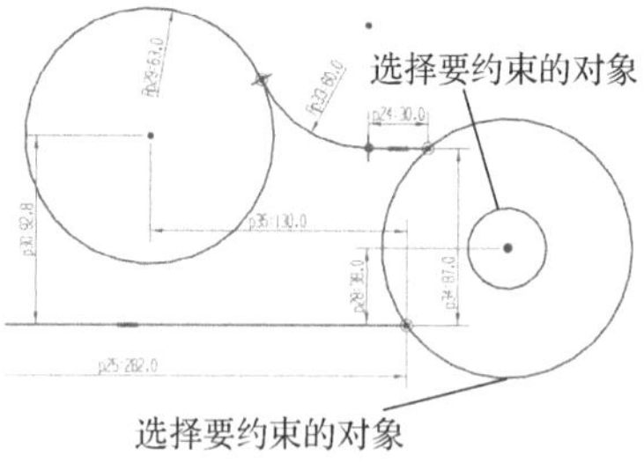

图 2-3-4 选定两个约束对象

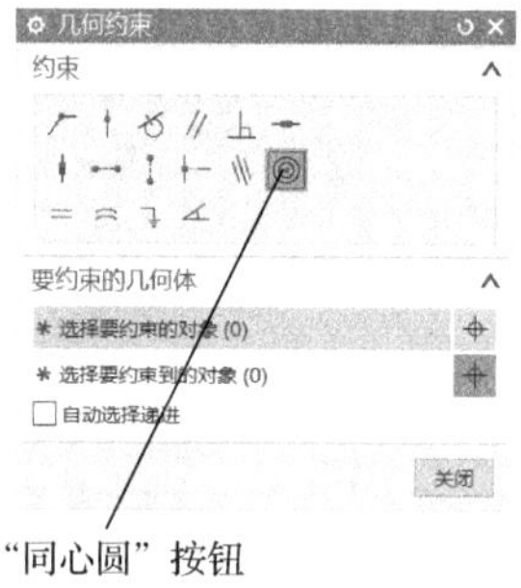

图 2-3-5 单击"同心圆"按钮

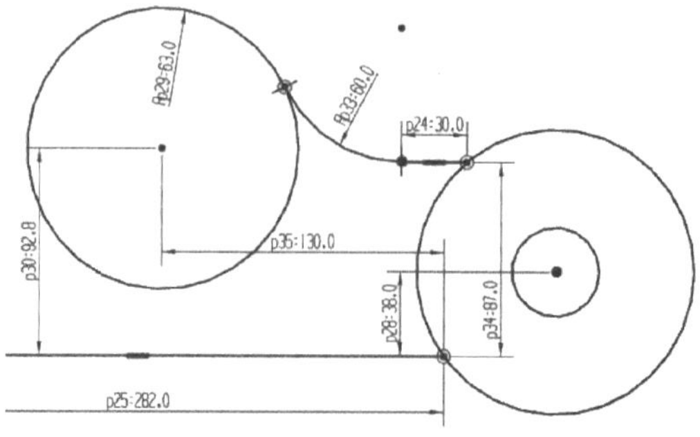

图 2-3-6 几何约束下对两圆进行同心圆约束的效果

在进行手动几何约束时，要选择不同的曲线。在"约束"选项区域激活不同的约束类型按钮，各种约束类型的意义如表 2-3-1 所示。

表 2-3-1　名种约束类型的意义

约束类型	意义	约束类型	意义
重合	约束两个或多个点重合	点在曲线上	约束点在所选的曲线上
相切	约束两条选定的曲线相切	平行	约束两条或多条直线相互平行
垂直	约束两条直线垂直	水平	约束直线为水平直线
竖直	约束直线为竖直直线	水平对齐	约束两个或多个选定的顶点或点，使之水平对齐
竖直对齐	约束两个或多个选定的顶点或点，使之竖直对齐	中点	约束点在所选曲线的中点上
共线	约束两条或多条直线共线	同心	约束两个或多个圆弧/圆的圆心重合
等长	约束两条或多条直线长度相等	等半径	约束两个或多个圆弧/圆半径相等
固定	将约束对象在某一方向上固定	定角	约束一条或多条选定的直线，使之具有定角

使用自动几何约束功能，系统会首先分析当前草图中的图形，然后在可以添加约束的地方自动添加相应的约束，可以同时设置多个约束。选择"菜单→工具→草图工具→自动约束"命令，打开"自动约束"对话框，在该对话框中选中需要的约束类型，在绘图区选取要进行约束的对象，之后单击"自动约束"对话框（图 2-3-7）中的"确定"按钮，系统将在公差范围内自动为所选的对象添加相应的约束，如图 2-3-8 所示。

列出可运用的约束

图 2-3-7　"自动约束"对话框

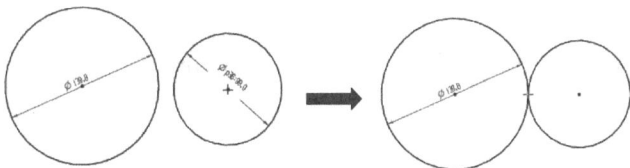

图 2-3-8　自动为所选对象添加相切约束

【技能点 4】　草图尺寸约束

草图尺寸约束包括快速尺寸、线性尺寸、径向尺寸、角度尺寸、周长尺寸等约束。选择"菜单→插入→草图约束→尺寸"命令，打开草图的尺寸约束工具条，如图 2-3-9 所示。

在尺寸约束工具条中单击"快速"按钮，打开"快速尺寸"对话框，如图 2-3-10 所示，在该对话框中参考选择对象来选择草图对象，根据鼠标移动位置对草图进行平行、水平、竖直、垂直尺寸约束，分别如图 2-3-11～图 2-3-14 所示。

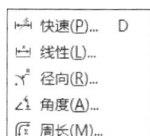

图 2-3-9 尺寸约束工具条 图 2-3-10 "快速尺寸"对话框

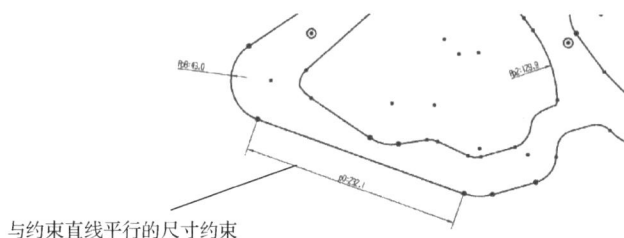

与约束直线平行的尺寸约束

图 2-3-11 一条直线或两个点的平行尺寸约束

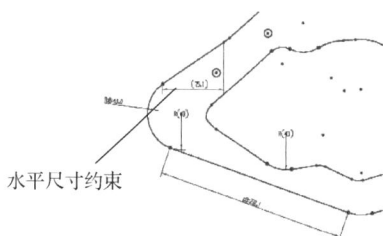

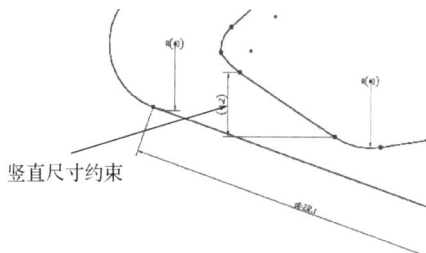

水平尺寸约束

竖直尺寸约束

图 2-3-12 一条直线或两个点的水平尺寸约束 图 2-3-13 一条直线或两个点的竖直尺寸约束

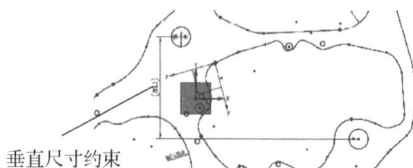

垂直尺寸约束

图 2-3-14 对点到曲线的垂直距离进行垂直尺寸约束

在尺寸约束工具条中单击"线性"按钮，在打开的"线性尺寸"对话框中选择线性草图对象，与"快速"命令不同的是该命令只针对线性的平行、水平、竖直、垂直约束。

在尺寸约束工具条中单击"径向"按钮，在打开的"径向尺寸"对话框中选择圆弧或圆环草图对象，如图 2-3-15 所示，并对其进行半径、直径的约束，如图 2-3-16 所示。

图 2-3-15　选择需要径向约束的对象

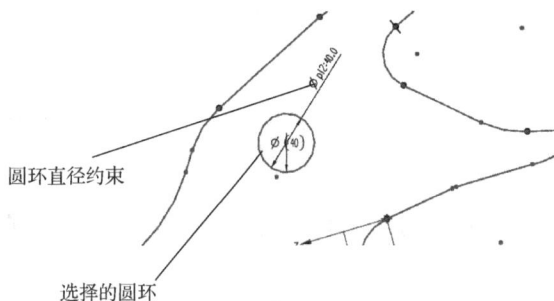

图 2-3-16　对选择的圆弧或圆环进行径向约束

在尺寸约束工具条中单击"角度"按钮，在打开的"角度尺寸"对话框中选择两条相交或没有相交的直线，或者通过选择直线和坐标轴来进行角度约束，如图 2-3-17 所示，根据移动鼠标位置创建选择的两直线间相对各个位置的角度，如图 2-3-18 所示。

图 2-3-17　选择两条需要角度尺寸约束的对象

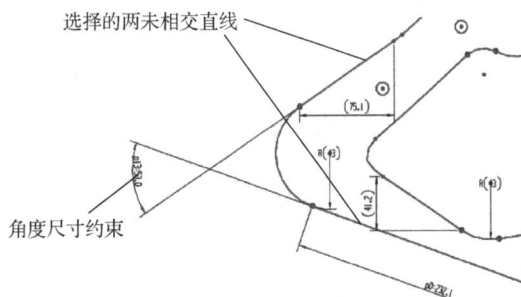

图 2-3-18　对所选未相交两直线进行角度尺寸约束

在尺寸约束工具条中单击"周长"按钮，打开"周长尺寸"对话框，在该对话框中的"曲线"选项区域单击"选择对象"按钮，如图 2-3-19 所示，选择直线或圆弧的集体长度的周长尺寸约束，如图 2-3-20 所示。用户可以通过修改"距离"文本框中的数值来显示所选闭合直线的周长，如图 2-3-21 所示。

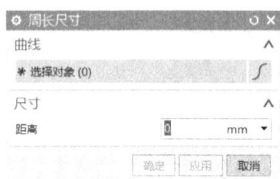

图 2-3-19　单击"选择对象"按钮

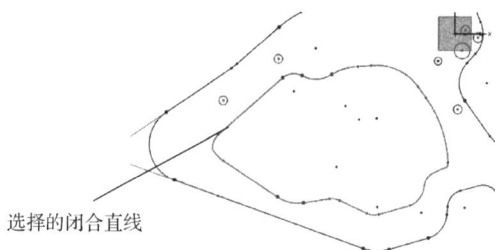

选择的闭合直线

图 2-3-20　选择直线或圆弧的集体长度的周长尺寸约束

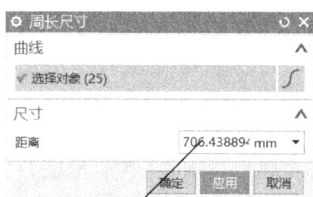

显示所选闭合直线的周长，用户可更改其数值

图 2-3-21　修改闭合直线的周长

【技能点 5】　自动尺寸

"自动尺寸"命令根据系统对所选曲线对象的自动判断，在草图绘制区创建草图对象的线性尺寸、径向尺寸等尺寸约束，还创建对称尺寸、相邻角度，以及对选择的草图对象的几何约束。选择"菜单→工具→草图约束→自动尺寸"命令，打开"自动尺寸"对话框，在该对话框中单击"选择对象"按钮（图 2-3-22），在草图中选择需要标注的尺寸对象（图 2-3-23），单击"确定"按钮，"自动尺寸"效果如图 2-3-24 所示。

图 2-3-22　选择对象

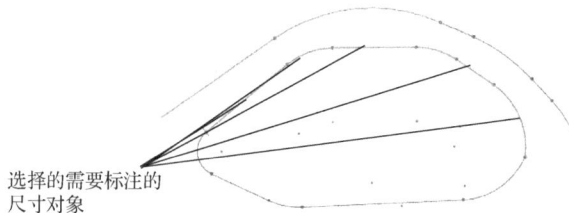

选择的需要标注的尺寸对象

图 2-3-23　在草图中选择需要标注的尺寸对象

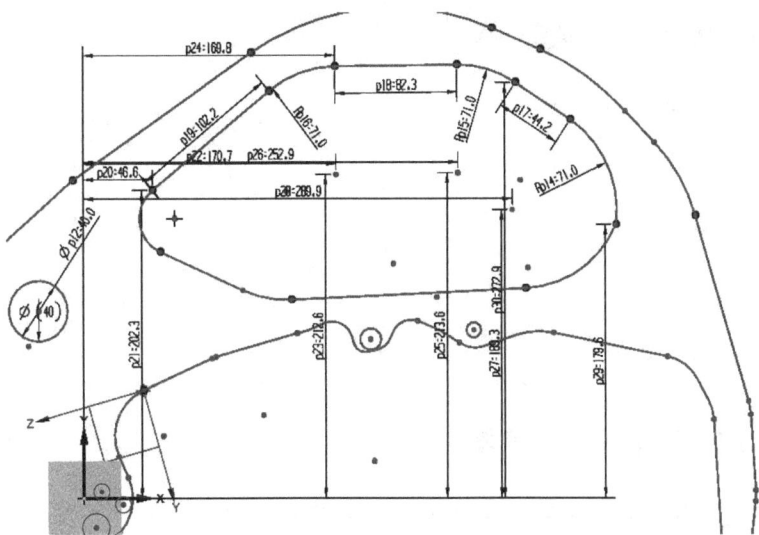

图 2-3-24　"自动尺寸"效果

【技能点 6】　备选解

当用户对草图进行草图约束操作时，会出现首选解和备选解。首选解即根据用户要求设置的约束；备选解则为一个约束条件可能存在多个方法满足该约束条件，也是系统预测的满足约束的另一种解法。例如，需要根据一条直线建一个基准平面，首选解可能是直线在这个平面上，备选解就是直线和面垂直。选择"菜单→工具→草图约束→备选解"命令，打开"备选解"对话框，如图 2-3-25 所示，在绘图区的草图中选定需要进行备选解操作即替换解法方式的草图对象，选择的草图对象必须是带有几何约束的，如图 2-3-26 所示，选择完成后，关闭该对话框，完成"备选解"命令操作对另一解法的替换（带有外相切的几何相切约束替换为内相切的几何相切约束），效果如图 2-3-27 所示。

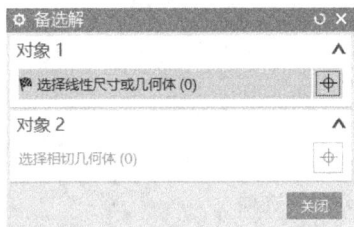

图 2-3-25　"备选解"对话框

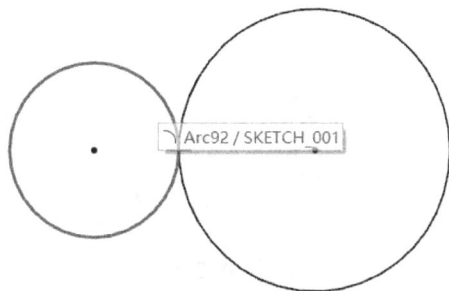

图 2-3-26　选定草图对象，其带有外相切
的几何相切约束

图 2-3-27　"备选解"效果

【技能点 7】　草图关系浏览器

"草图关系浏览器"命令主要是显示当前草图中的一些约束、尺寸，以及外部引用的关系，特别是对约束而言。选择"菜单→工具→草图约束→草图关系浏览器"命令，打开"草图关系浏览器"对话框，在该对话框中，"要浏览的对象"的范围可设置为"活动草图中的所有对象""单个对象""多个对象"，通过顶级节点对象显示所有的曲线或约束。在显示所有的曲线时，曲线和直线的约束清楚地反映在列表中；在显示所有约束时则显示当前草图中所有的约束，其优点是可帮助删除一些特定的约束，具体举例如下：

在"草图关系浏览器"对话框中的"要浏览的对象"选项区域中的"范围"下拉列表中选择"活动草图中的所有对象"选项，如图 2-3-28 所示，显示所有的曲线。选中"约束"单选按钮后在"浏览器"选项区域的列表框中显示该曲线的所有约束，如图 2-3-29 所示。

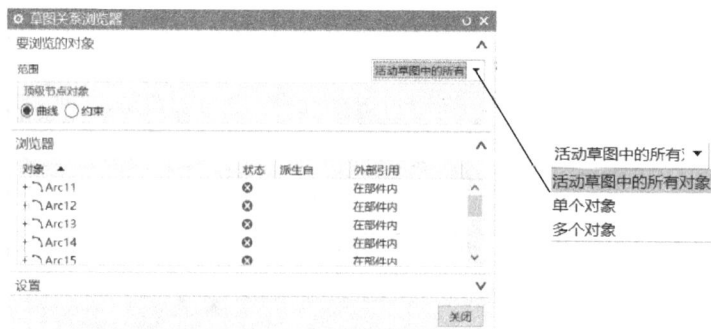

图 2-3-28　选择"活动草图中的所有对象"选项

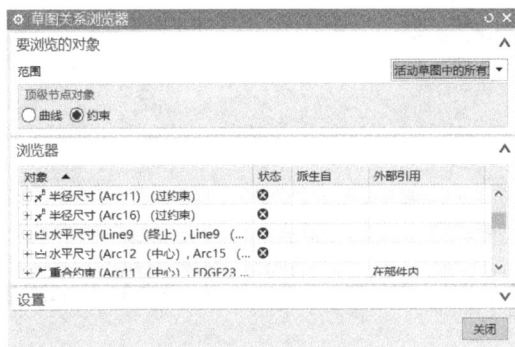

图 2-3-29 选中"约束"单选按钮后显示所有约束

删除图 2-3-30 中 Arc14、Arc15 圆环和圆弧的同心几何尺寸约束（图 2-3-31）后，移动曲线不受影响。

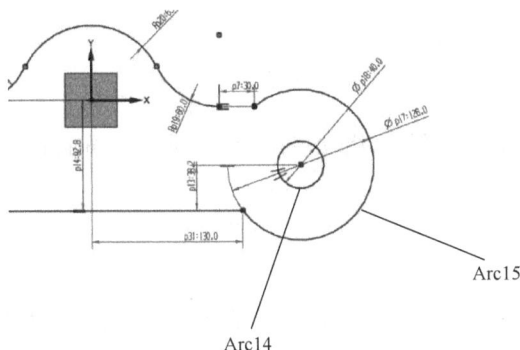

图 2-3-30 Arc14、Arc15 圆环和圆弧草图

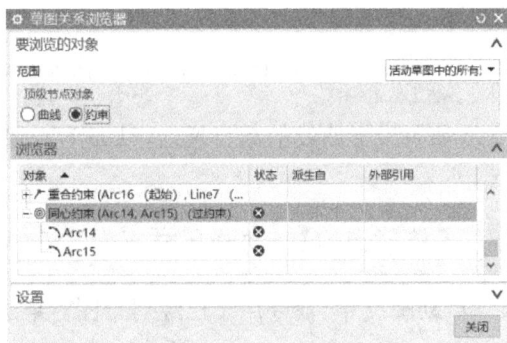

图 2-3-31 删除 Arc14、Arc15 圆环和圆弧的同心几何尺寸约束

【技能点 8】 转换至/自参考对象

"转换至/自参考对象"命令可将草图曲线从活动曲线转换为参考曲线，或者从参考曲线转换为活动曲线，又或者将尺寸从驱动尺寸转换为参考尺寸。通俗地讲，就是把实线变为虚线，把虚线变为实线，即辅助线与实体线的转换。

选择"菜单→工具→草图约束→转换至/自参考对象"命令，打开"转换至/自参考对象"对话框，在该对话框的"转换为"选项区域可选择转换为"参考曲线或尺寸"或"活动曲线或驱动尺寸"，如图 2-3-32 所示，选定后在绘图区选定需要转换的对象，如图 2-3-33 所示，最后在"转换至/自参考对象"对话框中单击"确定"按钮，即可对所选草图对象进行参考曲线、活动曲线和参考尺寸、驱动尺寸的相互转换。选定的转换对象被转换为参考曲线（即虚线），如图 2-3-34 所示。

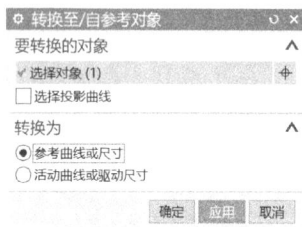

图 2-3-32　"转换至/自参考对象"对话框　　　　图 2-3-33　在绘图区选定转换对象

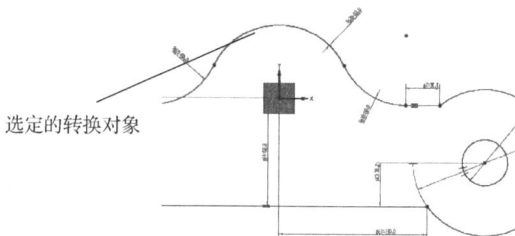

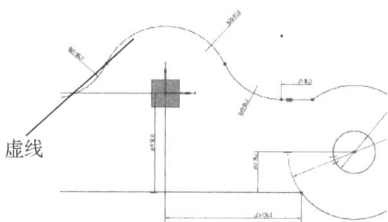

图 2-3-34　选定的转换对象被转换为参考曲线（即虚线）

如果投影曲线的数目增加，UG NX 则采用相同的活动或参考状态将新曲线添加到草图中。

【技能点 9】　动画尺寸

"动画尺寸"命令用于已经对草图对象进行了尺寸约束的草图进行在指定范围内的尺寸变动，并用动画演示的方式动态显示。选择"菜单→工具→草图约束→动画演示尺寸"命令，打开"动画演示尺寸"对话框，在该对话框的列表框中显示系统自动捕捉的带有尺寸约束的直线或曲线，可单击选定其他带有尺寸约束的尺寸标注，选定的外径尺寸如图 2-3-35 所示。在该对话框中通过选定草图对象的运动设置上、下限值，设置其步数/循环次数后，单击"确定"按钮可得带有角度尺寸约束的两外径直线，如图 2-3-36 所示。

图 2-3-35　选定的外径尺寸　　　　　　图 2-3-36　带有角度尺寸约束的两外径直线

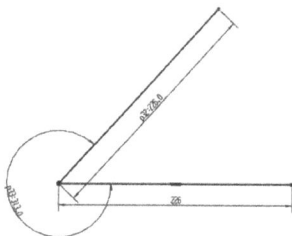

例如，选定两直线的外径尺寸后，在"动画演示尺寸"对话框中判断草图对象值为 313，并自动设置上、下限运动值，如图 2-3-37 所示。用户可更改运动的上、下限值，单击"动

画演示尺寸"对话框中的"确定"按钮（图 2-3-38）后，图形开始动态在运动上、下限值范围内变化图例，如图 2-3-39 所示。

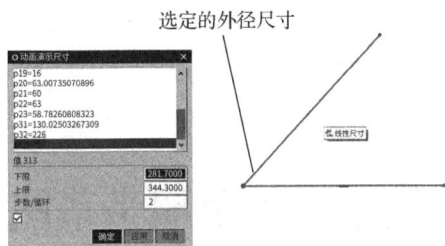

图 2-3-37　选定外径尺寸

图 2-3-38　"动画演示尺寸"对话框

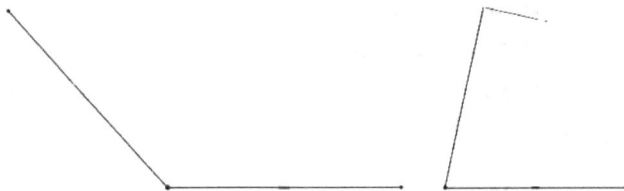

图 2-3-39　图形开始动态在运动上、下限值范围内变化图例

技能点拨

1）草图约束是针对草图线的约束，在对草图进行几何和尺寸约束的标注时，再次进入该草图环境，标注可能会被隐藏，此时使用"显示草图约束"命令即可显示标注。

2）"动画尺寸"命令多用于展示线条的运动结构。

3）在用户不清楚尺寸的具体约束数据时，可先将标注显示出来，方便后期进行约束。

4）使简单的几何草图线显示尺寸可使用"显示草图自动尺寸"命令，对于复杂的草图线，该命令不能显示出用户想要的尺寸约束，需用户手动约束。

工作任务 **2.4**

绘制小车轮子支架及履带草图

【核心内容】

　　用户通过绘制小车轮子支架及履带草图理论知识和实践操作的学习，可以更加容易地掌握草图绘制中"点""镜像曲线""阵列曲线"等曲线命令的操作。

【学习目标】

　　1. 理解草图绘制中所用曲线命令。

　　2. 掌握曲线命令使用方法。

任务分析

　　本工作任务中草图的绘制运用了不同的曲线命令，可加强用户草图绘制的能力，对用户掌握简单及特殊有规律图形的绘制有重要作用。

　　草图中的"点"、"轮廓线"、"圆弧"、"圆"、"镜像曲线"、"直线"、"派生直线"、"阵列曲线"及"多边形"命令是绘制曲线时的常用命令。用户在绘制草图时，常会遇到有规律的图形，"镜像曲线""派生直线""阵列曲线""多边形"命令是绘制该类曲线的主要方式，用户熟练掌握该类命令的操作，将有效缩短用户对该类图形绘制的时间，提高草图的绘图效率。

【技能点 1】 创建点	**【技能点 2】** 创建轮廓线
【技能点 3】 创建圆弧	**【技能点 4】** 创建圆
【技能点 5】 创建镜像曲线	**【技能点 6】** 创建直线
【技能点 7】 创建派生直线	**【技能点 8】** 创建阵列曲线
【技能点 9】 创建多边形	

实战演练

【技能点 1】 创建点

UG NX 中有创建草图点和创建建模点两种创建方式，两种创建点的方式只能在各自的环境中创建，相同的是创建点的定位。"创建草图点"在草图环境中创建。选择"菜单→插入→草图曲线→点"命令，打开"草图点"对话框，在该对话框中指定点时，可由停靠功能区中的点捕捉功能进行指定，或者在该对话框中单击"指定点"右侧的"点"按钮，如图 2-4-1 所示，打开"点"对话框。如图 2-4-2 所示，在"点"对话框中可以选定多种点类型，通过选定点的输出坐标，用户可更改需要到达的点位置。选定点后单击"确定"按钮，返回"草图点"对话框，单击"关闭"按钮完成草图点的创建，其效果如图 2-4-3 所示。此草图创建点与点所在的草图两者之间无影响，若删除该草图，点不会随之被删除。

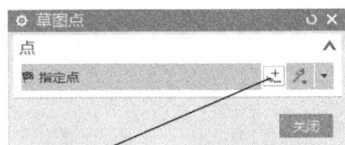

图 2-4-1　"点"按钮

选定点的输出坐标

图 2-4-2　选定点的输出坐标

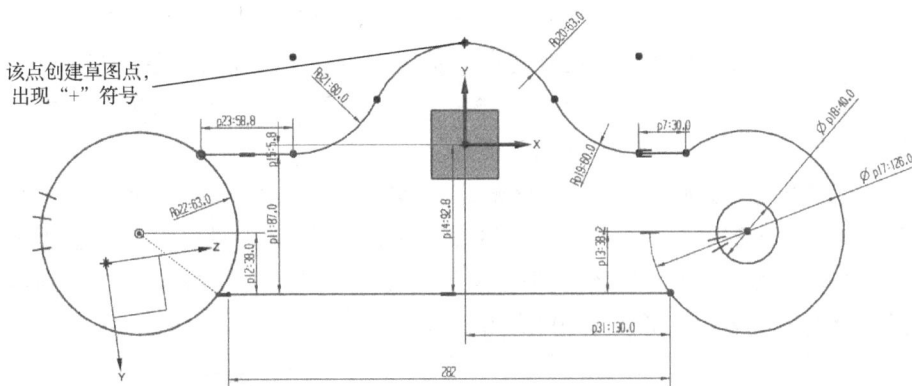

图 2-4-3　草图点的创建效果

"创建建模点"在退出草图环境后的建模环境下创建。选择"菜单→插入→基准/点→点"命令，打开"点"对话框，此为直接进入点的创建的对话框，根据创建类型创建。在"点"对话框（图 2-4-4）中，在模型中对"点位置"进行确定，选定圆柱圆心位置创建点，如

图 2-4-5 所示，然后单击"点"对话框中的"确定"按钮。三维模型中创建点的效果如图 2-4-6 所示。

图 2-4-4 "点"对话框

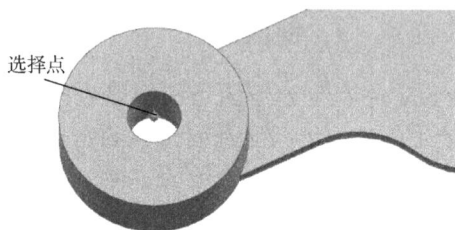

图 2-4-5 选定圆柱圆心位置创建点

图 2-4-6 三维模型中创建点的效果

【技能点 2】 创建轮廓线

轮廓线是由直线、圆弧组成的一条不间断的连续曲线，绘制草图时，上一个点的终点为下一个点的起点。输入直线或圆弧时可任意更改（切换）对象类型。输入模式包括坐标模式和参数模式。在打开"轮廓"对话框激活命令时，命令默认的输入模式为坐标模式，显示光标所在坐标或轮廓线点。参数模式是在输入直线时，跟随框输入直线的长度及角度，长度为直线的平行长度，角度为目标直线与水平线的夹角；选择圆弧对象类型时，跟随框输入目标圆弧的半径，默认为三点法创建圆弧。

可在"直接草图"功能组中单击"轮廓线"按钮，如图 2-4-7 所示，也可选择"菜单→插入→草图曲线→轮廓线"命令，打开"轮廓"对话框，在该对话框中可根据对象类型和输入模式创建轮廓线。其中，"直线类型，参数模式""圆弧类型，参数模式""直线类型，坐标模式"分别如图 2-4-8～图 2-4-10 所示。

"轮廓线"按钮

图 2-4-7 "轮廓线"按钮

图 2-4-8 直线类型，参数模式

图 2-4-9　圆弧类型，参数模式　　　　图 2-4-10　直线类型，坐标模式

利用"轮廓线"命令输入圆弧时，系统会自动预设圆弧，未出现预设圆弧时可根据三点法创建；输入直线时，可根据两点创建一条直线即使用坐标模式创建，也可以根据长度和角度创建，如图 2-4-11 所示。一般情况下，复杂的草图轮廓线不会使用"轮廓线"命令绘制。

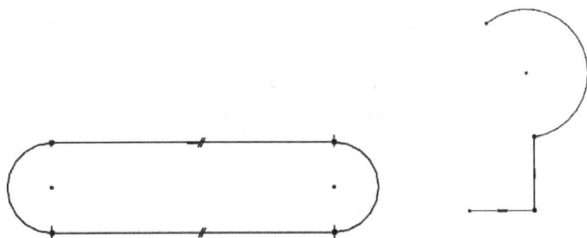

图 2-4-11　由轮廓线绘制图形

【技能点 3】　创建圆弧

根据三点定圆弧法，以确定圆弧起点、圆弧端点、圆弧终点创建圆弧，如图 2-4-12 所示；还可以根据中心和端点法定圆弧，以确定圆弧圆心点、圆弧起点、圆弧终点创建圆弧，如图 2-4-13 所示。在"直接草图"功能组中单击"圆弧"按钮 ，在打开的如图 2-4-14 所示的"圆弧"对话框中选择创建圆弧的方法，其输入模式同样可分为坐标模式和参数模式。

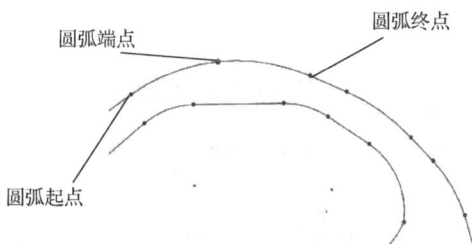

图 2-4-12　采用三点定圆弧法定圆弧

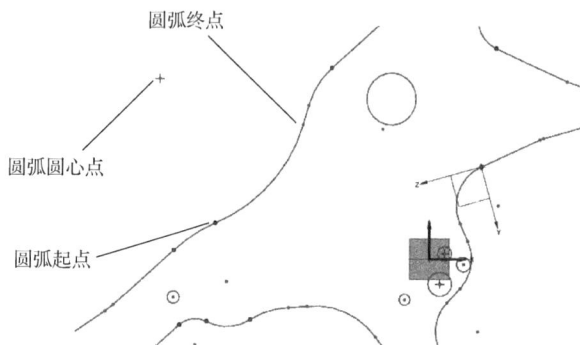

图 2-4-13　采用中心和端点法定圆弧

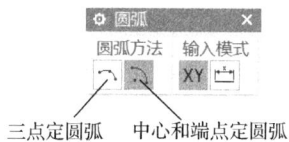

三点定圆弧　中心和端点定圆弧

图 2-4-14　"圆弧"对话框

【技能点 4】　创建圆

通过"圆"命令创建圆的方法与通过"圆弧"命令创建圆弧的三点定圆弧法类似。可以在选定圆的起点、端点、终点后，根据三点创建圆，如图 2-4-15 所示；还可以根据圆心和直径创建圆，如图 2-4-16 所示。首先选定圆心位置，然后在直径跟随框中输入直径或通过移动鼠标创建圆。与"圆弧"命令不同的是，"圆"命令在圆弧参数模式下输入半径，在圆参数模式下输入直径。

可在"直接草图"功能组中单击"圆"按钮 ○，在打开的"圆"对话框中选择创建圆的方法："圆心和直径定圆"和"三点定圆"，如图 2-4-17 所示。

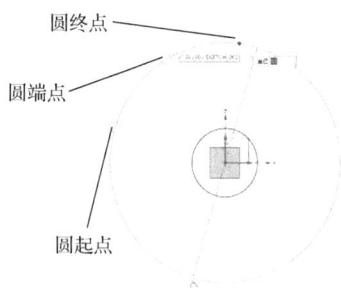

图 2-4-15　三点定圆法创建圆

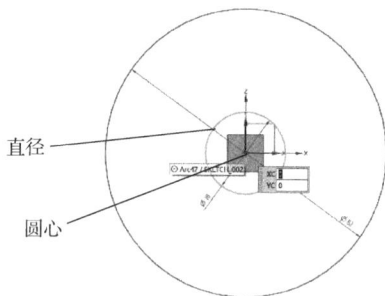

图 2-4-16　圆心和直径法创建圆

圆心和直径定圆　三点定圆

图 2-4-17　"圆"对话框

【技能点 5】　创建镜像曲线

镜像曲线是创建位于草图平面上的曲线链的镜像图样。选择"菜单→插入→草图曲线→镜像曲线"命令，或者直接在"直接草图"功能组中单击"镜像曲线"按钮 ，如图 2-4-18 所示，打开"镜像曲线"对话框。首先在"镜像曲线"对话框中选中"中心线转换为参考"复选框，如图 2-4-19 所示，中心线会以灰色虚线形式显示，不会影响后续特征；然后在绘图区依次选取镜像中心线和要镜像的曲线，系统会在绘图区自动生成预览线，如图 2-4-20 所示；最后单击"镜像曲线"对话框中的"确定"按钮，镜像曲线效果如图 2-4-21 所示。

图 2-4-18　"镜像曲线"按钮

图 2-4-19　选中"中心线转换为参考"复选框

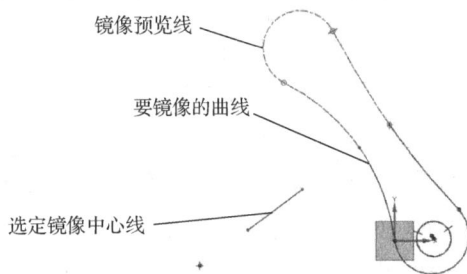

图 2-4-20　选定镜像中心线和要镜像的曲线

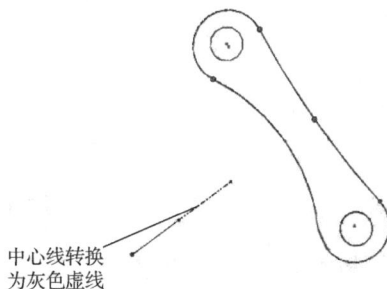

图 2-4-21　镜像曲线效果

选择曲线时，在曲线规格过滤器中选择相连曲线，可以提高选取效率；镜像曲线的源曲线被删除后，镜像曲线也会消失。

【技能点 6】 创建直线

可根据两点创建一条直线，即坐标模式；也可以根据长度和角度创建直线，即参数模式。选择"菜单→插入→草图曲线→直线"命令，或者直接在"直接草图"功能组中单击"直线"按钮，打开"直线"对话框（图 2-4-22），在绘图区绘制直线。"直线"效果如图 2-4-23 所示。

图 2-4-22 "直线"对话框

图 2-4-23 "直线"效果

【技能点 7】 创建派生直线

UG 草图中有很多命令是基于现有曲线得到新的曲线，"派生直线"命令就是其中一个，它可以生成单条直线的偏置线、两条平行线的中心线，以及两条相交线的角平分线。选择"菜单→插入→草图曲线→派生直线"命令，"派生直线"按钮变灰底即进入派生直线环境，用鼠标选定直线进行派生直线操作。

单击现有的直线，出现偏置跟随框，如图 2-4-24 所示，可以直接在框中输入数值后按 Enter 键确认，也可以移动到大概位置单击确认，需要手动添加尺寸约束后再调整尺寸，这个操作的效果和偏置曲线是一样的。派生出的直线如图 2-4-25 所示。

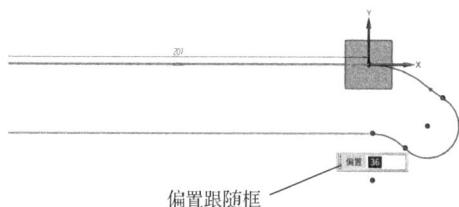

图 2-4-24 偏置跟随框

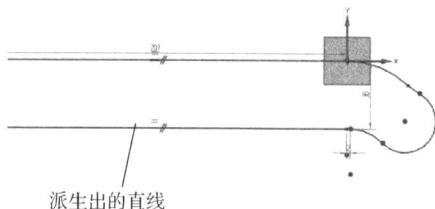

图 2-4-25 派生出的直线

在对两条平行线创建派生直线时，选择"派生直线"命令后选择两条直线即可生成中心线。单击直线，出现长度跟随框，中心线的起点和所选的第一条直线对齐，终点可自定义，也可直接输入数值后按 Enter 键确认，如图 2-4-26 所示。派生出的中心线如图 2-4-27 所示，注意该生成的中心线是没有任何约束的，需要添加尺寸约束。

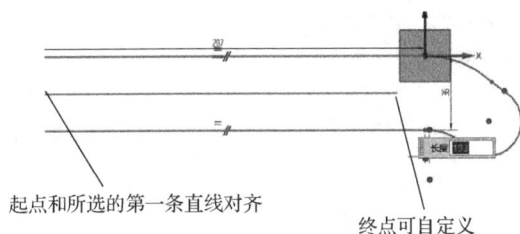

图 2-4-26 起点和所选的第一条直线对齐

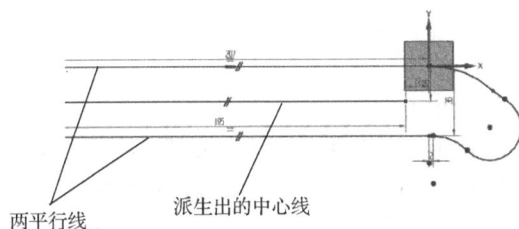

图 2-4-27 派生出的中心线

在对两条不平行的线创建派生直线时，选择"派生直线"命令后选择两条直线即可生成角平分线，角平分线的起点是两直线的交点，终点可自定义。需要注意的是，该生成的角平分线也是没有任何约束的，也需要添加尺寸约束。派生出的角平分线如图 2-4-28 所示。

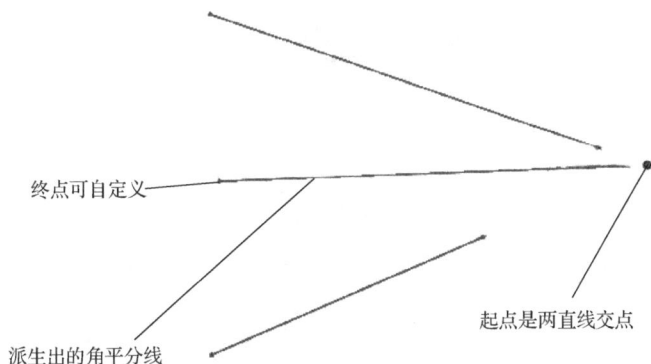

图 2-4-28 派生出的角平分线

【技能点8】 创建阵列曲线

阵列曲线是阵列位于草图平面上的曲线链，即将草图中的曲线沿指定的方向阵列而产生新的曲线，并在草图中产生一个阵列约束。选择"菜单→插入→草图曲线→阵列曲线"命令，打开"阵列曲线"对话框，如图 2-4-29 所示，在"阵列定义"选项区域中可选择"布局"为"线性""圆形""常规"阵列。

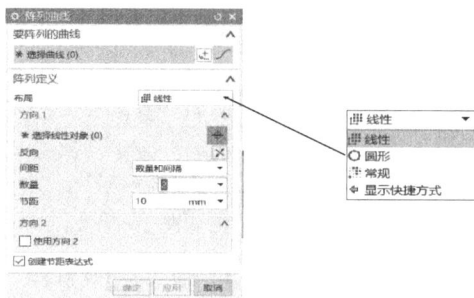

图 2-4-29　"阵列曲线"对话框

创建线性阵列曲线的步骤如下：

1）打开"阵列曲线"对话框，在"阵列定义"选项区域中，将"布局"设置为"线性"，将"方向 1"的间距设置为"数量和间隔"，设置好数量和节距，选定 X 轴方向为方向 1 的阵列方向，如图 2-4-30 所示。若选中"方向 2"中的"使用方向 2"复选框，则是以选择的要阵列曲线为中点位置向方向 1 和方向 2 进行阵列曲线操作。

2）选定要阵列的曲线，如图 2-4-31 所示。

3）出现预览阵列曲线，如图 2-4-32 所示。

4）单击"阵列曲线"对话框中的"确定"按钮，如图 2-4-33 所示。

图 2-4-30　阵列定义

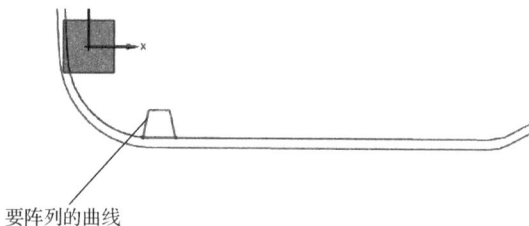

图 2-4-31　选定要阵列的曲线

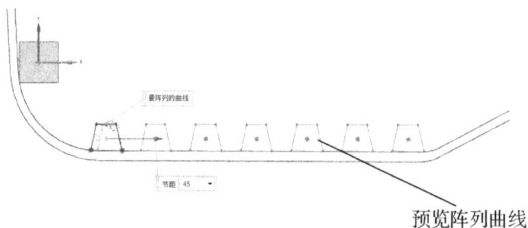

图 2-4-32　预览阵列曲线

图 2-4-33　单击"确定"按钮

5）线性阵列曲线效果如图 2-4-34 所示。

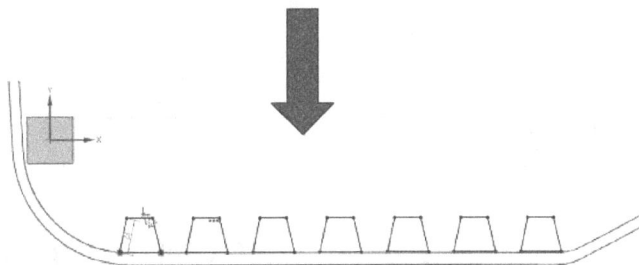

图 2-4-34　线性阵列曲线效果

【技能点 9】　创建多边形

"多边形"命令用于创建具有指定边数的多边形。可在"直接草图"功能组中单击"多边形"按钮⊙，打开"多边形"对话框，如图 2-4-35 所示。在该对话框中指定开始位置"多边形"中心点为多边形的几何中心点，设置多边形边数和大小，包括内切圆半径、外接圆半径和边长。使用"多边形"命令创建的六边形效果如图 2-4-36 所示。

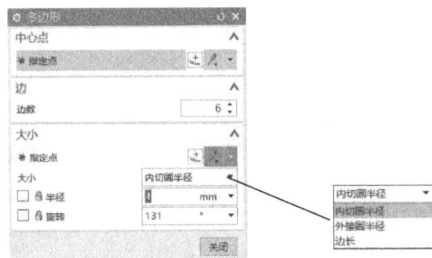

图 2-4-35　"多边形"对话框

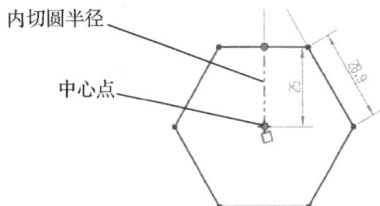

图 2-4-36　使用"多边形"命令创建的六边形效果

技能点拨

1）在利用草图绘制小车轮子支架时，由实体模型可看出支架处于高度不一的状态。在草图中将支架草图绘制完毕后，在利用"拉伸"命令生成实体模型时高度为同一高度，因为选择拉伸的曲线为这个曲线所在二维草图的所有曲线，所以需要在退出该草图后再建立一个新草图。

2）在绘制小车履带草图时，不建议使用"轮廓线"命令一次性绘制，因为使用"轮廓线"命令后，当后期想要修改某个线段时无法截取小段。

工作任务 2.5

绘制小车座位板草图

【核心内容】

用户通过绘制小车座位板草图中相关理论知识和实践操作的学习，可以更加容易地掌握草图绘制中"交点""偏置曲线""相交曲线"等其他曲线命令的操作。

【学习目标】

1. 理解草图绘制中所用曲线命令。
2. 掌握曲线命令使用方法。

任务分析

本工作任务中对草图的绘制补充了更多草图曲线命令的操作，可以更加全面地提高用户对草图曲线命令的操作能力，为三维建模的学习奠定良好的基础。

草图中的"交点"、"二次曲线"、"偏置曲线"、"艺术样条曲线"、"矩形"、"拟合曲线"、"相交曲线"、"投影曲线"及"椭圆"命令是绘制曲线时的常用命令。当用户在绘制草图遇到不规则曲线图形时，"二次曲线""艺术样条曲线""拟合曲线"命令可用于绘制该类图形，用户熟练掌握该类命令的操作，将有效缩短用户对该类图形绘制的时间，提高草图的绘图效率。

【技能点 1】 创建交点	【技能点 2】 创建二次曲线
【技能点 3】 创建偏置曲线	【技能点 4】 创建艺术样条曲线
【技能点 5】 创建矩形	【技能点 6】 创建拟合曲线
【技能点 7】 创建相交曲线	【技能点 8】 创建投影曲线
【技能点 9】 创建椭圆	

实战演练

【技能点 1】　创建交点

"交点"命令用于在曲线和草图平面之间创建一个交点。选择"菜单→插入→草图曲线→交点"命令,打开"交点"对话框,如图 2-5-1 所示。在该对话框中单击"选择曲线"右侧的按钮,选择要相交的曲线(图 2-5-2),然后单击"交点"对话框中的"确定"按钮完成曲线在草图平面之间的交点创建。"交点"效果如图 2-5-3 所示。值得注意的是,在进入一个草图平面进行草图编辑时,选择的要相交的曲线须为不在该草图平面绘制的曲线且该曲线经过一开始进入的草图平面,单击"确定"按钮后系统将在一开始进入的草图平面创建点。

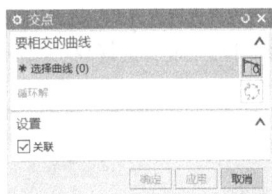

图 2-5-1　"交点"对话框

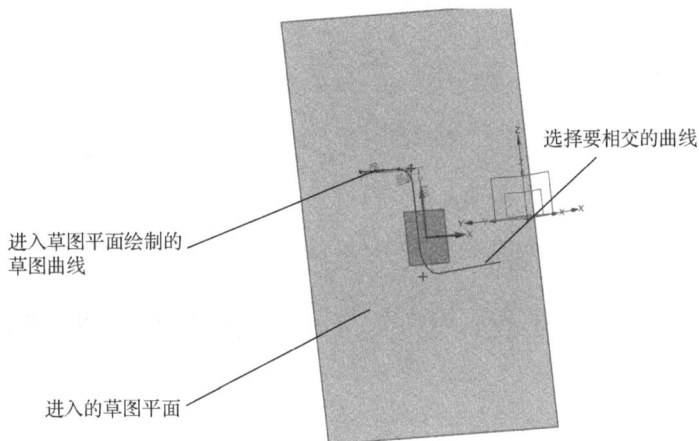

图 2-5-2　选择要相交的曲线

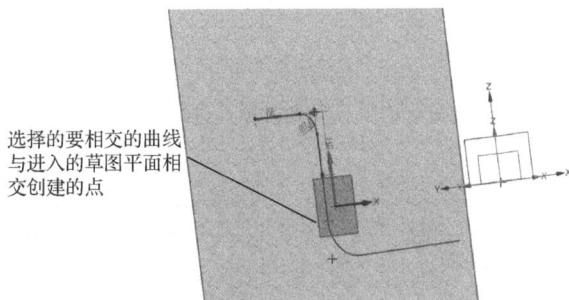

图 2-5-3　"交点"效果

当出现要相交的曲线与草图平面有一个以上的交点,以及要相交的曲线为开环,不与草图平面相交时,系统将在备选解之间进行循环。

【技能点 2】 创建二次曲线

"二次曲线"命令用于创建通过指定点的二次曲线。选择"菜单→插入→草图曲线→二次曲线"命令，或者在"直接草图"功能组中单击"二次曲线"按钮，打开"二次曲线"对话框，如图 2-5-4 所示。在该对话框中的"限制"选项区域指定二次曲线的起点、终点和控制点。其中，用户可自定义 Rho 值，Rho 值越小，曲线弧度越大，系统默认 Rho 值为 0.5。在草图绘制区需要创建二次曲线处选定起点、终点、控制点，如图 2-5-5 所示。确定二次曲线和 Rho 值的关系切线到起点、终点连线的距离和控制点到起点、终点连线的距离的比值为 Rho 值。当二次曲线效果没有达到时，可将鼠标指针移动到光标处进行拖动改变弧形，如图 2-5-6 所示。"二次曲线"效果如图 2-5-7 所示。

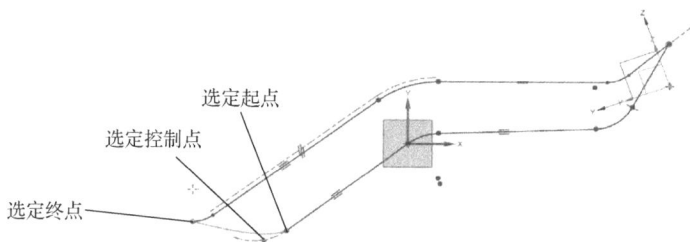

图 2-5-4 "二次曲线"对话框　　图 2-5-5 在草图绘制区需要创建二次曲线处选定起点、终点、控制点

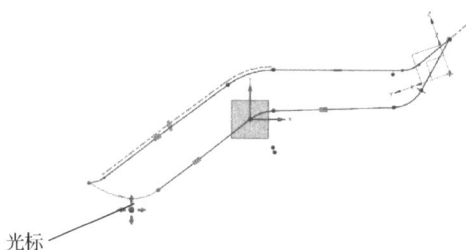

图 2-5-6 将鼠标指针移动到光标处进行拖动改变弧形

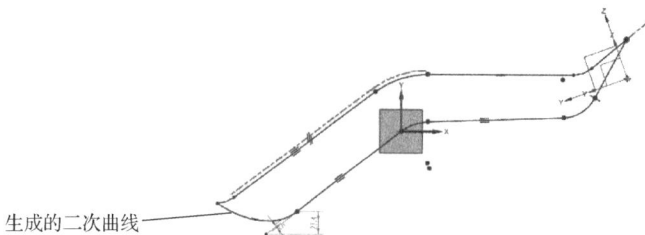

图 2-5-7 "二次曲线"效果

【技能点 3】　创建偏置曲线

"偏置曲线"命令用于在现有曲线的基础上，在其法向方向上创建一条曲线，新建曲线与原曲线垂直，且弧度相等。选择"菜单→插入→草图曲线→偏置曲线"命令，或者在"直接草图"功能组中单击"偏置曲线"按钮，打开"偏置曲线"对话框，在该对话框中设定偏置距离并将"端盖选项"设置为"延伸端盖"，如图 2-5-8 所示，选择要偏置的曲线，如图 2-5-9 所示，系统根据"偏置曲线"对话框的设置生成预览偏置曲线，如图 2-5-10 所示。单击"确定"按钮，即可生成偏置曲线，其效果如图 2-5-11 所示。

图 2-5-8　设置"偏置曲线"对话框

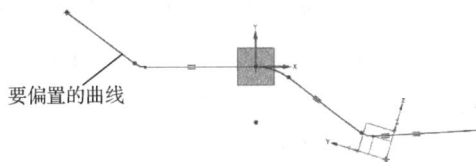

图 2-5-9　选择要偏置的曲线

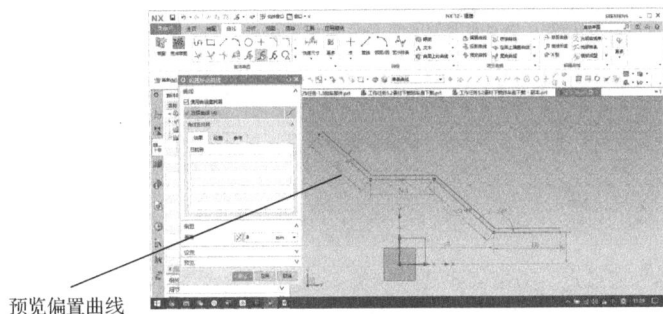

图 2-5-10　生成预览偏置曲线

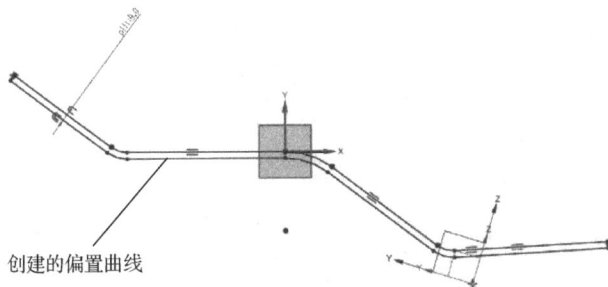

图 2-5-11　"偏置曲线"效果

【技能点4】 创建艺术样条曲线

"艺术样条曲线"命令通过拖动定义点或极点，并在定义点指派斜率或曲率约束，来动态创建和编辑样条，通过选取的点生成一条连续、光滑的封闭曲线或不封闭曲线。选择"菜单→插入→草图曲线→艺术样条曲线"命令，或者在"直接草图"功能组中单击"艺术样条曲线"按钮，打开"艺术样条"对话框，在该对话框中有通过点和根据极点两种创建艺术样条的类型。两种类型的创建方法如下：

1）如图 2-5-12 所示为在"艺术样条"对话框中通过选择"通过点"类型创建艺术样条。首先，在绘图区通过鼠标随机点选四个指定点，系统自动生成一条连续光滑的曲线，如图 2-5-13 所示。其次，将鼠标指针移动到绘图区的艺术样条中的点 2 时，出现可移动光标，表示可通过拖动来改变艺术样条形态，即点 1 和点 3 之间的艺术形态，完成后单击"确定"按钮，如图 2-5-14 所示。艺术样条通过移动光标拖动点 2 和点 4 后的效果如图 2-5-15 所示。

图 2-5-12　选择"通过点"类型创建艺术样条　　图 2-5-13　随机点选四个指定点

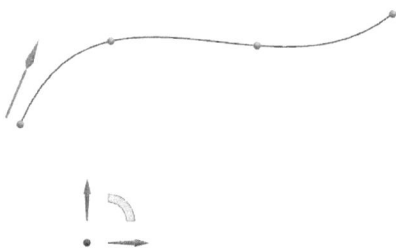

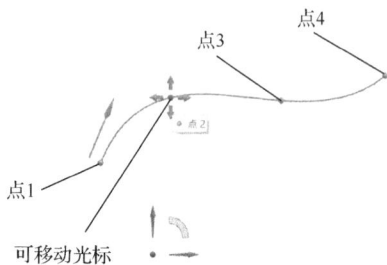

图 2-5-14　改变点 1 和点 3 之间的艺术形态　　图 2-5-15　"艺术样条曲线"效果 1

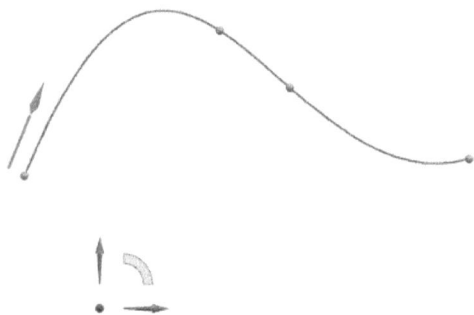

2）如图 2-5-16 所示为在"艺术样条"对话框中通过选择"根据极点"类型创建艺术样条。首先，在绘图区通过鼠标随机点选五个指定点，系统自动生成一条连续光滑的曲线，

如图 2-5-17 所示。需要注意的是，在"根据极点"类型创建艺术样条时，极点数量须大于等于 4 个，否则系统会打开"警报"提示框。其次，将鼠标指针移动到绘图区的艺术样条中的极点 3 时，出现可移动光标，表示可通过拖动来改变艺术样条形态，即改变极点 2 和极点 4 之间的艺术形态，完成单击"确定"按钮，如图 2-5-18 所示。艺术样条通过移动光标拖动极点 3 和极点 1 效果，如图 2-5-19 所示。

图 2-5-16　选择"根据极点"类型创建艺术样条

图 2-5-17　随机点选五个指定点

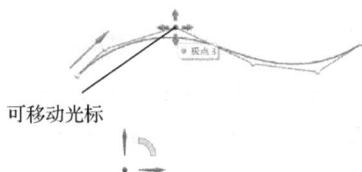

图 2-5-18　改变点 2 和点 4 之间的艺术形态

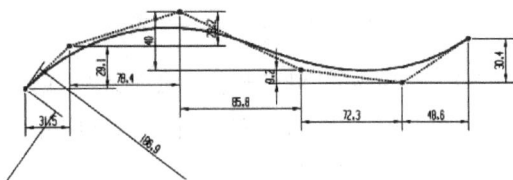

图 2-5-19　"艺术样条曲线"效果 2

【技能点 5】　创建矩形

在"直接草图"功能组中单击"矩形"按钮 ⬚，在打开的"矩形"对话框中选择创建矩形的方法：可通过按 2 点法，确定矩形的起点到端点的对角线位置和距离来创建矩形；也可通过按 3 点法，先确定起点到中间点的宽度，然后确定中间点到端点的高度，最后确定宽度线与水平线的角度来创建矩形；还可通过从中心法，以确定矩形的几何中心为起点，确定起点到中间点的宽度，然后确定中间点到端点的高度来创建矩形。从中心法与按 3 点法类似，只是从中心法相当于在按 3 点法时系统自动拼接四个矩形成一个矩形。下面分别用这三种方法创建矩形。

1）按 2 点法创建矩形：输入模式为参数模式时，可通过输入矩形的宽度和高度进行创建，也可以利用鼠标拖动，如图 2-5-20 所示。按 2 点法创建矩形效果如图 2-5-21 所示。

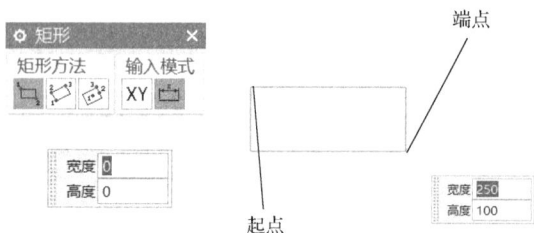

图 2-5-20　按 2 点法创建矩形

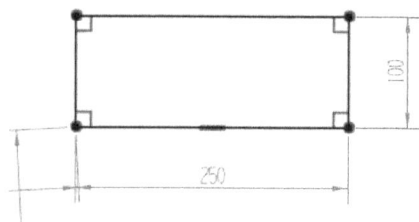

图 2-5-21　按 2 点法创建矩形效果

2）按 3 点法创建矩形：在输入模式为参数模式时，可通过输入矩形的宽度、高度和角度进行创建，也可以在坐标模式下利用鼠标拖动，如图 2-5-22 所示。按 3 点法创建矩形效果如图 2-5-23 所示。

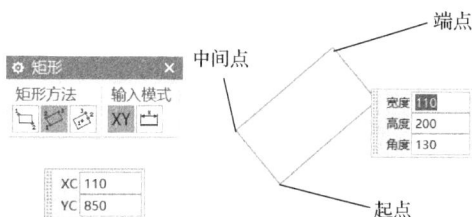

图 2-5-22　按 3 点法创建矩形

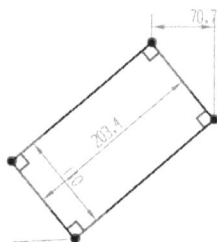

图 2-5-23　按 3 点法创建矩形效果

3）按从中心法创建矩形：在输入模式为参数模式时，可通过输入矩形的宽度、高度和角度进行创建，也可以在坐标模式下利用鼠标拖动，如图 2-5-24 所示。按从中心法创建矩形效果如图 2-5-25 所示。

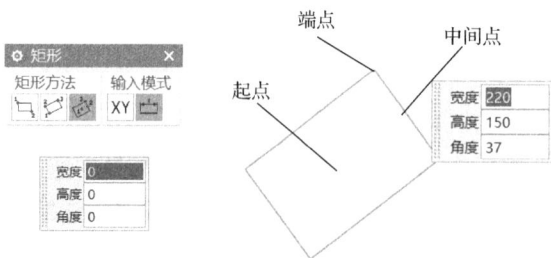

图 2-5-24　按从中心点法创建矩形

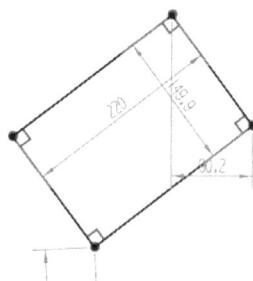

图 2-5-25　按从中心法创建矩形效果

【技能点 6】 创建拟合曲线

"拟合曲线"命令用于拟合样条、直线、圆或椭圆，方法是将其拟合到指定的数据点，数据点应是创建好的点或三维模型上的点。选择"菜单→插入→曲线→拟合曲线"命令，或者直接在"曲线"功能组中单击"拟合曲线"按钮，打开"拟合曲线"对话框，如图 2-5-26

所示。"类型"下拉列表将曲线分为"拟合样条""拟合直线""拟合圆""拟合椭圆","参数化"选项区域中的"方法"分为"次数和段数""次数和公差""模板曲线"。设置好后单击"确定"按钮，即可完成拟合曲线的创建。

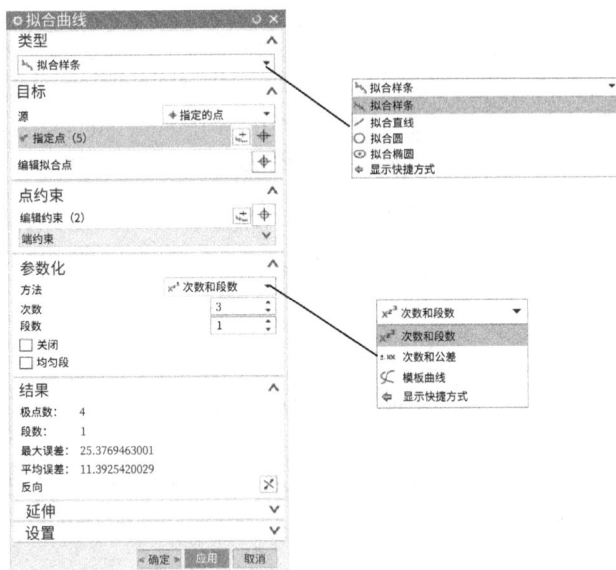

图 2-5-26　"拟合曲线"对话框

首先在"类型"下拉列表中选择"拟合样条"选项，如果草图中有多个点，则最好把自动判断点改为指定的点，以防选择了不需要的点，拟合其他类型曲线时也一样；现在选择了五个点，如图 2-5-27 所示可得拟合的样条是根据极点得出的，还可以参照画下时的方法微调曲线形状。

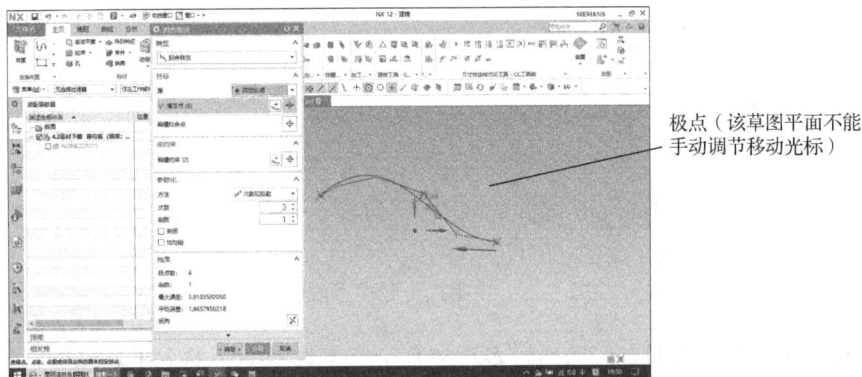

图 2-5-27　选择五个点

如图 2-5-28 所示，使用"直线"命令画直线时，只需要两个点，多了会报错；而在"类型"下拉列表中选择"拟合直线"选项时，如果只选择两个点，则和使用"直线"命令画出的直线是一样的，选择多个点时，直线不可能通过所有点，但是生成的直线会逼近所选的所有点。

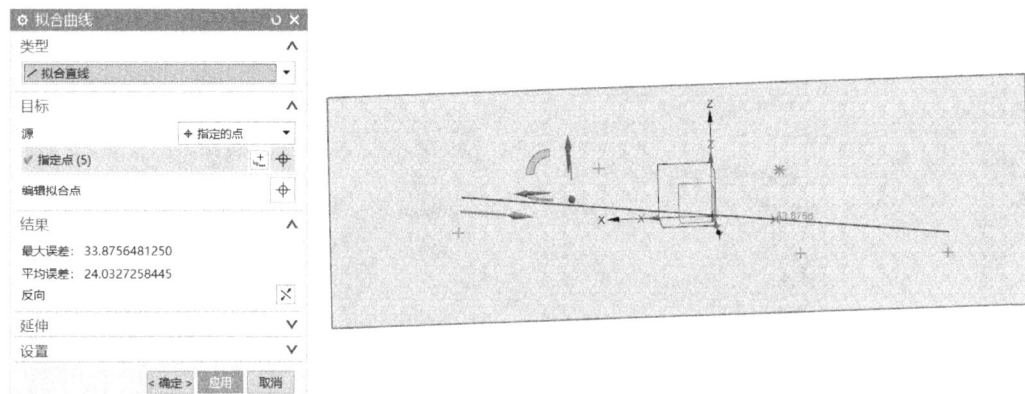

图 2-5-28　选择两个点创建直线

切换到拟合圆类型时，还是根据最初五个点，系统会自动判断所选点的位置，从而得出圆的形状，如图 2-5-29 所示。

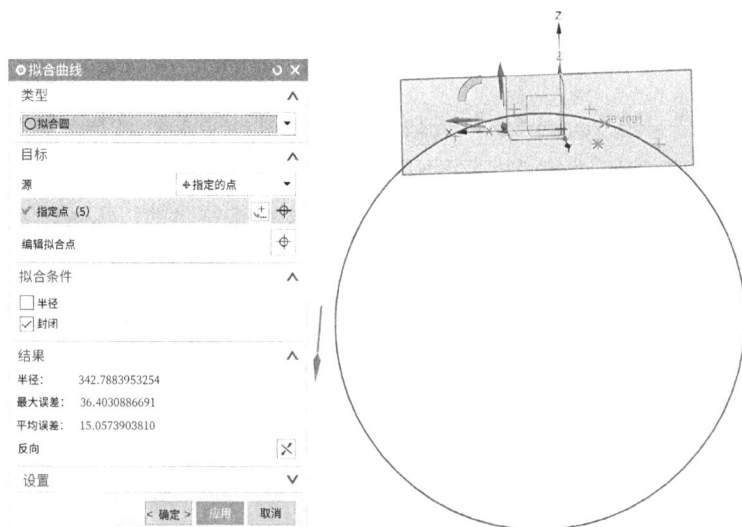

图 2-5-29　使用拟合圆类型创建圆

切换到拟合椭圆类型时，可以通过多添加几个点来控制椭圆的大小。控制点少时，拟合的椭圆会很大，此处选择为 12 个控制点，如图 2-5-30 所示。

需要有现成的点才能得出拟合曲线，现有的点可以是部件上的点；当发现拟合的曲线形状和所需要的曲线形状有较大偏差时，可增加几个点。

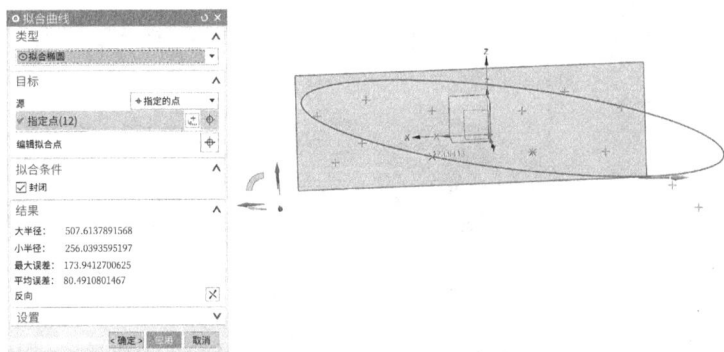

图 2-5-30　使用拟合椭圆类型创建椭圆

【技能点 7】　创建相交曲线

"相交曲线"可分为两种：一种是模型相交曲线，是创建两个对象集之间的相交曲线；另一种是草图相交曲线，是在面和草图平面之间创建相交曲线。

"模型相交曲线"可通过选择"菜单→插入→派生曲线→相交"命令打开"相交曲线"对话框。在"相交曲线"对话框中选取第一、二组指定平面时，可单击"指定平面"右侧的"平面对话框"按钮打开平面对话框，进行精确的平面选定，如图 2-5-31 所示。在模型中选择第一、二组指定平面，其中第一组指定平面可以为三维模型与第二组指定平面相交的平面，然后单击"相交曲线"对话框中的"确定"按钮，如图 2-5-32 所示。"相交曲线"效果如图 2-5-33 所示。

图 2-5-31　单击"平面对话框"按钮

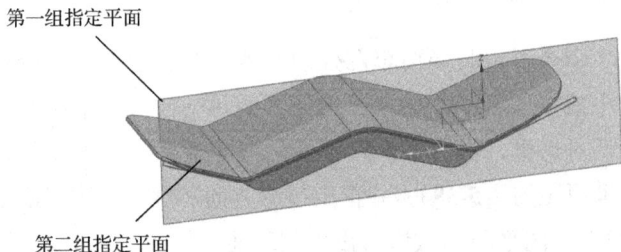

图 2-5-32　在模型中选择第一、二组指定平面

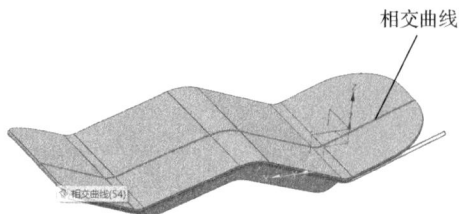

图 2-5-33　"相交曲线"效果 1

"相交曲线"需在草图环境中激活，可选择"菜单→插入→草图曲线→相交曲线"命令，打开"相交曲线"对话框，如图 2-5-34 所示。选择要相交的面和被相交的面，如图 2-5-35 所示，被相交的面为草图面，然后在"相交曲线"对话框中单击"确定"按钮。"相交曲线"效果如图 2-5-36 所示。

图 2-5-34　"相交曲线"对话框

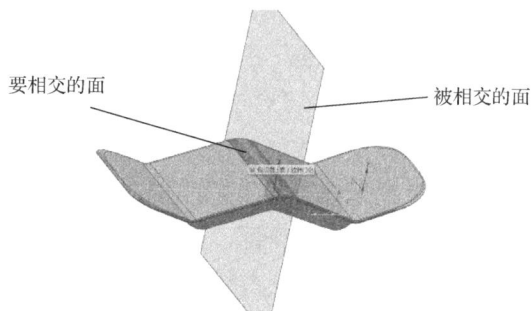

图 2-5-35　选择要相交的面和被相交的面

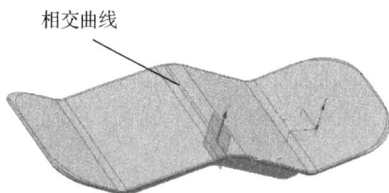

图 2-5-36　"相交曲线"效果 2

【技能点 8】 创建投影曲线

利用"投影曲线"命令可以将当前草图外的对象曲线、边或点，沿着草图平面的法向方向投影到草图平面中或投影到一个面上。选择"菜单→插入→草图曲线→投影曲线"命令，打开"投影曲线"对话框，如图 2-5-37 所示。在该对话框中选定要投影的曲线或点，选定要投影的对象、平面（图 2-5-38），并指定投影方向，然后单击"确定"按钮即可完成投影曲线。"投影曲线"草图平面的六边形投影到球面效果如图 2-5-39 所示。

图 2-5-37　"投影曲线"对话框

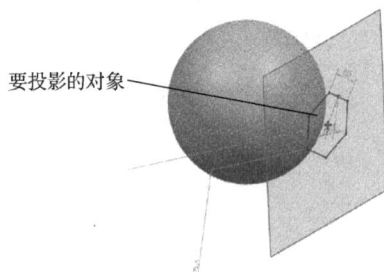

图 2-5-38　选定要投影的对象

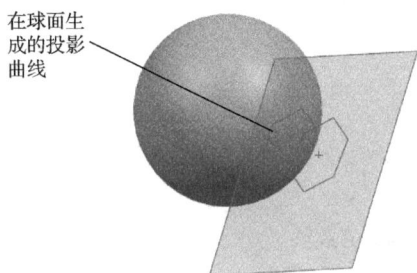

图 2-5-39　"投影曲线"草图平面的六边形投影到球面效果

【技能点 9】　创建椭圆

根据中心点和尺寸创建椭圆，尺寸为大半径和小半径。选择"菜单→插入→草图曲线→椭圆"命令，打开"椭圆"对话框，如图 2-5-40 所示。在指定椭圆的几何中心点，设置大半径、小半径数值，选中"限制"选项区域中的"封闭"复选框后，系统将自动生成椭圆；也可以在不选中"限制"复选框时根据起始、终止角创建未封闭的椭圆弧，然后单击"确定"按钮完成椭圆或椭圆弧的创建。"椭圆"封闭式效果如图 2-5-41 所示。

图 2-5-40　"椭圆"对话框

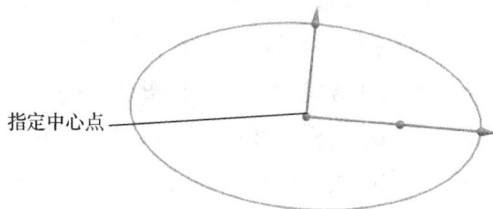

图 2-5-41　"椭圆"封闭式效果

未封闭的椭圆弧，用户可自定义数值，如图 2-5-42 所示。"椭圆"未封闭式效果如图 2-5-43 所示。

图 2-5-42　自定义未封闭的椭圆弧的数值

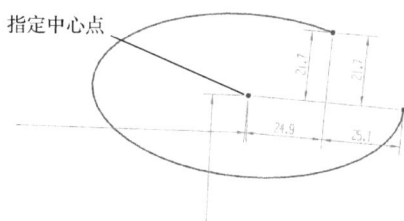

图 2-5-43　"椭圆"未封闭式效果

技能点拨

1）本工作任务在绘制小车座位板草图时，分两次绘制草图，分别在不同平面绘制两次草图，在描述二次曲线时绘制的是座位板上板子草图；在描述偏置曲线时绘制的是座位板下支撑棱，但是次平面向内偏移一定距离。

2）在建模实例中，需要通过某模型的一些已知点建立某平面上的草图时，适合使用"拟合曲线"命令，前提是已知，也可以手动绘制点或编辑点。

项目考核评价

项目考核评价以自我评价和小组评价相结合的方式进行，指导教师根据项目考核评价和学生学习成果进行综合评价。

1）根据任务完成情况，检查任务完成质量。

2）归纳总结程序和操作技术要点，并能提出改进建议。

3）能虚心接受指导，同时善于思考，能够举一反三。

二维草图设计考核评价表

班级：　　　　　　第（　）小组　　　　　　姓名：　　　　　　时间：

评价模块	评价内容	分值	自我评价	小组评价
理论知识	1. 掌握二维草图与三维建模之间的核心概念	10		
	2. 理解草图环境中的关键术语	10		
	3. 掌握草图环境中各项命令的技术要点	10		
操作技能	1. 熟练掌握草图环境中各项命令的位置查找方法	20		
	2. 熟练掌握草图环境中各项命令的正确操作过程	20		
	3. 熟练掌握简单及复杂草图的绘制过程中多项命令的正确操作过程	20		
职业素养	1. 以人为本，具有精益生产的理念	5		
	2. 团队合作，具有数据安全的职业素养	5		

综合评价：

导师或师傅签字：

直击工考

一、单选题

1. 在草图中可以直接绘制直线和圆弧的命令是（　　　）。

  A. 轮廓线   B. 直线   C. 圆弧   D. 长方形

2. 单击功能组按钮 ![草图] 后系统默认选中的平面是（　　　）。

  A. 基准平面 XY B. 基准平面 XZ

  C. 基准平面 YZ D. 以上都不正确

3. 在草图模块中，![图标] 的功能是（　　　）。

  A. 偏置移动曲线 B. 倒斜角   C. 快速延伸 D. 制作拐角

4. 下列按钮中为"阵向曲线"按钮的是（　　　）。

  A. ![图标]   B. ![图标]   C. ![图标]   D. ![图标]

5. 下列按钮都是对象捕捉工具，其中能捕捉到交点的按钮是（　　　）。

  A. ![图标]   B. ![图标]   C. ![图标]   D. ![图标]

6. 绘图工具按钮 ![图标] 用于绘制（　　　）。

  A. 样条曲线   B. 艺术样条曲线

  C. 曲线   D. 艺术曲线

7．二维图形编辑包括（　　）。

　　A．镜像、复制、移动　　　　　　　B．镜像、移动

　　C．镜像、复制　　　　　　　　　　D．镜像、复制、移动、裁剪、缩放与旋转

8．以下约束中能使两条直线相等的为（　　）。

　　A．中心对称　　　B．等长约束　　　C．平行约束　　　D．正交约束

9．草图尺寸约束包括（　　）。

　　A．快速尺寸、线性尺寸

　　B．径向尺寸、周长尺寸

　　C．线性尺寸、径向尺寸、角度尺寸

　　D．以上都正确

10．在草图绘制过程中，不小心旋转了草图视图，若要使草图恢复到正视状态，可以通过对话框中的（　　）实现。

　　A．定点　　　　　　　　　　　　　B．适应窗口

　　C．定向视图到草图　　　　　　　　D．设置旋转与参考

二、判断题

1．直接草图和建模环境的草图是没有区别的。　　　　　　　　　　　　（　　）

2．草图约束分为几何约束和尺寸约束两类。　　　　　　　　　　　　　（　　）

3．艺术样条曲线通过对话框中根据极点随机点选三个点，系统将自动生成一条连续光滑的曲线。　　　　　　　　　　　　　　　　　　　　　　　　　　　　　（　　）

4．可以不打开草图，利用部件导航器改变草图尺寸。　　　　　　　　　（　　）

5．在草图的镜像操作过程中，镜像中心线自动转换为一参考线。　　　　（　　）

三、简答题

简述绘制草图的一般步骤。

四、实践操作

1．参照下图完成草图绘制并标注。

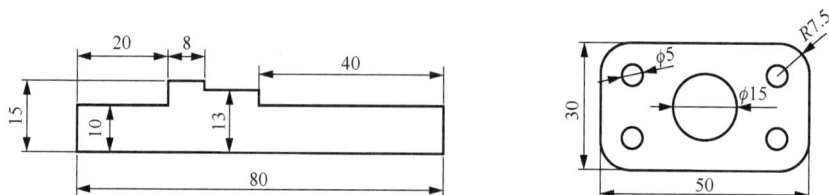

2. 参照下图完成草图绘制并标注。

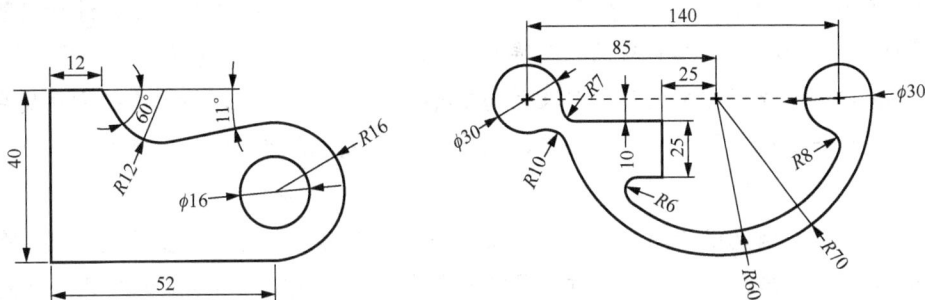

3. 参照下图完成草图绘制并标注。

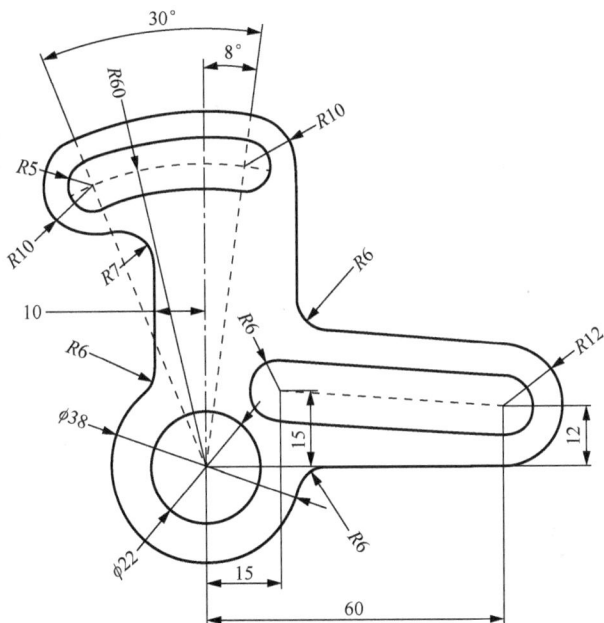

火药雕刻师——徐立平

徐立平，中国航天科技集团公司第四研究院 7416 厂高级技师。自 1987 年入厂以来，一直为导弹固体燃料发动机的火药进行微整形。在火药上动刀，稍有不慎蹭出火花就可能引起燃烧爆炸。目前，火药整形在全世界都是一个难题，无法完全用机器代替。下刀的力道，完全要靠工人自己判断。药面精度是否合格，直接决定导弹的射程是否精准。

　　0.5 毫米是固体发动机药面精度允许的最大误差，而经徐立平之手雕刻出的火药药面误差不超过 0.2 毫米，堪称完美。为了杜绝安全隐患，徐立平还自己设计发明了 20 多种药面整形刀具，其中有两种获得国家专利，一种还被单位命名为"立平刀"。由于长年保持一个姿势雕刻火药，以及火药中毒所带来的后遗症，徐立平的身体变得向一边倾斜，头发也掉了大半。多年来，他冒着巨大的危险雕刻火药，被人们誉为"大国工匠"。

　　在某项目攻坚克难的两个多月里，徐立平和队友们挖出了 300 多千克火药，且成功排除发动机故障，而他由于长时间保持一个姿势，工作结束后双腿几乎无法行走。

　　许多年过去了，徐立平已不再年轻，同时进厂的工友们都已离开或调换岗位，只有徐立平一直坚守，有人问他为什么，他说："危险的岗位总得有人去干呐！"

三维建模设计

UG NX 三维建模是物体的多边形表示，显示的物体可以是现实世界的实体，也可以是用户虚构的物体，它可将用户的设计概念以真实的模型在计算机上呈现出来。建模需要用户将二维轮廓图形转变为三维模型，该过程可能会用到"拉伸""旋转""扫掠"等命令，然后在其基础上添加所需特征，如"抽壳""边倒圆""阵列特征"等。

【学习目标】

1. 了解三维建模的一般方法和步骤。
2. 掌握部件导航器的应用方法。
3. 掌握坐标系及基准平面的灵活操作方法。
4. 掌握体素及布尔（如拉伸、长方体、圆柱等）的操作方法。
5. 掌握轴承建模中相关命令（如显示和隐藏、移动对象、缩放体等）的操作方法。
6. 掌握小车阻尼器及弹簧建模中相关命令（如抽壳、加厚、孔等）的使用方法。
7. 掌握履带、支架、轮子建模中相关命令（如拉出面、复制面等）的使用方法。
8. 掌握小车连接零件建模中相关命令（如槽、螺纹刀、镜像面等）的使用方法。

【素养目标】

1. 培养空间想象力和创新思维，提升设计能力。
2. 培养勤于思考、善于总结、勇于探索的科学精神。

工作任务 3.1

认识坐标系

【核心内容】

　　坐标系是建立图形与数之间对应联系的参考系，建模离不开坐标系，在 UG 软件中，坐标系分为绝对坐标系（absolute coordinate system，ACS）、工作坐标系（work coordinate system，WCS）及基准坐标系（coordinate system，CSYS）。

【学习目标】

　　1. 了解各坐标系的作用。

　　2. 掌握坐标系的应用方法。

任务分析

　　绝对坐标系是系统默认的坐标系，其原点和各坐标轴线的方向永远不变；工作坐标系也是由系统提供的，但用户可以对其进行任意的移动、旋转；基准坐标系可由用户根据造型的需要随时创建、隐藏或删除，也可以移动、旋转。

【技能点 1】　了解绝对坐标系　　　　　　【技能点 2】　熟识工作坐标系

【技能点 3】　掌握基准坐标系

实战演练

【技能点 1】　了解绝对坐标系

　　如图 3-1-1 所示为 UG NX 绝对坐标系，它是不可见的、固定的、不可移动的，其中，$X=0$，$Y=0$，$Z=0$。图 3-1-1 中的模型"几何属性"上面的坐标值是以绝对坐标系的原点为原点的。虽然绝对坐标系是不可见的，但是在草图或建模绘图区左下角能看见一个"视图三重轴"，它表示模型绝对坐标系的方位，但不是真正意义上的坐标系。在建模环境中，可以通过单击"视图三重轴"进行模型方位的旋转，可以单击选择一个旋转轴，输入角度值进行旋转；或者选择一个旋转轴，按住鼠标中键的滚轮直接进行旋转。

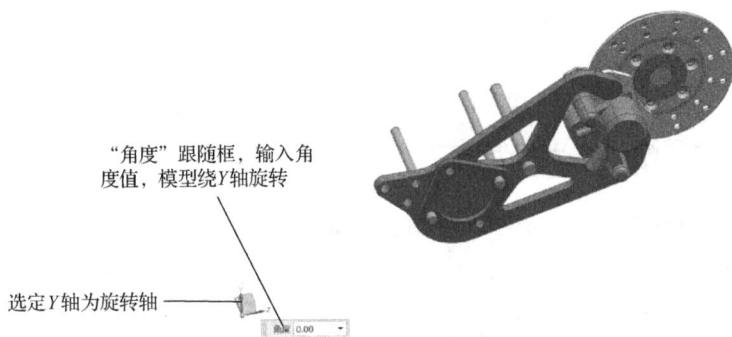

"角度"跟随框，输入角度值，模型绕Y轴旋转

选定Y轴为旋转轴

图 3-1-1　绝对坐标系及模型"几何属性"

【技能点 2】　熟识工作坐标系

UG NX 工作坐标系是一个可任意移动、旋转的坐标系，它可以移动到图形窗口中的任何位置，从而在不同的方向和位置构造几何体。

如图 3-1-2 所示为模型中的工作坐标系，其中 *ZC-YC* 平面称为工作平面，用户可在部件文件中保存多个坐标系，但只有一个坐标系可以成为工作坐标系。用户可使用快捷键 W键进行工作坐标系的显示和隐藏。

工作坐标系

图 3-1-2　模型中的工作坐标系

如图 3-1-3 所示为新建立的工作坐标系，由路径"菜单→格式→WCS"进入"坐标系"功能组，利用"原点"命令对要创建的工作坐标系进行位置确定；利用"动态"命令通过鼠标对创建的工作坐标系轴手柄和 WCS 原点手柄进行拖动和移动创建；利用"定向"命令使用户无论怎样旋转模型，工作坐标系都保持将 *Z* 轴朝向用户，即始终保持俯视。

新建立的工作坐标系

图 3-1-3　新建立的工作坐标系

【技能点 3】　掌握基准坐标系

UG NX 基准坐标系大部分情况下是用来作基准的，根据造型的需要可以随时创建、删除、隐藏或旋转、移动。可在如图 3-1-4 所示的"特征"功能组中的"基准平面"下拉列表中选择"基准坐标系"选项，打开"基准坐标系"对话框，在该对话框中可选择多种基准坐标系的类型，如图 3-1-5 所示。单击"确定"按钮完成基准坐标系的创建。

图 3-1-4　"特征"功能组

图 3-1-5　可选择多种类型

创建新文件时，NX 会创建基准坐标系，基准坐标系提供一组关联的对象，包括三个轴、三个平面、一个坐标系和一个原点，如图 3-1-6 所示。基准坐标系显示为部件导航器中的一个特征。它的对象可以被单独选取，以支持创建其他特征和在装配中定位组件。建模选择平面时，使用基准坐标系更快捷，因此可以建立多个基准坐标系。

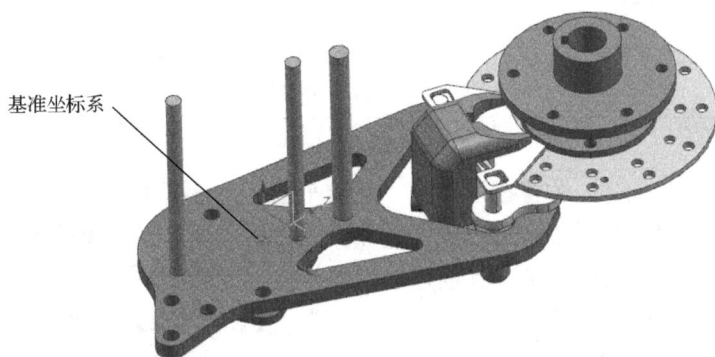

基准坐标系

图 3-1-6　在模型中建立基准坐标系

技能点拨

1）坐标系极为重要，其中绝对坐标系在处理某种矢量方向时，起到很重要的参考作用，绝对坐标系是固定不变的状态。

2）在建模绘图时需要在不同的方向绘制特征，而绘制特征一般是基于工作坐标系来进行绘制的，所以需要定义工作坐标系不同的位置。

3）基准坐标系一般作辅助使用，可以创建多个。

工作任务 *3.2*

熟识常用的基准特征

【核心内容】

"基准平面""点""点集""光栅图像"是建模中常用的命令，"基准平面"用于图形的平面定位，"点"用于其他命令的精准定位，"光栅图像"用于建模时作参考，其中熟练掌握基准平面的创建对三维建模十分重要。

【学习目标】

1. 理解本工作任务中各命令的含义。

2. 熟练掌握基准平面的创建方法。

3. 掌握"点""点集""光栅图像"命令的使用方法。

任务分析

掌握基准平面的创建，关键在于理解"基准平面"对话框中各命令的含义。其中理解并掌握对话框中的"类型"下拉列表中的各项命令尤为重要，对点集的掌握也是如此，光栅图像主要是方便建模时作参考，其创建的视图方位一定要正。

【技能点 1】 创建基准平面　　　　　　　　【技能点 2】 创建点及点集

【技能点 3】 光栅图像

实战演练

【技能点 1】 创建基准平面

基准平面的主要作用是辅助在圆柱、圆锥、球、回转体上建立形状特征，是建模的辅助平面，当特征定义平面和目标实体上的表面不平行（垂直）时辅助建立其他特征，或者作为实体的修剪面等，主要是为了在非平面上方便地创建特征或为草图提供草图工作平面的位置。

选择"菜单→插入→基准/点→基准平面"命令，或者在"特征"功能组中单击"基准平面"按钮，打开"基准平面"对话框，如图 3-2-1 所示。在该对话框中创建基准平面常用的类型有自动判断、点和方向、曲线上、成一角度、按某一距离、二等分、相切等，最后单击"确定"按钮完成基准平面的创建。

1）选择"类型"为"自动判断"。在模型中单击需要建立基准平面的面，系统根据选取平面创建基准面，如图 3-2-2 所示。单击"确定"按钮，"基准平面"自动判断类型效果如图 3-2-3 所示。

2）选择"类型"为"成一角度"，在"角度"文本框中输入角度值，如图 3-2-4 所示。在"平面参考"选项区域中"选择平面对象"为建立的基准平面，在"通过轴"选项区域中"选择线性对象"为平面上一条直线，如图 3-2-5 所示。单击"确定"按钮，"基准平面"成一角度类型效果如图 3-2-6 所示。

图 3-2-1 "基准平面"对话框 1

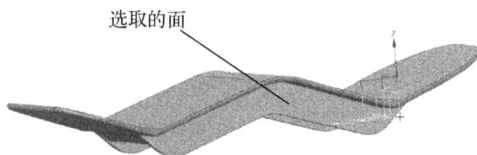

图 3-2-2 单击需要建立基准平面的面

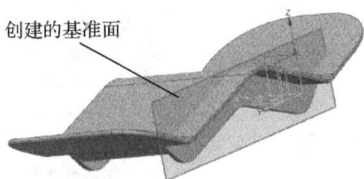

图 3-2-3　"基准平面"自动判断类型效果

图 3-2-4　"基准平面"对话框 2

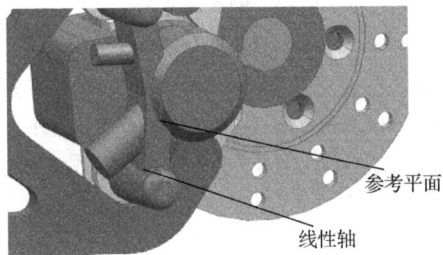

图 3-2-5　选择平面对象及线性对象

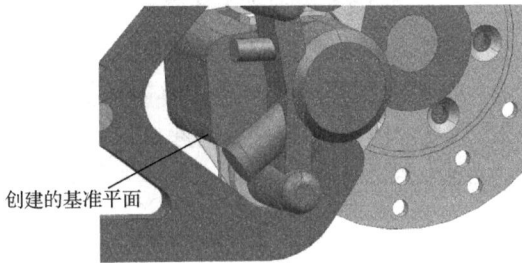

图 3-2-6　"基准平面"成一角度类型效果

"基准平面"对话框中"类型"下拉列表中主要选项的含义如表 3-2-1 所示。

表 3-2-1　"类型"下拉列表中主要选项的含义

选项	含义
自动判断	用于完成多种方式的操作
点和方向	使用点和方向方法创建基准平面需要选择一个参考点和一个参考矢量，建立的基准平面通过该点垂直于所选矢量
曲线上	用于通过选择一条参考曲线创建基准平面，该平面垂直于该曲线某点处的切矢量或法向矢量
成一角度	选择一个平面或基准面作参考面，再选择一线性对象轴，输入角度值后会建立一个基准平面，该基准平面与参考面绕对象轴为一个输入角度值
按某一距离	选择一个平面或基准面输入距离值，则会建立一个基准平面，该平面与参考平面的距离为所设置的距离值
二等分	选择两个平行的平面或基准面，系统会在所选的平面之间创建基准平面
相切	通过和一曲面相切且通过该曲面上的点、线或平面来创建基准平面

【技能点 2】 创建点及点集

创建点与创建草图点不同的是，创建点是在三维模型中直接创建，创建草图点则需进入草图环境后创建。创建点可直接进入"点"对话框根据需要进行不同类型的创建。选择"菜单→插入→基准/点→点"命令，或者在"特征"功能组中单击"点"按钮，在打开的如图 3-2-7 所示的"点"对话框中，利用鼠标在模型中选择点位置，然后单击"确定"按钮，完成在模型上点的创建。创建点效果如图 3-2-8 所示。

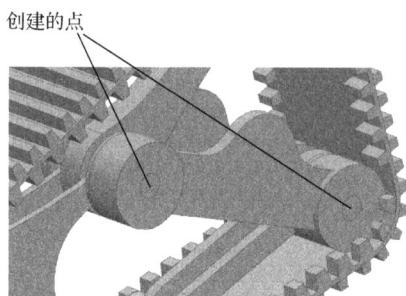

图 3-2-7   "点"对话框   图 3-2-8   创建点效果

点集为点的集合，即许多点在一起组成的集合。选择"菜单→插入→基准/点→点集"命令，或者在"特征"功能组中单击"点集"按钮 点集(S)...，打开"点集"对话框，如图 3-2-9 所示，在该对话框中可选择曲线点、样条点、面的点、交点类型，然后单击"确定"按钮完成点集的创建。

图 3-2-9   "点集"对话框

其中，"曲线点"类型主要用于在曲线上创建点群。通过"曲线点"类型，用户可在对话框设置点集的间隔方式和集中点的个数，系统提供了七种点集间隔方式，如表 3-2-2 所示。

表 3-2-2　"曲线点"类型的七种点集间隔方式

点集间隔方式	含义	创建效果
等弧长	等弧长是在点集的起始点和结束点间接点间等弧长来创建指定数目的点集。用户首先选取要创建点集的曲线，确定点集数目，输入起始点和结束点在曲线上的位置（即占用曲线长的百分比，如起始点输入 40，结束点输入 100），还可以通过选择对象指出起始点和结束点的位置。每个点之间等分	创建点
等参数	系统以曲线曲率大小来分布点群的位置，曲率越大，产生点的距离越大，反之就越小	
几何级数	在几何级数类型下（如起始点输入 0，结束点输入 100），设置完其他参数后，还需指定一个比率值，用来确定点集中彼此相邻的后两点之间的距离与前两点距离的倍数。比率越大，点越密集	
弦公差	用户自定义弦公差值，在创建点集时系统会以该弦公差的值来分布点群的位置，弦公差值越小，产生的点数越多，反之越少	
增量弧长	用户需要自定义弧长大小，在创建点集时系统会以该弧长大小的值来分布点群位置，而点数的多少取决于曲线总长及两点间的弧长	弧长1
投影点	利用一个或多个放置点向选定的曲线作垂直投影，在曲线上生成点集	投影点定义指定该圆弧圆心点

续表

点集间隔方式	含义	创建效果
曲线 百分比	通过曲线上的百分比位置来创建点集	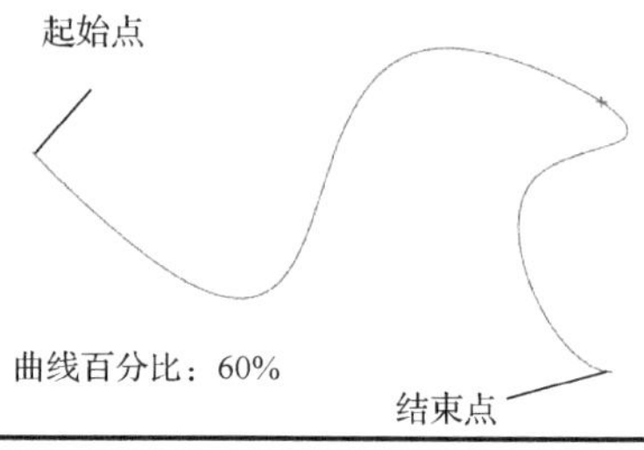 起始点 曲线百分比：60%　　结束点

"样条点"类型主要利用样条相关点创建点集，三种创建方式如表 3-2-3 所示。

表 3-2-3　三种利用样条相关点创建点集的方式

样条相关点	创建方式	创建效果
定义点	利用样条曲线的定义点来创建点集	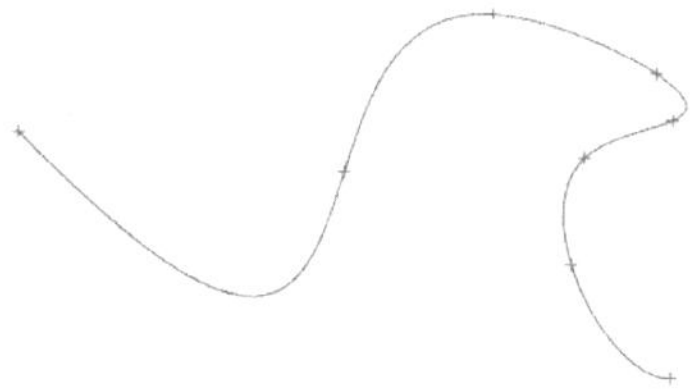
结点	利用样条曲线的结点来创建点集	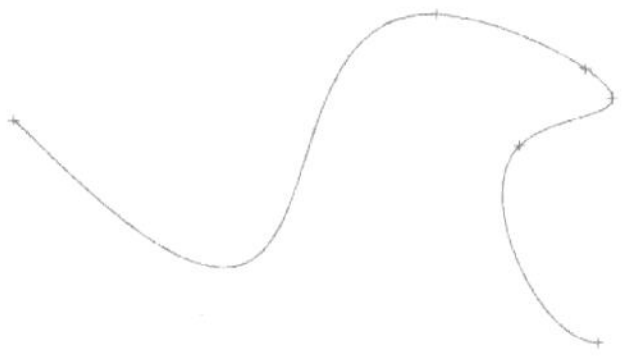
极点	利用样条曲线的极点来创建点集	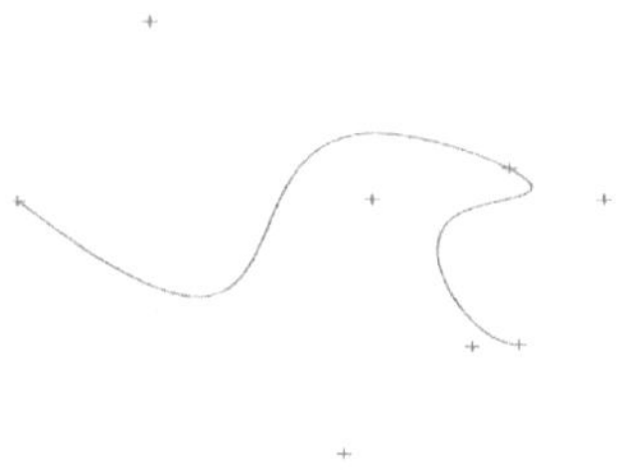

【技能点 3】　光栅图像

将光栅图像导入模型，即在模型中加入参考图。首先要准备好所用的参考图，参考图的作用是方便建模时做参考，所以视图方位一定要正。选择"菜单→插入→基准/点→光栅图像"命令，或者在"特征"功能组中单击"光栅图像"按钮 光栅图像，打开"光栅图像"对话框，如图 3-2-10 所示。先确定插入图片的放置平面，如选取 *XZ-YZ* 平面，如图 3-2-11

所示；然后单击"选择图像文件"右侧的按钮，找到参考图像文件位置并选择确定文件，如图 3-2-12 所示，这时图片就自动加载到选中的平面上了；最后通过在"光栅图像"对话框中被激活的"方位"、"大小"和"图像设置"选项区域根据实际情况进一步对参考图片进行调整，如图 3-2-13 所示。"光栅图像"效果如图 3-2-14 所示。

图 3-2-10　"光栅图像"对话框

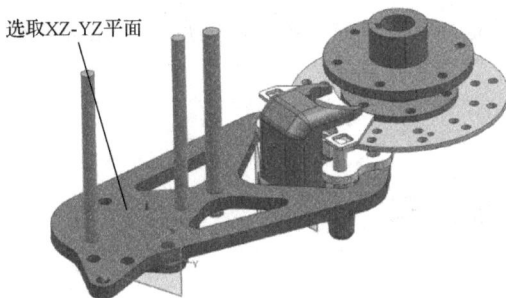

选取 XZ-YZ 平面

图 3-2-11　选取 *XZ-YZ* 平面

图 3-2-12　查找参考图像文件位置

图 3-2-13　进一步调整参考图片

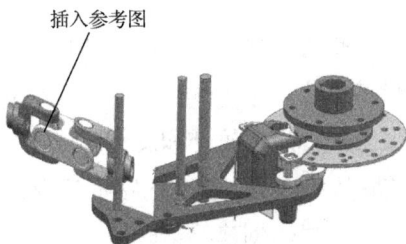

插入参考图

图 3-2-14　"光栅图像"效果

技能点拨

1）创建基准平面可先创建与某直线或平面成一定角度的基准面，然后在该面绘制草图，生成的实体模型也会成一定角度，比旋转模型方便。

2）创建基准面在建模中尤为重要，创建时应注意矢量方向和偏置距离等。在需要得到两个基准面相交出的直线时，需用到"相交曲线"命令。

工作任务 3.3

体素及布尔运算

【核心内容】

体素即体积元素，包括长方体、圆柱、球的特征等；布尔用于组合已存在的实体和片体，布尔运算包括合并、减去、相交、组合。

【学习目标】

理解并掌握体素操作及布尔运算方法。

任务分析

布尔运算也称为布尔操作，指的是两个实体或片体做合并、减去、相交的运算过程，该运算属于数字符号化的逻辑推演法。

拉伸和旋转是建模的重要方式，进行拉伸和旋转时应注意特征创建的方向、限制、布尔、是否为实体或片体，系统默认状态下，创建的特征都为实体。在设计特征中，长方体、圆柱、圆锥、球是创建体的快捷方式，创建特征时应注意对话框中"类型"下拉列表中的各种命令的用法及布尔运算。

体素即体积元素，包括长方体、圆柱、球的特征等。

【技能点 1】　拉伸 【技能点 2】　创建长方体

【技能点 3】　创建圆柱 【技能点 4】　创建圆锥

【技能点 5】　创建球 【技能点 6】　旋转

【技能点 7】　布尔运算

实战演练

【技能点 1】　拉伸

沿矢量拉伸一个截面以创建特征。选择"菜单→插入→设计特征→拉伸"命令，或者在"特征"功能组中单击"拉伸"按钮，打开"拉伸"对话框，如图 3-3-1 所示。在"设计特征下拉菜单"下拉列表中将常用的建模命令添加到"特征"功能组中，如图 3-3-2 所示，方便用户使用。在"表区域驱动"选项区域中选择草图绘制好的需要拉伸曲线，可以是绘制的草图，也可以是模型边线，设置拉伸方向，限制拉伸距离后即可创建出普通拉伸体，系统还提供了拔模拉伸和片体拉伸。

拔模拉伸体设置

片体拉伸体设置

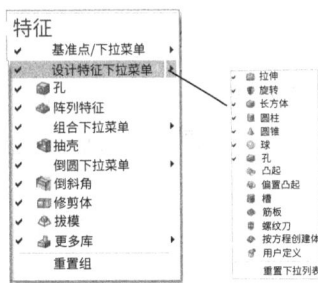

图 3-3-1　"拉伸"对话框 图 3-3-2　添加常用的建模命令

普通拉伸体只通过对拉伸曲线的拉伸距离限制和拉伸方向的限定来创建。

1）普通拉伸对选择曲线从开始距离 0mm 拉伸到结束距离 20mm 为止，如图 3-3-3 所示。

2）在长方体中建立片体，长方体高度为 50mm，在"拉伸"对话框中，将"结束"设置为"直至下一个"，将"布尔"设置为"减去"，如图 3-3-4 所示。其效果如图 3-3-5 所示。

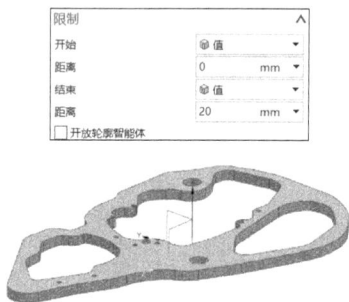

图 3-3-3 普通拉伸

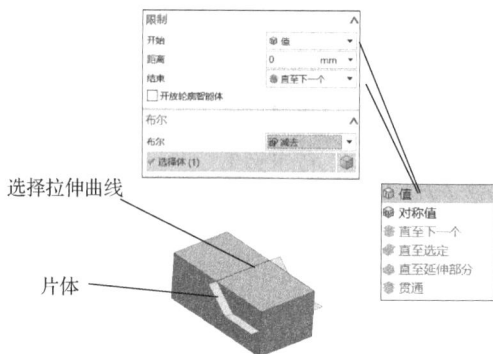

选择拉伸曲线

片体

图 3-3-4 在长方体中建立片体

图 3-3-5 片体效果

拔模拉伸通过选择拉伸曲线，设置拉伸方向、限制距离、拔模角度，以拔模角度实体创建拉伸实体，如图 3-3-6 所示。拔模拉伸效果如图 3-3-7 所示。

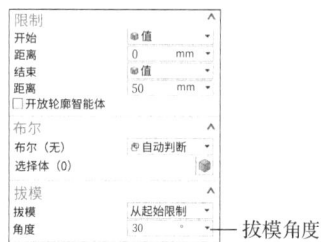

拔模角度

图 3-3-6 生成拉伸实体

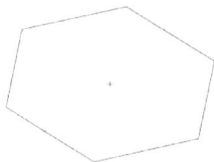

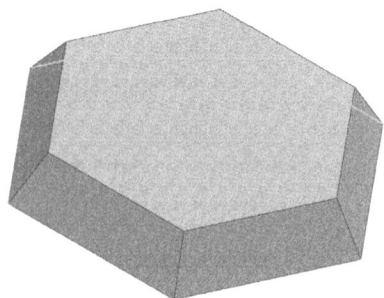

图 3-3-7 拔模拉伸效果

片体拉伸通过选择拉伸曲线，设置拉伸方向、限制距离，并将"体类型"设置为"片体"，以选择曲线生成拉伸"片体"，如图 3-3-8 所示。生成拉伸片体与拉伸实体的不同为拉伸实体的曲线必须是封闭曲线，而拉伸片体可以不是封闭曲线，且可拉伸成相应的模型。拉伸片体效果如图 3-3-9 所示。

图 3-3-8　生成拉伸片体

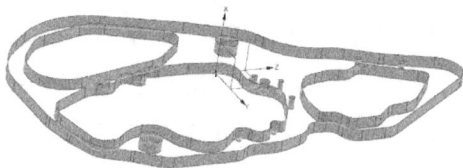

图 3-3-9　拉伸片体效果

【技能点 2】　创建长方体

通过定义拐角位置和尺寸来创建长方体，可直接生成三维模型。

可以在"特征"功能组中单击"长方体"按钮，打开"长方体"对话框，也可以选择"菜单→插入→特征设计→长方体"命令，打开"长方体"对话框。

1. "原点和边长"类型

通过选择"原点和边长"类型，确定原点位置，设置长方体 X、Y、Z 三个方向上的数值即可完成创建。其步骤分别如图 3-3-10～图 3-3-12 所示，其创建效果如图 3-3-13 所示。

图 3-3-10　选择"原点和边长"类型

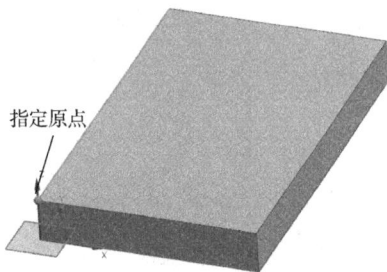

图 3-3-11　在绘图区确定原点位置

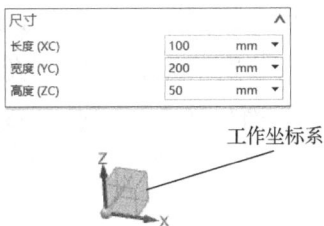

图 3-3-12　设置长方体三个方向的尺寸

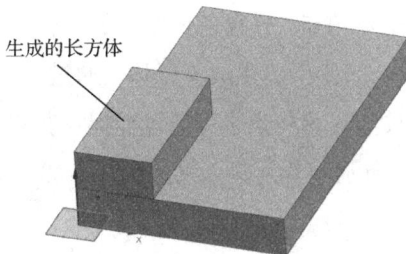

图 3-3-13　"原点和边长"类型创建长方体效果

2. "两点和高度"类型

通过选择"两点和高度"类型，确定长方体两点位置（分别为长方体下表面对角线两点，为同一面，确定后即确定了长方体下表面），然后设置 Z 方向的高度即可完成创建。其步骤分别如图 3-3-14～图 3-3-16 所示。其创建效果如图 3-3-17 所示。

图 3-3-14　选择"两点和高度"类型

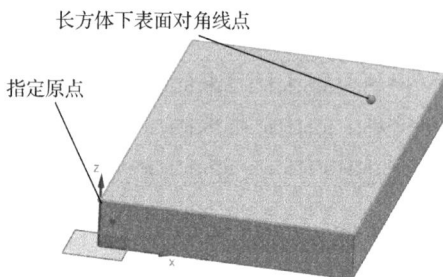

图 3-3-15　在绘图区确定原点位置和长方体下表面对角线点

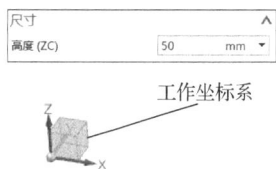

图 3-3-16　设置长方体 Z 方向尺寸

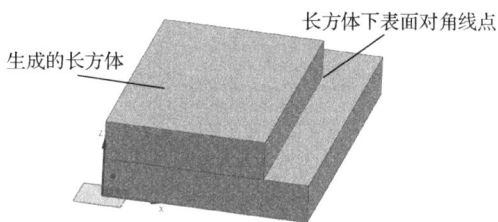

图 3-3-17　"两点和高度"类型创建长方体效果

3. "两个对角点"类型

"两个对角点"分别是长方体的立体对角线两点，如果两个对角点不在一个平面则可生成长方体，否则不能生成长方体。通过"点"对话框确定原点位置和长方体立体对角线点，在指定点进入。另一点也可通过捕捉点获取（两点不能在同一平面）。其步骤分别如图 3-3-18、图 3-3-19 所示，其创建效果如图 3-3-20 所示。

图 3-3-18　选择"两个对角点"类型

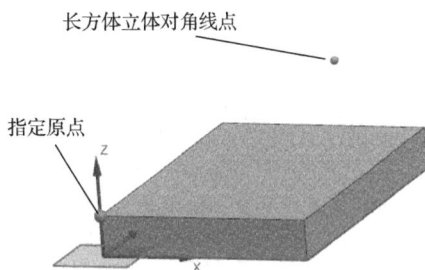

图 3-3-19　确定原点位置和长方体立体对角线点

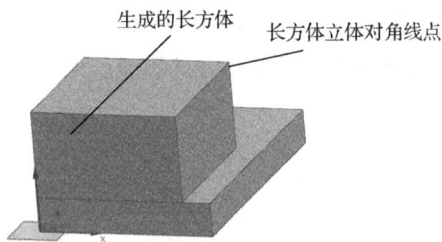

图 3-3-20　"两个对角点"类型创建长方体效果

【技能点 3】　创建圆柱

通过定义轴位置和尺寸来创建圆柱，可直接生成三维模型。

选择"菜单→插入→特征设计→圆柱"命令，或者在"特征"功能组中单击"圆柱"按钮 圆柱 ，打开"圆柱"对话框。

1. "轴直径和高度"类型

通过选择"轴、直径和高度"类型，确定圆柱中心轴点、矢量方向，设置圆柱直径和高度即可完成圆柱的创建，其中心轴点和矢量方向在同一直线上，否则不能创建成功。其操作步骤分别如图 3-3-21～图 3-3-23 所示，其创建效果如图 3-3-24 所示。

图 3-3-21　选择"轴、直径和高度"类型

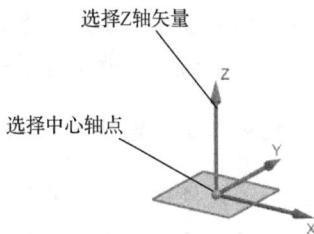

图 3-3-22　在绘图区确定中心轴点和矢量方向

生成的圆柱

尺寸		
直径	80	mm
高度	140	mm

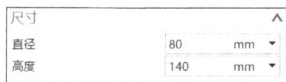

图 3-3-23 设置圆柱直径和高度　　　　图 3-3-24 "轴、直径和高度"类型创建圆柱效果

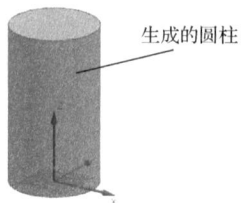

2. "圆弧和高度"类型

通过"圆弧和高度"类型，它与"轴、直径和高度"类型类似，先选择一条圆弧线，可以是草图线，也可以是三维边线，然后确定圆柱底面中心轴点和矢量方向，再设置圆柱高度即可完成圆柱的创建。其操作步骤分别如图 3-3-25～图 3-3-27 所示，创建效果如图 3-3-28 所示。

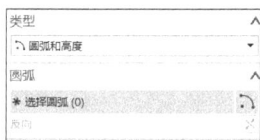

类型	
ᐁ 圆弧和高度	▾
圆弧	∧
✳ 选择圆弧 (0)	
尺寸	

选择草图线（圆弧）

图 3-3-25 选择"圆弧和高度"类型　　　　图 3-3-26 绘图区确定草图线（圆弧）

尺寸		
高度	140	mm

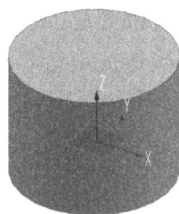

图 3-3-27 设置高度　　　　　　　图 3-3-28 "圆弧和高度"类型创建圆柱效果

【技能点4】 创建圆锥

通过定义轴位置和尺寸来创建圆锥，直接生成三维模型。

选择"菜单→插入→设计特征→圆锥"命令，打开"圆锥"对话框。

1. "直径和高度"类型

通过选择"直径和高度"类型，对圆锥中心轴点和矢量方向进行确认，输入圆锥顶部直径和底部直径、高度即可完成圆锥的创建。其操作步骤分别如图 3-3-29、图 3-3-30 所示，创建效果如图 3-3-31 所示。

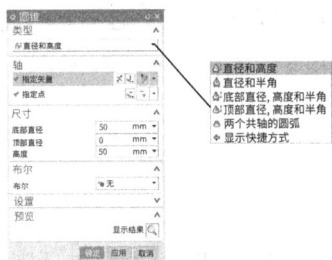

图 3-3-29 选择"直径和高度"类型

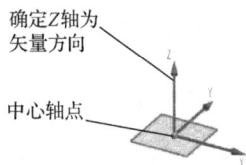

图 3-3-30 在绘图区确定中心轴点和矢量方向，
输入高度值

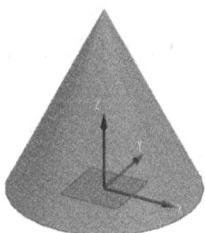

图 3-3-31 "直径和高度"类型创建圆锥效果

2. "直径和半角"类型

选择"直径和半角"类型与选择"直径和高度"类型不同的是，其输入高度值变为输入半角值，半角是圆锥中心轴与圆锥边的夹角，半角值越大，圆锥越扁平。首先，在"圆锥"对话框中选择"直径和半角"类型，在"尺寸"选项区域中设置"底部直径"为"50mm"，"顶部直径"为"0mm"，"半角"为 50°左右，如图 3-3-32 所示。其次，在绘图区确定中心轴点和矢量方向，如图 3-3-30 所示。最后，"直径和半角"类型创建圆锥效果如图 3-3-33 所示。

图 3-3-32 选择"直径和半径"类型

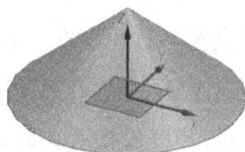

图 3-3-33 "直径和半角"类型创建圆锥效果

注意：创建的圆锥的高度与半角是相互关联的。例如，在圆锥底部直径不变的情况下，高度越高，半角越小；反之高度越低，半角越大。如果用户设置的高度和半角数值不满足此要求，则无法完成圆锥的创建。

3. "底部直径，高度和半角"类型

通过选择"底部直径，高度和半角"类型，对圆锥中心轴点和矢量方向进行确认，输入圆锥底部直径、半角和高度值即可完成创建。首先，在"圆锥"对话框中，选择"底部直径，高度和半角"类型，在"尺寸"选项区域中设置"底部直径"为"50mm"，"高度"为 15.5mm 左右，"半角"为 50°左右，半角与高度值相互关联，如图 3-3-34 所示。其次，在绘图区确定中心轴点和矢量方向，如图 3-3-30 所示。最后，"底部直径，高度和半角"类型创建圆锥效果如图 3-3-35 所示。

图 3-3-34　选择"底部直径，高度和半角"类型　　图 3-3-35　"底部直径，高度和半角"类型创建
　　　　　　　　　　　　　　　　　　　　　　　　　　　　圆锥效果

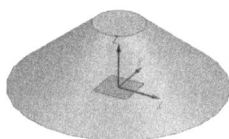

4. "顶部直径，高度和半角"类型

"顶部直径，高度和半角"类型与"底部直径，高度和半角"类型的不同是其底部直径改为顶部直径。首先，在"圆锥"对话框中，选择"顶部直径，高度和半角"类型，在"尺寸"选项区域中设置"顶部直径"为"12mm"，"高度"为"15mm"，"半角"为 40°左右，半角与高度值相互关联，如图 3-3-36 所示。其次，在绘图区确定中心轴点和矢量方向，如图 3-3-30 所示。最后，"顶部直径，高度和半角"类型创建圆锥效果如图 3-3-37 所示。

图 3-3-36　选择"顶部直径，高度和半角"类型　　　图 3-3-37　"顶部直径，高度和半角"类型创建
　　　　　　　　　　　　　　　　　　　　　　　　　　　　　　　圆锥效果

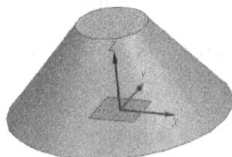

5. "两个共轴的圆弧"类型

该类型需确认不同平面且在同一高度的基圆弧和顶圆弧，否则将不能创建圆锥。首先，在"圆锥"对话框中，选择"两个共轴的圆弧"类型，如图 3-3-38 所示。其次，在绘图区确定中心轴点和矢量方向，确定基圆弧和顶圆弧，如图 3-3-39 所示。基圆弧和顶圆弧在不同平面且同一高度、共轴。"两个共轴的圆弧"类型创建圆锥效果如图 3-3-40 所示。

图 3-3-38　选择"两个共轴的圆弧"类型　　　　图 3-3-39　在绘图区确定中心轴点和矢量方向

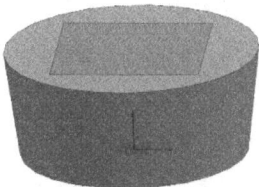

图 3-3-40　"两个共轴的圆弧"类型创建圆锥效果

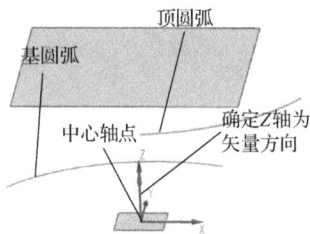

【技能点 5】　创建球

通过定义中心位置和尺寸来创建球体。

选择"菜单→插入→设计特征→球"命令，打开"球"对话框。

1. "中心点和直径"类型

通过确定球体的中心点位置，输入球体直径即可完成球体的创建。

首先，在"球"对话框中选择"中心点和直径"类型，输入球体"直径"为"40mm"，如图 3-3-41 所示。其次，在绘图区确定中心点，如图 3-3-42 所示。最后，"中心点和直径"类型创建球体效果如图 3-3-43 所示。

图 3-3-41   选择"中心点和直径"类型

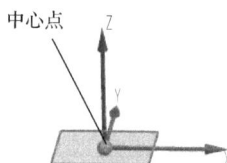

图 3-3-42   在绘图区确定中心点

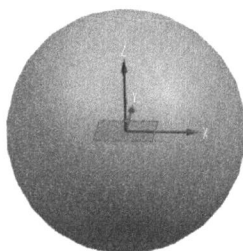

图 3-3-43   "中心点和直径"类型创建球体效果

2. "圆弧"类型

通过确定圆弧来创建球体。首先，在"球"对话框中选择"圆弧"类型，如图 3-3-44 所示。其次，在绘图区确定圆弧，球体中心点位置自动设置为圆弧圆心点位置，球体半径为圆弧半径，如图 3-3-45 所示。最后，"圆弧"类型创建球体效果如图 3-3-46 所示。

图 3-3-44   "球"对话框

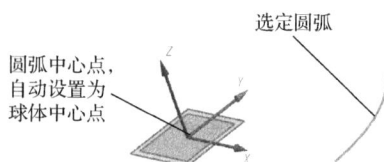

图 3-3-45   在绘图区确定圆弧

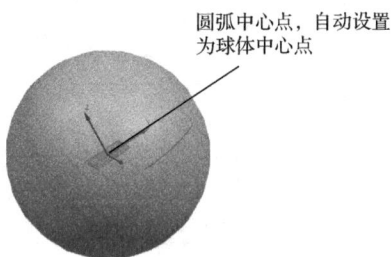

图 3-3-46　"圆弧"类型创建球体效果

【技能点 6】　旋转

通过绕轴旋转截面来创建特征，用于创建投影面是对称的模型，如圆锥、圆台、球体等，均可以使用"旋转"命令完成创建。创建步骤如下：

选择"菜单→插入→设计特征→旋转"命令，打开"旋转"对话框，在该对话框中对对称模型的投影面进行选择，并输入旋转体开始角度、结束角度。

首先，在"旋转"对话框中，对称草图线需在草图中创建。对圆锥举例创建旋转体，设置旋转体开始角度为"0°"，结束角度为"360°"，即一周，用户可自定义输入旋转角度值，如图 3-3-47 所示。其次，在绘图区确定"表区域驱动选择"曲线（即绕旋转轴旋转曲线）和"绕旋转轴"曲线，如图 3-3-48 所示。此时，圆锥旋转体效果如图 3-3-49 所示。最后，设置圆锥旋转体的开始角度为"0°"，结束角度为"190°"，即为部分圆锥体。部分圆锥体效果如图 3-3-50 所示。

图 3-3-47　"旋转"对话框

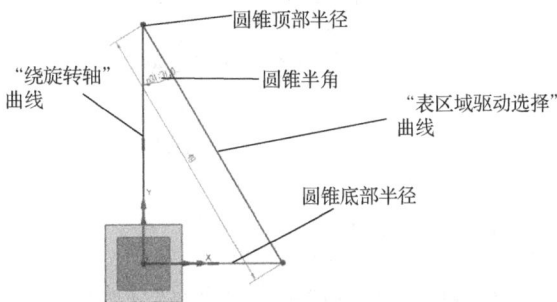

图 3-3-48　在绘图区确定"表区域驱动选择"曲线和"绕旋转轴"曲线

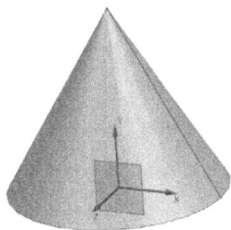

图 3-3-49　圆锥旋转体效果

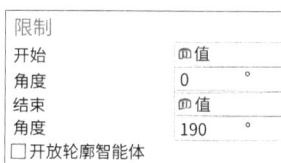

图 3-3-50　部分圆锥体效果

【技能点 7】　布尔运算

如图 3-3-51 所示，在绘图区建立两个或多个独立的特征实体。这里的布尔运算只对特征体产生作用，片体和线不能进行布尔运算。在 UG NX 中，在多个实体特征创建对话框中均可使用布尔运算功能，系统提供合并、减去、相交、组合四种功能，如图 3-3-52 所示。系统默认初始的布尔运算为无，若需要修改则用户可在该对话框的"布尔"选项区域中选择。用户可选择"菜单→插入→组合"命令，或者在"特征"功能组中选择相应功能。下面主要介绍合并、减去、相交这三种功能。

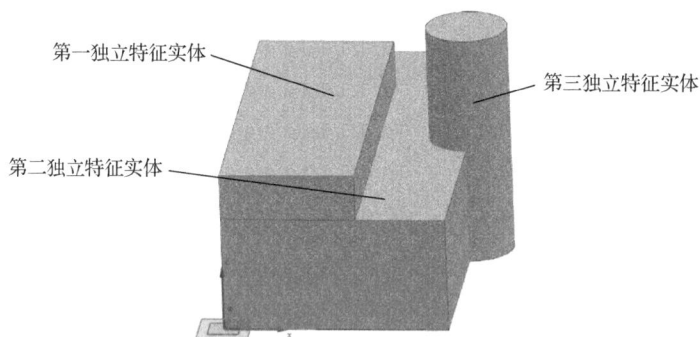

图 3-3-51　创建三个独立的特征实体

图 3-3-52　布尔运算功能

1. 布尔合并运算

选择"合并"命令或单击"合并"按钮，打开"合并"对话框，如图 3-3-53 所示。布尔合并运算是将两个独立并有相交部分的特征实体合并为一个特征，合并后相交部分将会被删除。进行布尔合并运算时，选择的两个独立的特征实体必须要有相交的部分（包括面重合），否则系统将不会执行布尔合并操作，并打开"警报"提示框，提示"工具体完全在目标体外"，如图 3-3-54 所示。布尔合并运算效果如图 3-3-55 所示。

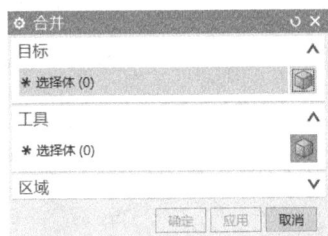

图 3-3-53　"合并"对话框

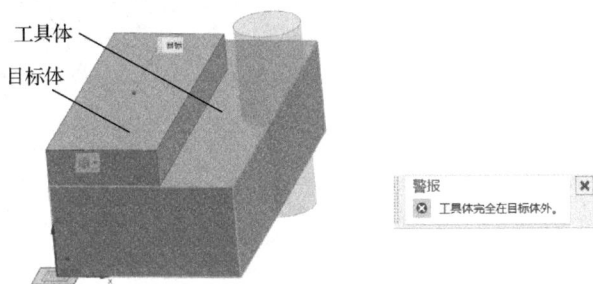

图 3-3-54　选择两个独立有重合面的特征实体

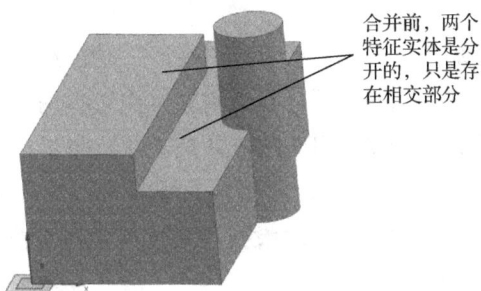

图 3-3-55　布尔合并运算效果

2. 布尔减去运算

选择"菜单→插入→组合"命令，或者在"特征"功能组中单击"减去"按钮 减去 ，打开"求差"对话框，如图 3-3-56 所示，在该对话框中对两个独立且有相交部分的特征实体进行目标体与工具体的选择。布尔减去运算就像一个减法运算，有减数和被减数之分，也即目标体和工具体的选择不同会得到不同的效果。当目标体减去工具体时，工具体整体将被隐藏，目标体留下与工具体相交部分的空余。执行布尔减去运算时，选择的两个独立的特征实体必须有相交部分，否则系统不能执行该命令，如图 3-3-57 所示。布尔减去运算效果如图 3-3-58 所示。

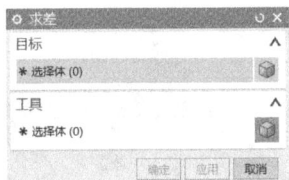

图 3-3-56　"求差"对话框

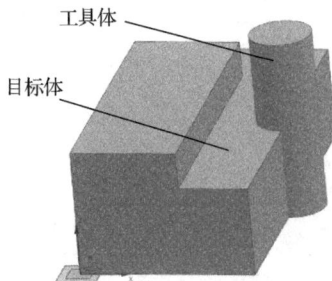

图 3-3-57　选择两个独立且有相交部分的特征实体

图 3-3-58　布尔减去运算效果

3. 布尔相交运算

选择"菜单→插入→组合"命令，或者在"特征"功能组中单击"相交"按钮 ⏣ 相交，打开"相交"对话框，如图 3-3-59 所示，在该对话框中选择两个独立且有相交部分的特征实体。布尔相交运算是两个特征实体相交的公共集。执行布尔相交运算时，选择的两个独立的特征实体必须有相交部分，否则系统不能执行该命令，如图 3-3-60 所示。在完成对模型进行工具体和目标体的选择后，可在"设置"选项区域中选择不保留工具体和目标体，布尔相交运算效果如图 3-3-61 所示。

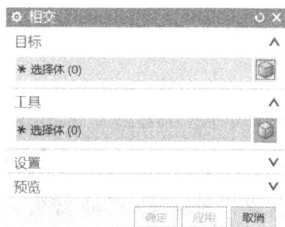

图 3-3-59　"相交"对话框

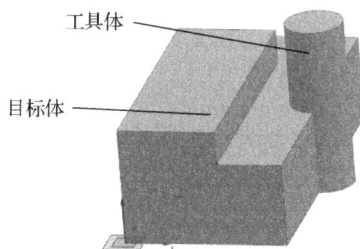

图 3-3-60　选择两个独立且有相交部分的特征实体

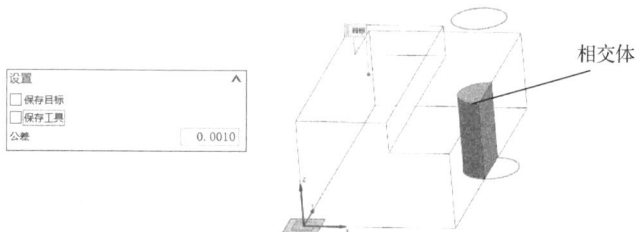

图 3-3-61　布尔相交运算效果

技能点拨

1）建模对于 UG NX 用户十分重要，建立如正方体、圆柱等模型时，需提前清楚模型的关键尺寸数据，尤其是长方体，用户需注意模型的起点位置和矢量方向，否则会出现建模方向与预计方向不符的情况，最好在对话框中进行矢量选择，参考坐标系。

2）建模起点位置需在"点"对话框中定位点位置坐标，是所选点在绘图区域的 XYZ 坐标，可在原坐标基础上修改数据进行微调，以定位到用户需要的坐标。

3）布尔逻辑的减去、相交、合并运算，与编程逻辑的"与""或""非"运算类似，它使建模逻辑更加简单，无须进入二维草图建立模型，但目标体和工具体根据需要须保持一定的选择顺序。

工作任务 *3.4*

轴 承 建 模

【核心内容】

用户通过轴承建模中相关理论知识和实践操作的学习，可以更加容易地掌握建模中"显示和隐藏""移动对象""缩放体""延伸片体""修剪片体"等命令的使用方法。

【学习目标】

1. 理解轴承建模中所用的各项命令。
2. 掌握"显示和隐藏"命令的使用方法。
3. 掌握"移动对象""缩放体""延伸片体""修剪片体""复合曲线"命令的使用方法。
4. 掌握"调整倒斜角大小""调整圆角（倒圆）大小""边倒圆""面倒圆""阵列特征"命令的使用方法。

任务分析

使用"显示和隐藏"命令可对部件、实体、片体或点、草图线进行部分或整体的隐藏与显示；使用"移动对象"命令可移动或旋转选定的对象；使用"缩放体"命令可缩放实体和片体，片体可由草图拉伸得出，分为延伸片体和修剪片体；使用"复合"曲线命令可创建其他曲线或边的关联复制；使用"调整倒斜角大小"命令可调整倒斜角的大小及角度；使用"调整圆角大小"命令可更改圆角面的半径；使用"边倒圆"命令可对有棱边的模型进行倒圆；使用"面倒圆"命令可在选定面组之间添加相切圆角面；使用"阵列特征"命令可将特征复制到许多阵列或布局（线性、圆形、多边线等）中。

【技能点 1】　显示和隐藏　　　　　　　【技能点 2】　移动对象

【技能点 3】　缩放体　　　　　　　　　【技能点 4】　片体操作

【技能点 5】　复合曲线　　　　　　　　【技能点 6】　调整倒斜角大小

【技能点 7】　调整圆角大小　　　　　　【技能点 8】　边倒圆

【技能点 9】　面倒圆　　　　　　　　　【技能点 10】　阵列特征

实战演练

【技能点 1】　显示和隐藏

"显示和隐藏"命令用于对部件、实体、片体或点、草图线进行部分或整体的隐藏与显示，若模型中组件较多，则使用"显示和隐藏"命令更便于用户观察和编辑内部组件。

由路径"菜单→编辑→显示和隐藏"打开"显示和隐藏"下拉列表，如图 3-4-1 所示。其中，常用命令"显示和隐藏""隐藏""显示""全部显示""反转显示和隐藏"能对模型进行精确的显示或隐藏。下面以如图 3-4-2 所示的轴承为例，介绍常用命令的具体操作方法，如表 3-4-1 所示。

图 3-4-1　"显示和隐藏"下拉列表

图 3-4-2　轴承

表 3-4-1　常用命令及其操作方法

命令	操作方法
显示和隐藏	在"显示和隐藏"下拉列表中选择"显示和隐藏"命令 🔅 显示和隐藏(O)... 或按 Ctrl+W 组合键打开"显示和隐藏"对话框,如图 3-4-3 所示。在该对话框中列出了该建模文件中的所有类型,可通过右侧"+"或"-"对模型进行部分或全部的显示或隐藏,其中"+"为显示操作,"-"为隐藏操作 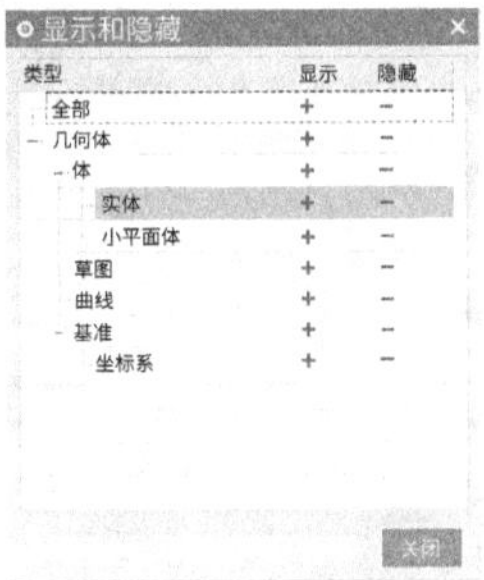 图 3-4-3　"显示和隐藏"对话框
隐藏	在"显示和隐藏"下拉列表中选择"隐藏"命令 🔅 隐藏(H)... ,打开"类选择"对话框,进行对选择模型的隐藏操作,如图 3-4-4 所示。在该对话框中选择需隐藏的对象,单击"确定"按钮即可隐藏对象。其他隐藏方法:直接按 Ctrl+B 组合键;在部件导航器中选择隐藏对象,然后右击隐藏;也可直接选择模型后右击。轴承的中环被隐藏效果如图 3-4-5 所示  图 3-4-4　"类选择"对话框 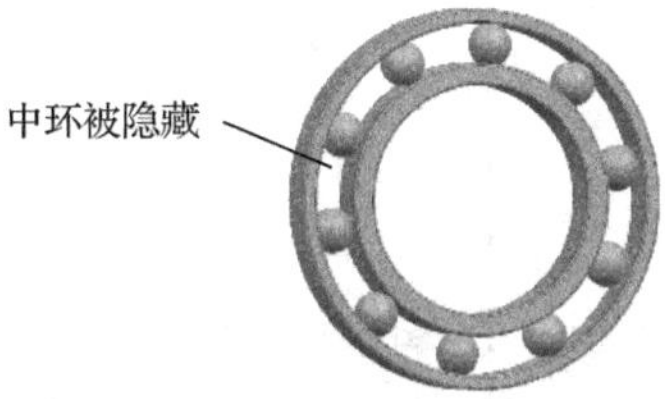　　　图 3-4-5　轴承的中环被隐藏效果
显示	在"显示和隐藏"下拉列表中选择"显示"命令 🔅 显示(S)... ,随即建模文件中只出现被隐藏的模型,打开"类选择"对话框,如图 3-4-4 所示,在该对话框中进行对选择模型的显示操作;也可以在部件导航器中选择被隐藏的模型,然后右击显示。若建模文件中无隐藏模型,则在"类选择"对话框中无选择模型。"显示"与"隐藏"命令的不同是,"显示"命令选择被隐藏模型,"隐藏"命令选择无须显示的模型进行隐藏。轴承被隐藏中环的显示效果如图 3-4-6 所示

续表

命令	操作方法
显示	 图 3-4-6　轴承被隐藏中环的显示效果
全部显示	在"显示和隐藏"下拉列表中选择"全部显示"命令 全部显示(A)。它与"显示"命令实现相同的操作效果，但"显示"命令只能对单个模型进行选择，若需要对多个模型进行选择，可使用"全部显示"命令。选择"全部显示"命令，在模型文件中，系统将所有被隐藏的历史记录显示出来。轴承被隐藏的草图被全部显示效果如图 3-4-7 所示 轴承草图被全部显示 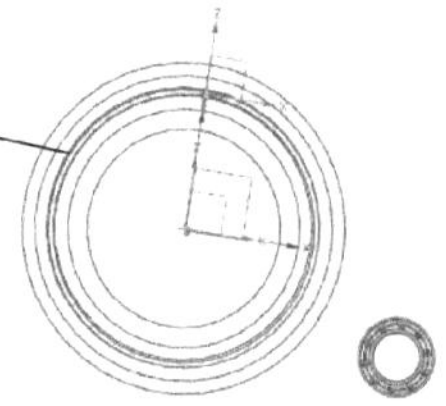 图 3-4-7　轴承被隐藏的草图被全部显示效果
反转显示和隐藏	 其打开路径为在"显示和隐藏"下拉列表中选择"反转显示和隐藏"命令 反转显示和隐藏(I)。它与"隐藏""显示"命令有同样的效果。"反转显示和隐藏"命令用于建模文件模型较多时，选择"反转显示和隐藏"命令后系统将对于部件导航器中隐藏的草图进行全部显示，显示的草图进行全部隐藏，分别如图 3-4-8、图 3-4-9 所示 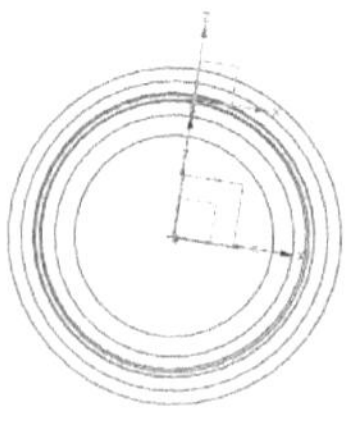 图 3-4-8　轴承被隐藏的草图全部显示，　图 3-4-9　显示的草图被隐藏，被隐藏的 　　　　　显示的轴承被隐藏　　　　　　　　　　　　轴承全部显示

【技能点 2】　移动对象

移动或旋转选定的对象，可选择"菜单→编辑→移动对象"命令打开"移动对象"对话框，也可以按 Ctrl+T 组合键打开"移动对象"对话框，如图 3-4-10 所示。该对话框分为三个选项区域：一是选择要移动的对象，二是移动的方式，三是移动的结果。移动对象可以是特征实体，也可以是基准平面，草图线不能使用"移动对象"命令。

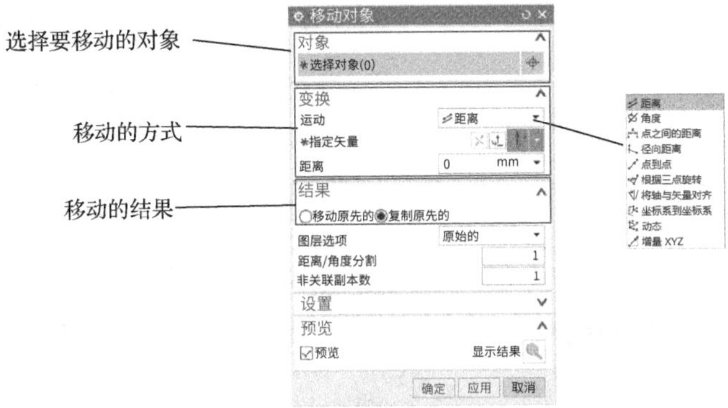

图 3-4-10　"移动对象"对话框

常用的移动方式有"距离"和"角度"，下面进行介绍。

1）"距离"移动对象方式。在如图 3-4-11 所示的"移动对象"对话框中，单击"选择对象"右侧按钮，选择轴承内环作为移动对象（图 3-4-12），设置"运动"选项为"距离"，"指定矢量"参考图 3-4-12 左下角的工作坐标系（如选择-Y 轴），"距离"为"80mm"，在"结果"选项区域中，选中"移动原先的"单选按钮，如图 3-4-11 所示。"距离"移动结果如图 3-4-13 所示。

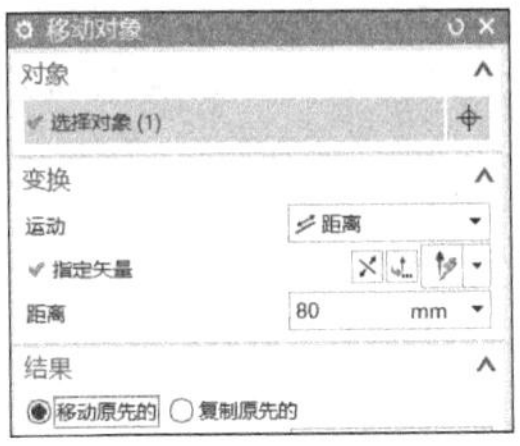

图 3-4-11　"移动对象"对话框 1

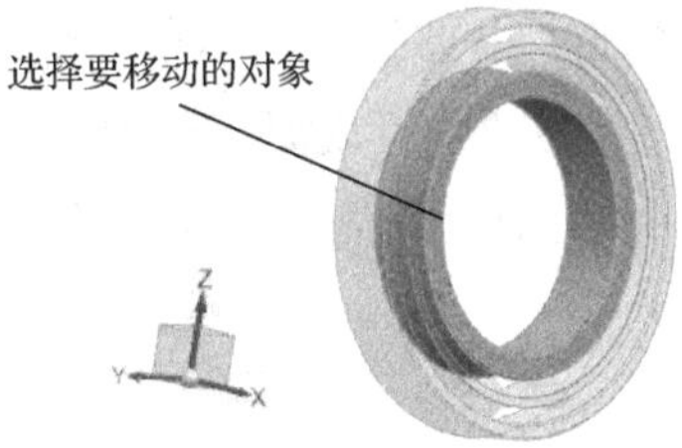

图 3-4-12　模型中选择要移动的对象

图 3-4-13　"距离"移动结果

2）"角度"移动对象方式。在如图 3-4-14 所示的"移动对象"对话框中，单击"选择对象"右侧的按钮，选择轴承内环作为移动对象（图 3-4-15），设置"运动"选项为"角度"，"指定矢量"参考图 3-4-15 左上角的工作坐标系（如选择 Z 轴），"指定轴点"选择圆弧圆心点，旋转"角度"为"90°"，在"结果"选项区域中，选中"移动原先的"单选按钮，如图 3-4-14 所示。"角度"移动结果如图 3-4-16 所示。

图 3-4-14 "移动对象"对话框 2

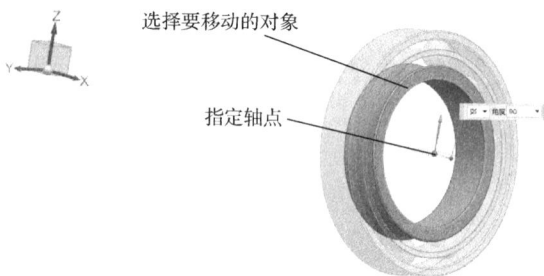

图 3-4-15 模型中选择要移动的对象

图 3-4-16 "角度"移动结果

【技能点 3】 缩放体

"缩放体"命令用于缩放实体和片体。选择"菜单→插入→偏置/缩放→缩放体"命令，或者在"主页"选项卡的"特征"功能组中单击"更多→偏置/缩放→缩放体"按钮，打开"缩放体"对话框，如图 3-4-17 所示，该对话框提供了"均匀""轴对称""不均匀"三种可对缩放体进行缩放的缩放类型。

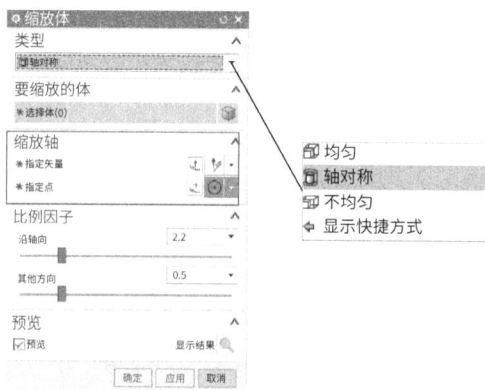

图 3-4-17 "缩放体"对话框 1

以对轴承内环进行建模为例，如图 3-4-18 所示。了解到轴承内环与滚珠配合作业，所以轴承外环的外表面带有凹态，因为横截面外环为对称图形，所以采用"旋转"命令完成创建，并建立轴心点，于 ZY 面创建轴承外环草图。使用"旋转"命令，轴承内环创建完成，如图 3-4-19 所示。

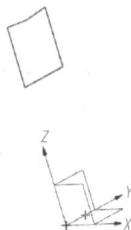

图 3-4-18　对轴承内环进行建模

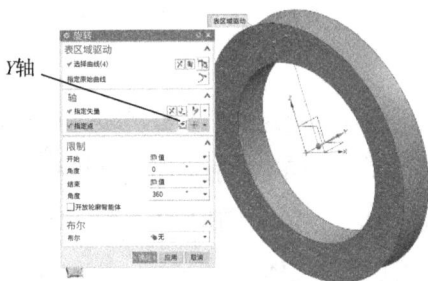

图 3-4-19　轴承内环创建完成

所以,在将轴承内环"安装"入轴承中时,可能由于尺寸过大或过小的问题,通过"移动对象"命令移动后与实际不匹配时,需要使用"缩放体"命令。

1. "均匀"类型

以指定轴为中心,按两个不同缩放因子分别沿两个其他方向进行对称缩放。

在"缩放体"对话框中,选择轴承外环,缩放轴点选择指定圆弧点,比例因子输入"0.4",如图 3-4-20 所示。轴承外环缩放体效果对比如图 3-4-21 所示。

图 3-4-20　"缩放体"对话框 2

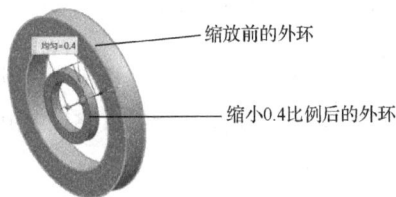

图 3-4-21　轴承外环缩放体效果对比

2. "轴对称"类型

在"缩放体"对话框中,"沿轴向"比例因子输入"2.2","其他方向"比例因子输入"0.5",如图 3-4-22 所示。轴承外环轴对称缩放体效果前后对比如图 3-4-23 所示。

图 3-4-22　"缩放体"对话框 3

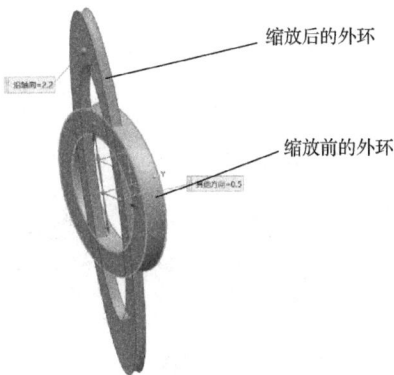

图 3-4-23　轴承外环轴对称缩放体效果前后对比

3. "不均匀"类型

该类型与"轴对称"类型类似,只是多一个方向的比例因子,分别在 X、Y、Z 方向上以三个不同比例因子缩放参考基准坐标系。"X 向"比例因子输入"1.86","Y 向"比例因子输入"0.9","Z 向"比例因子输入"0.7",如图 3-4-24 所示。轴承外环不均匀缩放体效果前后对比如图 3-4-25 所示。

图 3-4-24 "缩放体"对话框 4

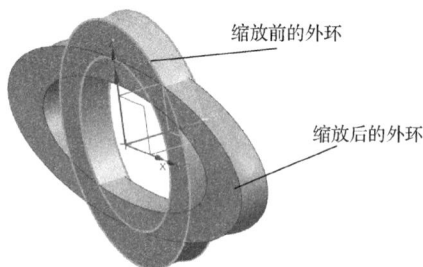

图 3-4-25 轴承外环不均匀缩放体效果前后对比

【技能点 4】 片体操作

由线拉伸而成的面,可将实体抽取表面片体进行操作,修改后变为实体,一般作为建模复杂实体外表面的方法。片体有修剪片体和延伸片体。

1. 修剪片体

修剪片体为减去片体的一部分。由草图绘制样条曲线,退出草图后由"拉伸"命令拉伸为片体。选择"菜单→插入→修剪→修剪片体"命令,打开"修剪片体"对话框,如图 3-4-26 所示。在该对话框中选择边界对象后,选中"保留"单选按钮,修剪片体后效果如图 3-4-27 所示。

图 3-4-26 "修剪片体"对话框

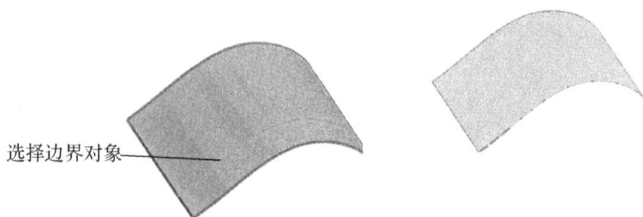

图 3-4-27 修剪片体前后对比效果

2. 延伸片体

延伸片体按距离或按另一个体的交点延伸片体。选择"菜单→插入→修剪→延伸片体"命令，打开"延伸片体"对话框，如图3-4-28所示。在该对话框中的"限制"下拉列表中选择"偏置"选项，在"偏置"文本框中输入"20"，选定边后单击"确定"按钮，延伸片体前后对比效果如图3-4-29所示。

图3-4-28 "延伸片体"对话框

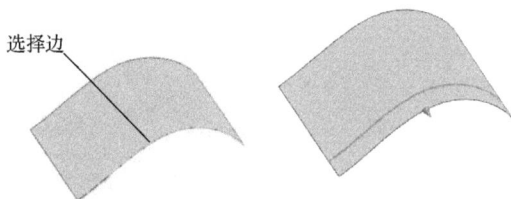

图3-4-29 延伸片体前后对比效果

在"延伸片体"对话框中的"限制"下拉列表中选择"直至选定"选项，如图3-4-30所示，选择边、选择面后单击"确定"按钮，"直至选定"延伸效果如图3-4-31所示。

图3-4-30 选择"直至选定"选项

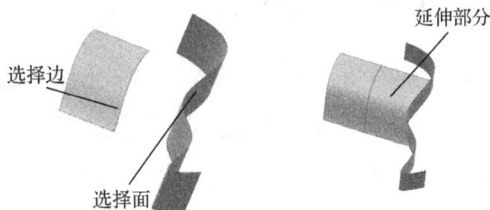

图3-4-31 "直至选定"延伸效果

【技能点5】 复合曲线

"复合曲线"命令用于创建其他曲线或边的关联复制。"复合曲线"命令和"抽取曲线"命令类似，都可以复制功能曲线和草图曲线或抽取实体和片体的边，并且精度无差别。但是"复合曲线"命令会建立模型树档案，"抽取曲线"命令不会建立，这说明复合的曲线更加像草图曲线，而抽取的曲线更加接近功能曲线。二者在被下级引用或构成片体和实体时都会保持与下级的关联性，但是抽取曲线的种类更多。

选择"菜单→插入→派生曲线→复合曲线"命令，或者在"曲线"选项卡的"派生曲线"功能组中单击"复合曲线"按钮，打开"复合曲线"对话框，如图3-4-32所示。在该对话框中，对模型进行边线曲线选择，如图3-4-33所示。将轴承隐藏后，凸显出创建的复合曲线，如图3-4-34所示。

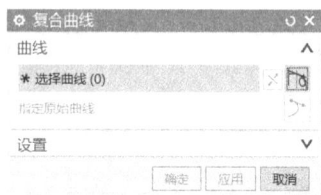

图 3-4-32　"复合曲线"对话框

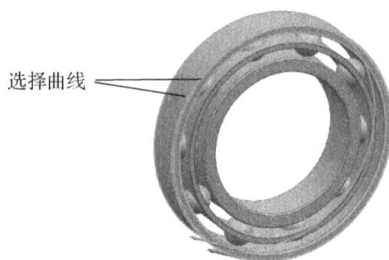

图 3-4-33　对模型进行边线曲线选择

图 3-4-34　将轴承隐藏后，凸显出创建的复合曲线

【技能点 6】　调整倒斜角大小

"调整倒斜角大小"命令用于更改倒斜角面的大小，且只能对有倒斜角的面进行选择。除了可以用该命令对模型倒斜角大小进行修改，还可以对原实体上需要修改的倒斜角进行双击，进入"调整倒斜角大小"对话框进行数值的重新输入。其修改方式与创建方式类似，同样是"对称""非对称""偏置和角度"三种方法，相当于对倒斜角的重新创建。不同的是，"调整倒斜角大小"命令只能在有倒斜角时或在非原实体下使用，如缩放体、移动对象后的模型。

选择"菜单→插入→同步建模→细节特征→调整倒斜角大小"命令，或者在"同步建模"功能组中单击"调整倒斜角大小"按钮，打开"调整倒斜角大小"对话框，如图 3-4-35 所示。在该对话框中，选择带有倒斜角的面（图 3-4-36），若在"横截面"下拉列表中选择"对称偏置"选项，则在"偏置 1"文本框中输入"3"（图 3-4-37），单击"确定"按钮，修改偏置值后调整倒斜角大小效果如图 3-4-38 所示；同样，若"横截面"为"非对称偏置"，"偏置 1""偏置 2"分别输入"2"（图 3-4-39），选择带有倒斜角的面（图 3-4-40）后，单击"确定"按钮，修改偏置值后调整倒斜角大小效果如图 3-4-41 所示。

图 3-4-35　"调整倒斜角大小"对话框

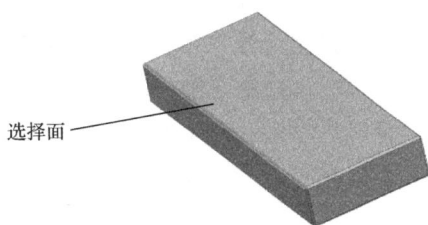

选择面

图 3-4-36　选择带有倒斜角的面 1

图 3-4-37　修改偏置值 1

图 3-4-38　修改偏置值后调整倒斜角大小效果 1

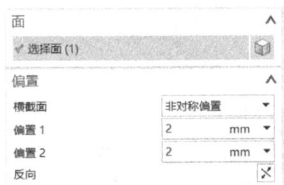

图 3-4-39　修改偏置值 2

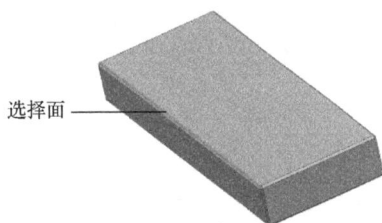

选择面

图 3-4-40　选择带有倒斜角的面 2

图 3-4-41　修改偏置值后调整倒斜角大小效果 2

【技能点 7】　调整圆角大小

建模操作时，难免会对创建时的输入数据进行修改，"调整圆角大小"命令用于更改圆角面的半径。开始选择圆角面时，只能选择有边倒圆的面。如果是原实体，则直接双击该圆面，重新打开"调整圆角大小"对话框进行编辑；如果是非原实体，则不能直接双击进入修改，如缩放体、移动对象后的模型。

选择"菜单→插入→同步建模→细节特征→调整倒圆大小"命令，或者在"同步建模"功能组中单击"调整圆角大小"按钮 调整圆角大小，打开"调整圆角大小"对话框，如图 3-4-42

所示。在模型中选择圆角面，该对话框的"半径"文本框中会显示当前模型的边倒圆半径，用户可自定义输入半径值，但需要注意的是，输入半径值应在模型尺寸范围内，否则将不会执行该命令。例如，选择带有边倒角的面，原边倒角半径为 0.24（图 3-4-43），在"半径"文本框中输入"0.5"（图 3-4-44），单击"确定"按钮，"调整圆角大小"效果如图 3-4-45 所示。

图 3-4-42　"调整圆角大小"对话框

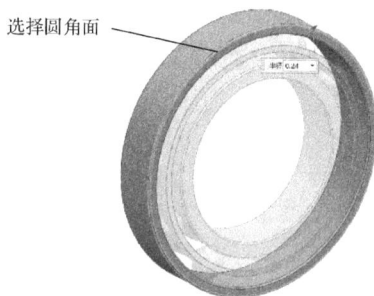

图 3-4-43　选择带有边倒角的面，原边倒角半径为 0.24

图 3-4-44　修改半径值

图 3-4-45　"调整圆角大小"效果

【技能点 8】　边倒圆

"边倒圆"命令用于对面之间的锐边进行倒圆，半径可以是常数或变量，即可以对有棱边的模型进行倒圆。需要对创建的边倒圆进行半径值修改时，可直接双击该边倒圆面，系统重新打开"边倒圆"对话框，修改数值即可。但对实体进行缩放体等操作后，双击不能打开"边倒圆"对话框进行修改，需要使用"调整圆角大小"命令，两个命令实现作用互补。

　　选择"菜单→插入→细节特征→边倒圆"命令或在"特征"功能组中单击"边倒圆"按钮，打开"边倒圆"对话框，如图 3-4-46 所示。在模型中选择要倒圆的边，默认边倒圆与两面的连续性为"相切"，并输入半径为"3"。对轴承内环加边倒圆，当对模型进行边选择时，选择一条边线，模型会变灰，可以同时选择多个边线同时创建边倒圆，即使选择边不在同一个体也可以倒圆角，如图 3-4-47 所示。单击"确定"按钮后，对轴承内环加边倒圆效果如图 3-4-48 所示。

图 3-4-46 "边倒圆"对话框

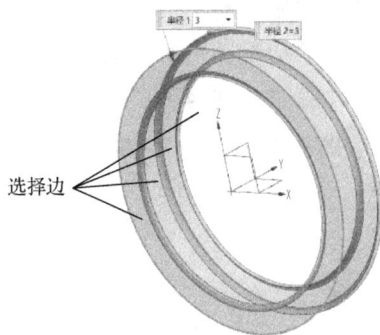

图 3-4-47 选择边

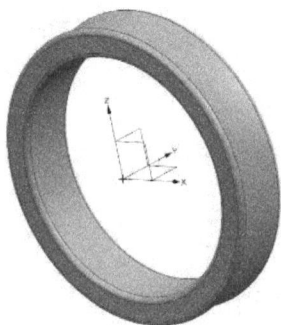

图 3-4-48 对轴承内环加边倒圆效果

在打开"边倒圆"对话框时,系统随即在停靠功能区提供"高亮显示隐藏边"工具栏。各功能对象范围只能是边。例如,使用"边倒圆"命令,按照与轴承相同的操作进行设置,然后在"高亮显示隐藏边"工具栏中选择"面的边"命令(图 3-4-49),快速选择面的两条边线后,其效果如图 3-4-50 所示。

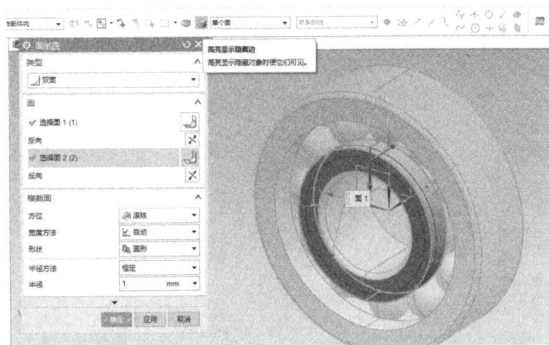

图 3-4-49 选择"面的边"命令

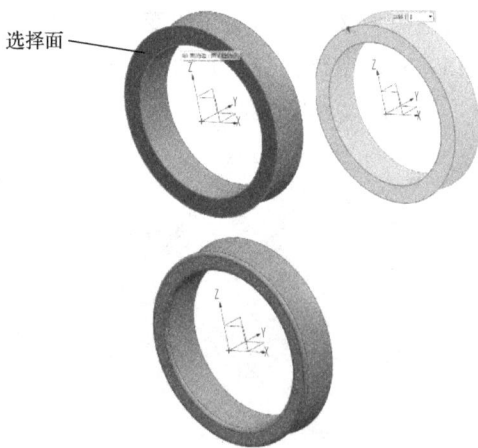

图 3-4-50 "面的边"命令实现效果

在"边倒圆"对话框中可一次性对多个边同时倒圆角，且可同时在不同边设置不同的倒圆角。在"边倒圆"对话框中，单击"添加新集"右侧的按钮，在"列表"下拉列表中添加独立半径，分别为"半径 1"和"半径 2"，并设置相应半径数值，如图 3-4-51 所示。其完成效果如图 3-4-52 所示。

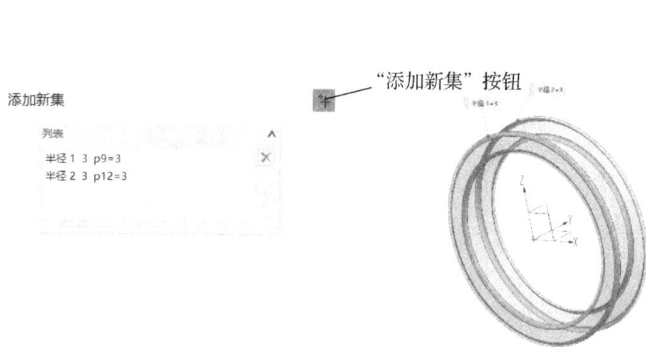

图 3-4-51 "列表"下拉列表

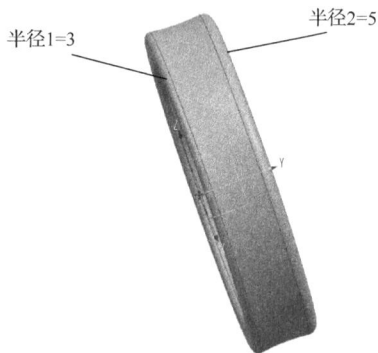

图 3-4-52 完成效果

【技能点 9】 面倒圆

在选定面组之间添加相切圆角面，圆角形状可以是圆形、二次曲线或规律控制，即在选定面组之间创建有变化性的圆角。选择"菜单→插入→细节特征→面倒圆"或在"特征"功能组中单击"面倒圆"按钮，打开"面倒圆"对话框，如图 3-4-53 所示。在该对话框中可选择"双面"类型，在一个体或多个分开体的两个面之间倒圆；也可选择"三面"类型，在两个面之间倒圆，并相切于一个体或多个分开体的中间面；还可选择"特征相交边"类型，共享一条边的两个面之间的圆角。例如，常用的"双面"类型，先创建两个相互垂直的片体，并分别选择两个面，如图 3-4-54 所示。然后在"横截面"选项区域中单击"指定新的位置"按钮来指定新的变动圆角位置，并在"列表"下拉列表中添加可修改的不同半径值，实现变化圆角，如图 3-4-55 所示。最后的创建效果如图 3-4-56 所示。

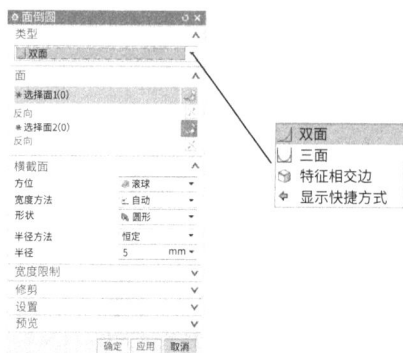

图 3-4-53 "面倒圆"对话框

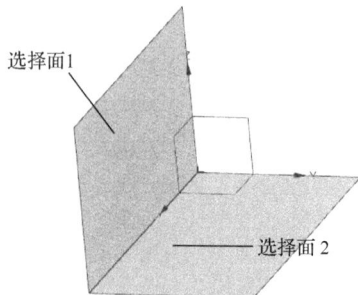

图 3-4-54 选择面

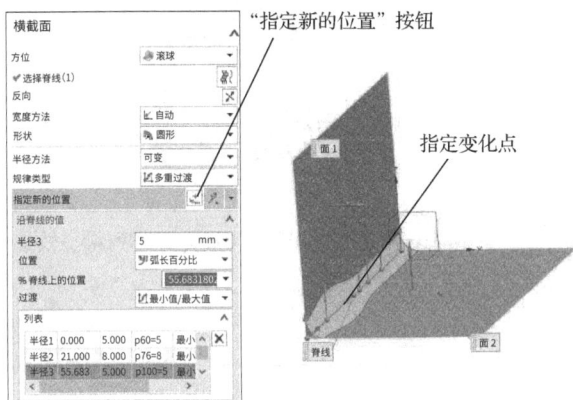

图 3-4-55　指定新的变动圆角位置　　　　图 3-4-56　"双面"类型创建效果

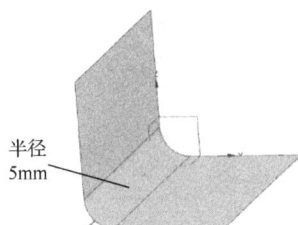

【技能点 10】　阵列特征

"阵列特征"命令是将特征复制到许多阵列或布局（线性、圆形、多边线等）中，并有对应阵列边界、实例方位、旋转和变化的各种选项。选择"菜单→插入→关联复制→阵列特征"命令，或者单击"特征"功能组中的"阵列特征"按钮，打开"阵列特征"对话框。轴承建模时，轴承滚珠利用"阵列特征"命令生成，下面将对利用"圆形"布局方式进行介绍。

首先，在"阵列特征"对话框中，在"布局"下拉列表中选择"圆形"选项，参考工作坐标系，"指定矢量"设置为 Y 轴，指定点，如图 3-4-57 所示。在对轴承内、中、外三环建模完毕后，在中环位置创建一个球体，选择特征，指定圆弧中心点，如图 3-4-58 所示。然后在"斜角方向"选项区域中，在"间距"下拉列表中选择"数量和间隔"选项，在"数量"文本框中输入"10"，在"节距角"文本框中输入"36"，如图 3-4-59 所示。最后，单击"确定"按钮，"圆形"布局方式阵列特征效果如图 3-4-60 所示。

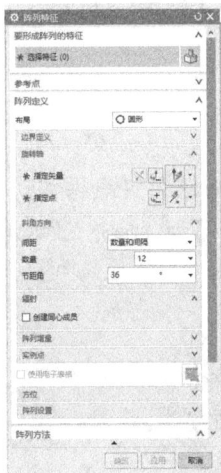

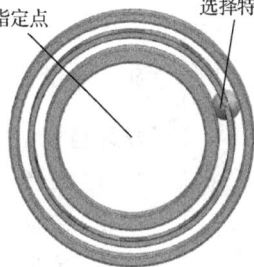

图 3-4-57　"阵列特征"对话框　　　　图 3-4-58　指定圆弧中心点，选择特征

图 3-4-59　设置间距、数量和节距角

图 3-4-60　"圆形"布局方式阵列特征效果

技能点拨

1)"调整倒斜角大小""调整圆角大小"命令可对移动、复制过后的带有倒斜角、圆角的实体模型进行倒斜角、圆角的数据修改；而通过部件导航器或双击该倒斜角、圆角进行数据修改只能针对原实体模型，即没有进行移动、复制的模型。

2)使用"缩放体"命令可缩放实体和片体，有三种缩放方法：均匀、轴对称和非均匀。

3)使用"面倒圆"命令必须保证两实体之间无空隙，需为缝合体。

4)"移动对象"命令在后期装配零件时运用得更多，用于选择移动更加精确的移动方式，如点到点、距离等。

工作任务 *3.5*

小车阻尼器及弹簧建模

【核心内容】

用户通过小车阻尼器及弹簧建模中相关理论知识和实践操作的学习，可以更加容易地掌握建模中弹簧工具-GC 工具箱和"抽壳""加厚""孔"等命令的使用方法。

【学习目标】

1. 理解小车阻尼器及弹簧建模中所用的各项命令。

2. 掌握弹簧工具-GC 工具箱中各项命令的使用方法。

3. 掌握"抽壳""加厚""孔"命令的使用方法。

4. 掌握"替换面""拔模体"命令的使用方法。

任务分析

UG NX 弹簧工具-GC 工具箱包含"圆柱压缩弹簧""圆柱拉伸弹簧""碟簧""删除弹簧"命令，能否掌握该工具箱，关键在于对各项命令中参数的正确设置。"抽壳"命令可通过应用壁厚并打开选定的面修改实体；"加厚"命令可通过为一组面增加厚度来创建实体；"孔"命令可添加孔到部件或装配的一个或多个实体上，孔类型可分为螺纹孔、沉头孔等；"替换面"命令可将一组面替换为另一组面；"拔模体"命令可在分型面的两侧添加并匹配拔模，用材料自动填充底切区域，即体边线与中心轴有一定的拔模角度，与拉伸拔模体类似。

【技能点 1】　熟识弹簧工具-GC 工具箱　　【技能点 2】　"抽壳"命令操作

【技能点 3】　"加厚"命令操作　　　　　　【技能点 4】　"孔"命令操作

【技能点 5】　"替换面"命令操作　　　　　【技能点 6】　"拔模体"命令操作

实战演练

【技能点 1】　熟识弹簧工具-GC 工具箱

UG NX 的 GC 工具箱为用户提供了多种自动创建工具，包括标准化工具、齿轮建模、加工准备、建模工具、尺寸快速格式化工具及弹簧工具，用户只需输入需要创建的数据，系统即可自动创建。例如弹簧工具，在输入所需圆柱弹簧的必要参数弹簧直径、钢丝直径、弹簧长度、承载圈数等数据后，系统自动完成弹簧的创建。

在"主页"选项卡的"弹簧工具-GC 工具箱"功能组中包含"圆柱压缩弹簧""圆柱拉伸弹簧""碟簧""删除弹簧"命令，其中"删除弹簧"命令为删除弹簧模型的命令，可一次性清除。

在"弹簧工具-GC 工具箱"功能组中单击"圆柱压缩弹簧"按钮，打开"圆柱压缩弹簧"对话框，该对话框分为三部分，分别是"类型""输入参数""显示结果"。首先，选择"类型"菜单，在"类型"选项区域中选中"输入参数"单选按钮，在"创建方式"选项区域中选中"在工作部件中"单选按钮，在"位置"选项区域中指定矢量轴为 Z 轴，如图 3-5-1所示。在模型中指定中心点位置为圆中心点，如图 3-5-2 所示。其次，选择"输入参数"菜单，选择弹簧旋向"右旋"，"中间直径"为"17"，"钢丝直径"为"3"，"自由高度"为"110"，"有效圈数"与"支承圈数"分别输入"15"和"2"，如图 3-5-3 所示。圆柱压缩弹簧创建完成效果如图 3-5-4 所示。

图 3-5-1　"圆柱压缩弹簧"对话框

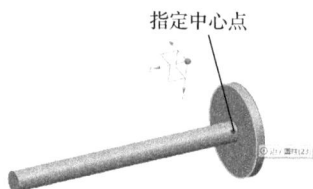

图 3-5-2　在模型中指定中心点位置为圆中心点

图 3-5-3　"输入参数"菜单

图 3-5-4　圆柱压缩弹簧创建完成效果

在"弹簧工具-GC 工具箱"功能组中单击"圆柱拉伸弹簧"按钮，打开"圆柱拉伸弹簧"对话框。与"圆柱压缩弹簧"对话框类似，"圆柱拉伸弹簧"对话框同样分为三部分，分别是"类型""输入参数""显示结果"。在创建其他弹簧时，需保证该模型文件中没有使用过命令创建的弹簧，否则不能创建。首先，选择"类型"菜单，在该菜单中，"选择类型"选择"输入参数"，"创建方式"选择"在工件部件中"，指定矢量轴 Z 轴，如图 3-5-5 所示。其次，在模型中指定中心点位置为圆中心点，如图 3-5-6 所示。再选择"输入参数"菜单，在该菜单中选择弹簧旋向"右旋"，设置"中间直径"为"17"，"材料直径"为"4"，"有效圈数"为"12.5"，如图 3-5-7 所示。圆柱拉伸弹簧创建完成效果如图 3-5-8 所示。

图 3-5-5　"圆柱拉伸弹簧"类型部分

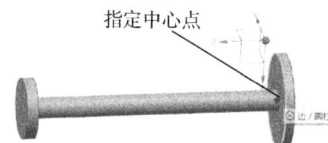

图 3-5-6　在模型中指定中心点位置为圆中心点

图 3-5-7　"圆柱拉伸弹簧"输入参数部分

图 3-5-8　圆柱拉伸弹簧创建完成效果

【技能点 2】　"抽壳"命令操作

对实体取出某一面，内部挖空，相当于制作封闭盒体或开口盒体。选择"菜单→插入→偏置/缩放→抽壳"命令，或者在"主页"选项卡的"特征"功能组中单击"抽壳"按钮，打开"抽壳"对话框。在该对话框中选择"移除面，然后抽壳"类型，设置"厚度"为"2"，如图 3-5-9 所示。在模型中选择要移除的面（图 3-5-10），移除效果如图 3-5-11所示。然后在"抽壳"对话框中选择"对所有面抽壳"类型，在"厚度"文本框中输入"2"，如图 3-5-12 所示。在模型中选择抽壳体（图 3-5-13），对所有面抽壳效果如图 3-5-14所示。

图 3-5-9　选择"移除面，然后抽壳"
类型并在"厚度"文本框中输入"2"

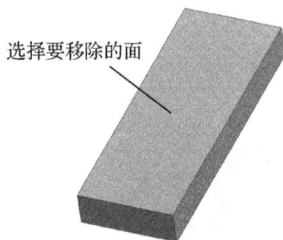

图 3-5-10　在模型中选择
要移除的面

图 3-5-11　移除效果
（开口盒体）

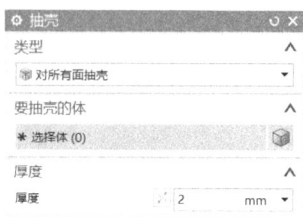

图 3-5-12 选择"对所有面抽壳"类型 并在"厚度"文本框中输入"2"

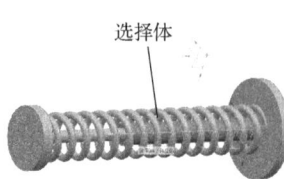

图 3-5-13 在模型中选择 抽壳体

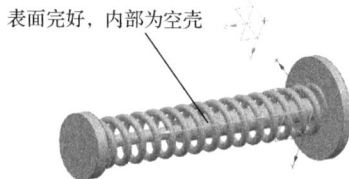

图 3-5-14 对所有面抽壳效果 （闭口盒体）

【技能点 3】 "加厚"命令操作

"加厚"命令通过为一组面增加厚度来创建实体，多用于对片体的加厚，但在用于片体加厚时，出现以下情况时不能加厚：片体没有缝合，即这个片体没有形成密封；若为曲面，则对增加的厚度有制约；片体不太规则等。

选择"菜单→插入→偏置/缩放→加厚"命令，或者在"主页"选项卡的"特征"功能组的"偏置/缩放"库中单击"加厚"按钮，打开"加厚"对话框。

在模型中建立草图并拉伸为片体，如图 3-5-15 所示。在"加厚"对话框中选择加厚面后，在"偏置 1"和"偏置 2"文本框中输入数值，"偏置 1"为从"偏置 2"开始到偏置方向位置的距离，"偏置 2"为从偏置方向到选取面的距离，输入"偏置 1"为"12.99"，"偏置 2"为"0"，如图 3-5-16 所示，单击"确定"按钮，利用"加厚"命令加厚片体创建圆柱。在模型阻尼器中创建组件效果如图 3-5-17 所示。

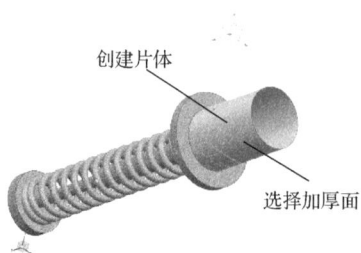

图 3-5-15 在模型中建立草图并拉伸为片体

图 3-5-16 "加厚"对话框

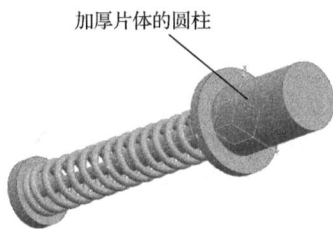

图 3-5-17　在模型阻尼器中创建组件效果

【技能点4】　"孔"命令操作

"孔"命令用于添加一个孔到部件或装配的一个或多个实体上，孔类型可分为螺纹孔、沉头孔等。创建孔有两种方法：一是先手动在实体面使用圆柱的"拉伸"命令，然后使用布尔减去运算建立通孔，最后通过"孔"命令创建孔；二是先进入实体面草图，然后在建孔位置添加点，最后通过"孔"命令创建孔。

选择"菜单→插入→设计特征→孔"命令，或者在"主页"选项卡的"特征"功能组中单击"孔"按钮 ，打开"孔"对话框，如图 3-5-18 所示。

1. 使用创建孔方法一创建螺纹孔

首先，进入模型草图面绘制圆形，如图 3-5-19 所示。其次，通过"拉伸"命令选择圆形草图线，再通过布尔减去运算减去选择体为圆形草图所在实体，如图 3-5-20 所示。单击"孔"按钮，打开"孔"对话框，在该对话框中选择孔类型为"螺纹孔"（图 3-5-21）。在"螺纹尺寸"选项区域中输入"大小"和"螺纹深度"等，选择螺纹旋向，如图 3-5-22 所示。选择螺纹尺寸"深度限制"，即螺纹创建到哪个位置结束，这里选择"直至下

图 3-5-18　"孔"对话框

一个"选项，如图 3-5-23 所示，系统自动判断结束位置。最后，指定孔中心点（图 3-5-24）后通过布尔运算减去孔所在的模型，单击"确定"按钮，创建效果如图 3-5-25 所示。

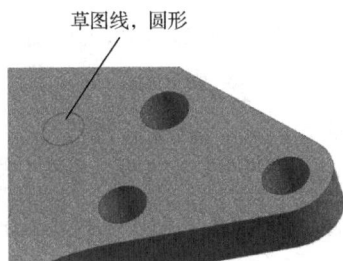

图 3-5-19　进入模型草图面绘制圆形

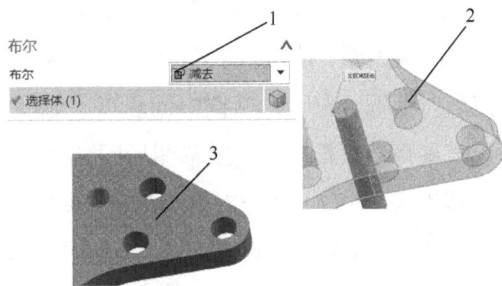

图 3-5-20　减去圆形草图所在实体

图 3-5-21 选择"螺纹孔"类型

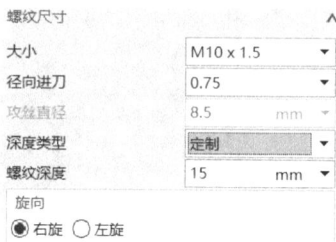

图 3-5-22 "螺纹尺寸"选项区域

图 3-5-23 选择"直至下一个"选项

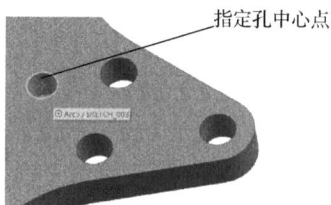

图 3-5-24 指定孔中心点

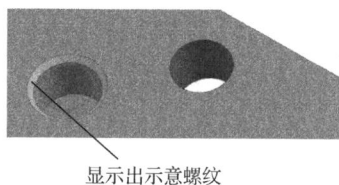

图 3-5-25 创建效果

使用"孔"命令创建螺纹孔，显示结果为示意螺纹，如需创建有明显螺纹的螺纹孔，需用其他命令，如"螺纹刀"命令。

2. 使用创建孔方法二创建沉头孔

首先，单击"孔"按钮，打开"孔"对话框。其次，选择"常规孔"类型，"成形"选择"沉头"选项，如图 3-5-26 所示。再次，对沉头孔进行中心点选择，单击"指定点"右侧的"绘制截面"按钮，打开"创建草图"对话框，进行创建草图并进入，系统自动打开"草图点"对话框，在该对话框中创建点，如图 3-5-27 所示，创建完成后单击"关闭"按钮，退出草图环境。最后，退出草图后回到"孔"对话框，输入尺寸："沉头直径"为"7"，"沉头深度"为"6"，"直径"为"6"，"深度限制"选择"直至下一个"选项，且"布尔"设置为"减去"运算，选择草图体，如图 3-5-28 所示。设置完成后单击"孔"对话框中的"确定"按钮。沉头孔创建完成效果如图 3-5-29 所示。

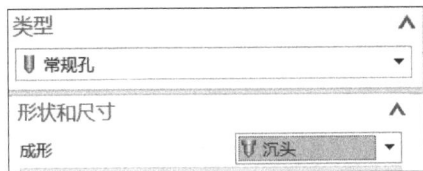

图 3-5-26　选择"常规孔"类型和"沉头"选项

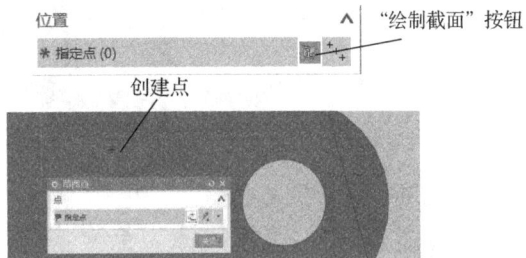

图 3-5-27　创建点

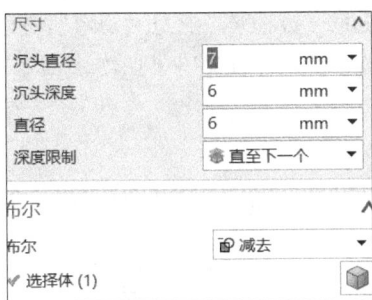

图 3-5-28　设置尺寸及布尔减去运算

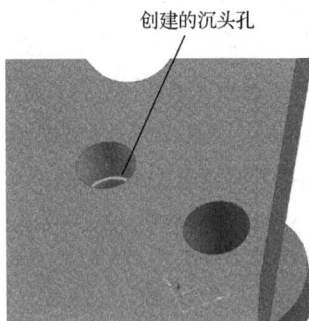

图 3-5-29　沉头孔创建完成效果

【技能点 5】　"替换面"命令操作

"替换面"命令是将一组面替换为另一组面，可使一组面延伸到另一组面。选择"菜单→插入→同步建模→替换面"命令，或者在"主页"选项卡的"同步建模"功能组中单击"替换面"按钮 ⏚ 替换面 ，打开"替换面"对话框，选择原始面和替换面，输入偏置距离，单击"确定"按钮即可完成替换面。下面以建模阻尼器为例进行替换面。

如图 3-5-30 所示，对阻尼器建模时，两个圆柱面未接触。单击"替换面"按钮，打开"替换面"对话框，在该对话框中选择原始面和替换面，输入偏置距离为 0，即使两个面的距离为 0 接触，如图 3-5-31 所示。"替换面"效果如图 3-5-32 所示。

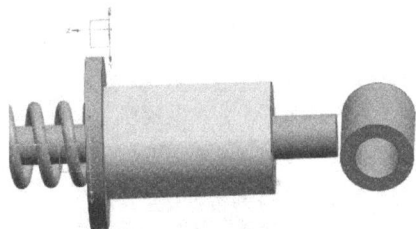

图 3-5-30　对阻尼器建模时，两个圆柱面未接触

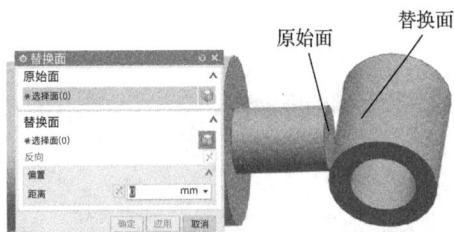

图 3-5-31　选择原始面和替换面

图 3-5-32 "替换面"效果

【技能点 6】 "拔模体"命令操作

在分型面的两侧添加并匹配拔模，用材料自动填充底切区域，即体边线与中心轴有一定的拔模角度，与拉伸拔模体类似。选择"菜单→细节特征→拔模体"命令，或者在"主页"选项卡的"特征"功能组中单击"更多→细节特征库→拔模体"按钮 ⊕ 拔模体 ，打开"拔模体"对话框。该对话框提供了"面"类型和"边"类型。下面利用"边"类型说明"拔模体"命令的操作步骤，"面"类型操作同理。

1）在绘图区创建一个长方体作为拔模体，如图 3-5-33 所示。

2）在长方体高度中部创建一个基准平面，作为后面的分型对象，如图 3-5-34 所示。

图 3-5-33 创建一个长方体

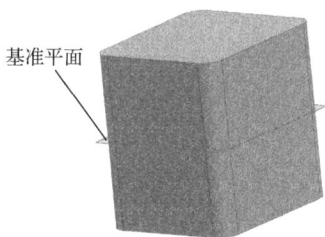

图 3-5-34 创建基准平面

3）单击"拔模体"按钮，打开"拔模体"对话框，如图 3-5-35 所示，在"类型"选项区域中选择"边"类型进行创建，脱模方向通过参考当前工作坐标系选择-Y 轴为矢量轴。

4）在"固定边"选项区域中选择上面的边和下面的边，如图 3-5-36 所示。

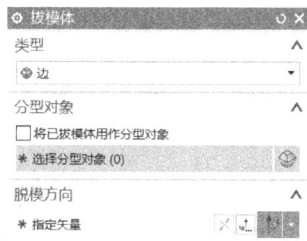

图 3-5-35 "拔模体"对话框

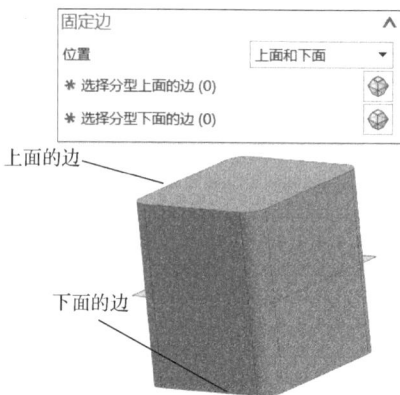

图 3-5-36 选择上面的边和下面的边

5）选择分型对象，即之前在长方体创建的基准平面，且在"拔模角"的"角度"文本框中输入"10"，如图 3-5-37 所示。

6）以分型对象向两方拔模，"拔模体"效果如图 3-5-38 所示。

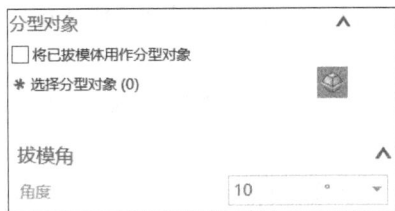

图 3-5-37　选择分型对象及设置拔模角度　　　　图 3-5-38　"拔模体"效果

技能点拨

1）UG NX 的 GC 工具箱包括建模工具、尺寸快速格式化工具、标准化工具、齿轮建模、弹簧建模、加工准备等，是 UG NX 的特点之一，尤其是齿轮建模和弹簧建模工具，可以直接使用系统默认的建模数据，节省了用户创建齿轮或弹簧模型的时间。

2）在创建孔时，孔的圆心位置的选择方式有两种：一是通过鼠标捕捉到的点或提前绘制好的点；二是在打开的"孔"对话框中单击"指定点"右侧的按钮，然后在模型上直接选择点位置作为孔中心点位置。

3）使用替换面时，原始面和替换面的选择顺序不能错。

工作任务 3.6

履带、支架、轮子建模

【核心内容】

用户通过履带、支架、轮子建模中相关理论知识和实践操作的学习，可以更加容易地掌握建模中"调整面大小""拉出面""复制面""粘贴面"等命令的使用方法。

【学习目标】

  1. 理解履带、支架、轮子建模中所用的各项命令。

  2. 掌握"调整面大小"命令的使用方法。

  3. 掌握"拉出面""复制面""粘贴面""剪切面""移动面"命令的使用方法。

  4. 掌握"局部取消修剪和延伸""修剪体""拆分体"命令的使用方法。

任务分析

  "调整面大小"命令可更改圆柱面或球面的直径，并调整相邻面以适应；"拉出面"命令可从模型中抽取面以添加材料，或将面添加到模型中以去除材料；"复制面"命令可复制一组面；"粘贴面"命令可通过增加或减少片体的面来修改体；"剪切面"命令可复制一组面并将其从模型中删除；"移动面"命令可移动一组面并调整要适应的相邻面；"局部取消修剪和延伸"命令可取消对片体某一部分的修剪，延伸或删除片体上的内孔；"修剪体"命令可剪去体的一部分；"拆分体"命令可将一个体分为多个体。

【技能点 1】	调整面大小	【技能点 2】	拉出面
【技能点 3】	复制面	【技能点 4】	粘贴面
【技能点 5】	剪切面	【技能点 6】	移动面
【技能点 7】	局部取消修剪和延伸	【技能点 8】	修剪体
【技能点 9】	拆分体		

实战演练

【技能点 1】 调整面大小

  在建模过程中，难免会对圆柱或球进行尺寸的修改，此时可选择"调整面大小"命令。因为"调整面大小"命令用于更改圆柱面或球面的直径，并调整相邻面以适应，所以选择的面必须是一个规则的圆柱形或半圆弧形才可以调整。选择"菜单→插入→同步建模→调整面大小"命令，或者在"主页"选项卡的"同步建模"功能组中单击"更多→调整面大小"按钮，打开"调整面大小"对话框，如图 3-6-1 所示。

图 3-6-1　"调整面大小" 对话框

以模型车轮为例，调整面大小的步骤如下：

1）在草图中创建两个同心圆形，构成一个密封面，如图 3-6-2 所示，然后退出草图。

2）选择这两个同心圆形草图线，使用"拉伸"命令，拉伸为一个实体，如图 3-6-3 所示。

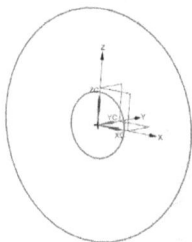

图 3-6-2　创建两个同心圆形

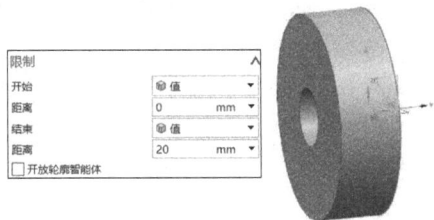

图 3-6-3　将两个同心圆形拉伸为实体

3）使用"边倒圆"命令对圆柱边线加半径圆弧，选择圆柱两边边线。初步车轮建模如图 3-6-4 所示。

4）若需要对车轮的圆柱尺寸进行修改，可使用"调整面大小"命令打开"调整面大小"对话框，在该对话框中选择面，显示目前圆柱尺寸，如图 3-6-5 所示。

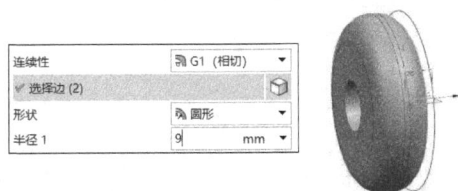

图 3-6-4　初步车轮建模

图 3-6-5　显示目前圆柱尺寸

5）重新输入想要更改的直径值，如 75mm，如图 3-6-6 所示。

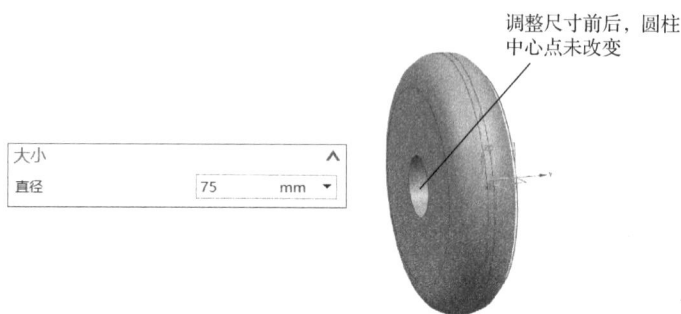

调整尺寸前后，圆柱中心点未改变

大小
直径　75　mm

图 3-6-6　更改直径

【技能点 2】　拉出面

"拉出面"命令用于从模型中抽取面以添加材料，或将面添加到模型中以去除材料，即被选择的实体的面相对于该实体向外拉出距离时，相邻面以适应添加材料。

选择"菜单→插入→同步建模→拉出面"命令，或者在"主页"选项卡的"同步建模"功能组中单击"更多→移动库→拉出面"按钮，打开"拉出面"对话框，如图 3-6-7 所示。

图 3-6-7　"拉出面"对话框

下面对使用"拉出面"命令变换运动的距离进行举例说明。

1）在草图中绘制车轮支架部分草图，构成一个密封面，然后退出草图，如图 3-6-8 所示。

2）在上一个草图的同一平面内再建立草图，绘制车轮支架的剩余草图，构成一个密封面，然后退出草图，如图 3-6-9 所示。

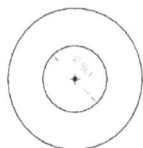

图 3-6-8　绘制车轮支架部分草图

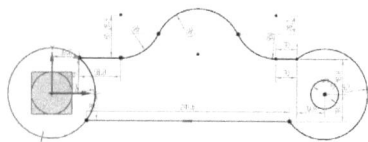

图 3-6-9　绘制车轮支架剩余草图

3）选择以上两个草图线使用两次"拉伸"命令，拉伸为一个实体，如图3-6-10所示。

4）在拉伸出的实体中有一面高出一段距离。选择"拉出面"命令，打开"拉出面"对话框，选择拉出面，如图3-6-11所示。

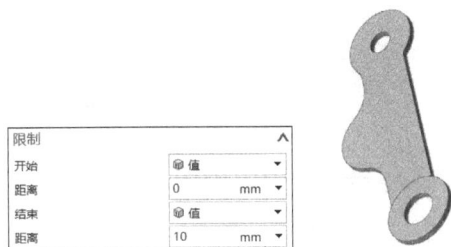

图 3-6-10　拉伸为一个实体

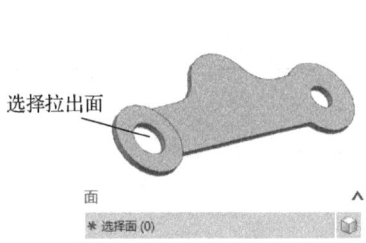

图 3-6-11　选择拉出面

5）设置拉出方向为 X 轴，参考当前工作坐标系，输入拉出距离值，如图3-6-12所示。

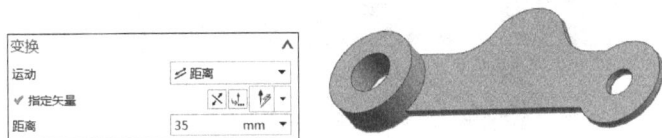

图 3-6-12　设置拉出方向及拉出距离

【技能点3】　复制面

复制面也称复制特征，"复制面"命令用于复制一组面，复制出的面与被复制的面为一个整体。可将特征实体整体外表面作为复制面，复制移动到另一位置，则出现两个模型。

选择"菜单→插入→同步建模→重用→复制面"命令，或者在"主页"选项卡的"同步建模"功能组中单击"更多→重用库→复制面"按钮，打开"复制面"对话框，如图3-6-13所示。

图 3-6-13　"复制面"对话框

下面对使用"复制面"命令变换运动的距离进行举例说明。

1）在"复制面"对话框中，设定移动方向，设置"距离"为"200"，如图 3-6-14 所示。

2）在模型中选择全部面，如图 3-6-15 所示。

图 3-6-14　设定移动方向及距离

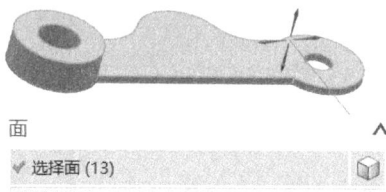

图 3-6-15　选择全部面

3）单击"复制面"对话框中的"确定"按钮，出现如图 3-6-16 所示的两个模型。

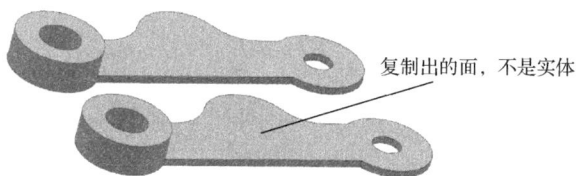

复制出的面，不是实体

图 3-6-16　复制模型面效果

【技能点 4】　粘贴面

"粘贴面"命令用于将复制或剪切的面集粘贴到目标体中，可将片体粘贴到另一个体中，此命令相对于"修剪体"命令的优点是：它可以和"复制面""剪切面"命令配合使用，使用"复制面""剪切面"命令从实体复制面集，粘贴片体时，可以和实体求和、求差，从而与目标体组合。

选择"菜单→插入→同步建模→重用→粘贴面"命令，或者在"主页"选项卡的"同步建模"功能组中单击"更多→重用→粘贴面"按钮，打开"粘贴面"对话框，如图 3-6-17所示。在该对话框中可在"粘贴选项"下拉列表中选择"自动""加上""减去"三种方式。

图 3-6-17　"粘贴面"对话框

下面进行实例举例说明。

1）在草图中绘制支架草图，然后退出草图，如图 3-6-18 所示。

2）利用"拉伸"命令，对草图进行拉伸实体操作，如图 3-6-19 所示。

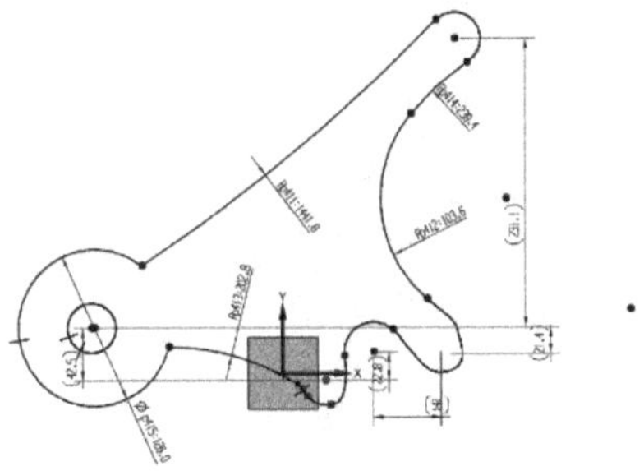

图 3-6-18　绘制支架草图

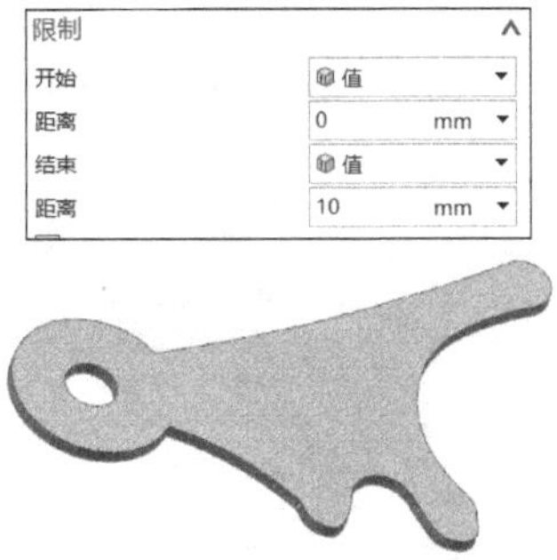

图 3-6-19　对草图进行拉伸实体操作

3）在该实体面上再次创建草图，为后面建立片体做准备，如图 3-6-20 所示。

4）利用"拉伸"命令建立圆形片体，矢量方向为实体正上方，如图 3-6-21 所示。

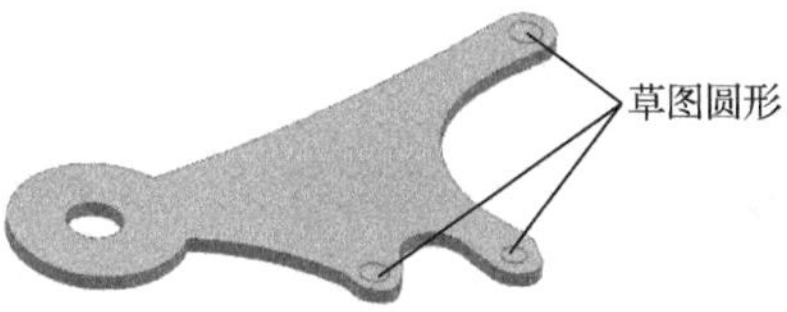

图 3-6-20　再次创建草图

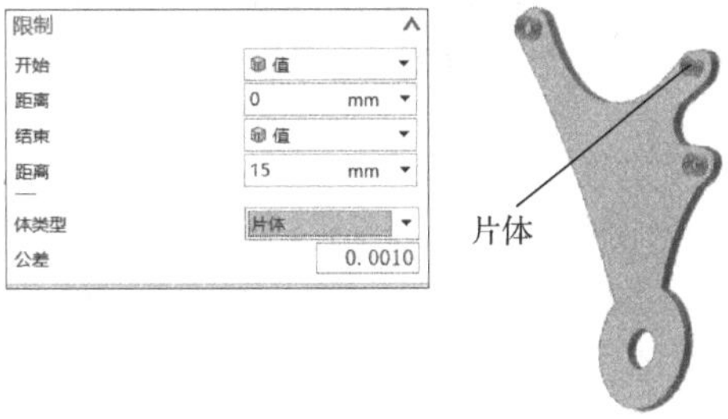

图 3-6-21　建立圆形片体

5）使用"粘贴面"命令对模型进行修改，在片体所在位置新建三个孔，如图 3-6-22 所示。选择三个片体为工具体，模型为目标体。

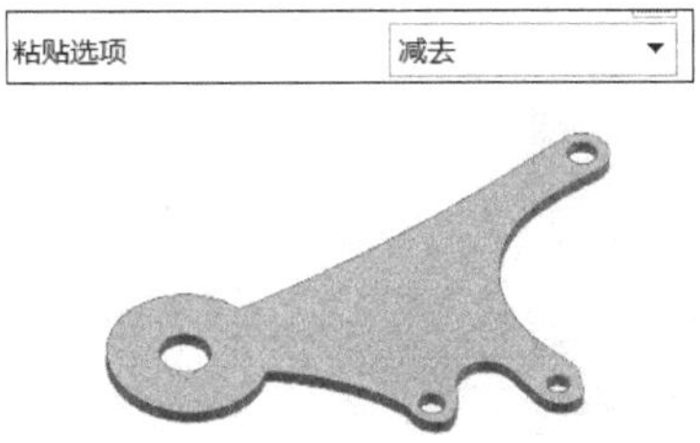

图 3-6-22　新建三个孔

【技能点 5】　剪切面

在对模型进行修改时，需移除面并进行模型自修复，"剪切面"命令可复制面集，从体中删除该面，并且修复留在模型中的开放区域。

选择"菜单→插入→同步建模→重用→剪切面"命令，或者在"主页"选项卡的"同步建模"功能组中单击"更多→重用→剪切面"按钮，打开"剪切面"对话框，如图 3-6-23 所示。

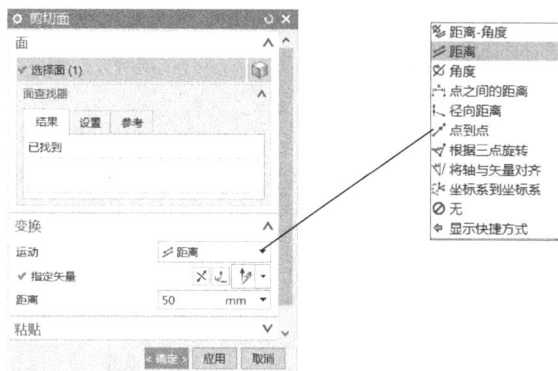

图 3-6-23　"剪切面"对话框

下面以变换运动距离进行举例说明。

1）若想对模型中的通孔（图 3-6-24）进行删除，由于直接删除会影响整体模型，所以使用"剪切面"命令。

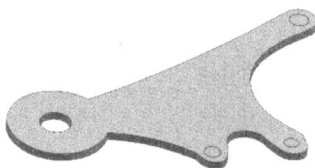

图 3-6-24　模型中的通孔

2）单击"剪切面"按钮，打开"剪切面"对话框，在模型中对想要剪切的孔内面进行选择面，如图 3-6-25 所示。

3）设置将选择面向上移动的距离为 50mm，生成预览如图 3-6-26 所示。

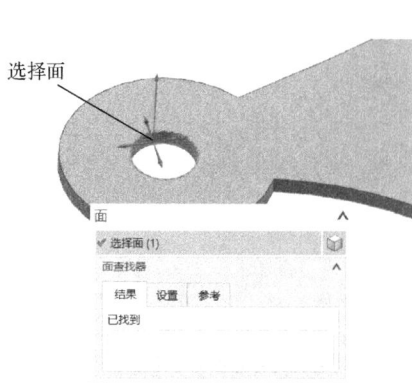

图 3-6-25　选择面

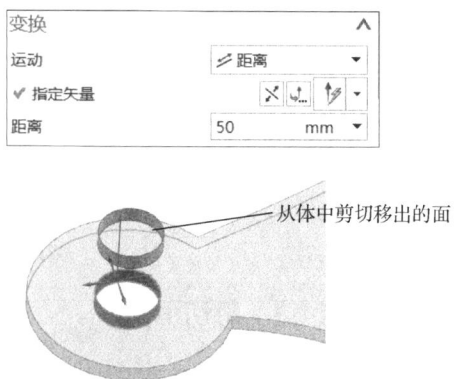

图 3-6-26　将选择面向上移动 50mm

4）"剪切面"效果如图 3-6-27 所示。

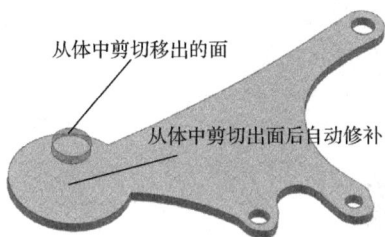

从体中剪切移出的面

从体中剪切出面后自动修补

图 3-6-27　　"剪切面"效果

【技能点 6】　移动面

"移动面"命令用于移动一组面并调整要适应的相邻面,且不影响模型中其他组件位置、尺寸、约束等。例如,对于复杂的组件,当直接单击修改模型长、宽、高时,可能会影响其他模型,此时运用"移动面"命令。

选择"菜单→插入→同步建模→移动面"命令,或者在"主页"选项卡的"同步建模"功能组中单击"移动面"按钮,打开"移动面"对话框,如图 3-6-28 所示。

下面对使用"移动面"命令变换运动的距离进行举例说明。

1）因为拉伸会对同一个草图的草图线进行拉伸,所以分别用三个草图绘制履带的草图线,目的是不影响后面的拉伸操作,如图 3-6-29 所示。

2）使用"拉伸"命令对该草图线进行三次拉伸操作,如图 3-6-30 所示。

3）若想将模型中某个组件的尺寸改长一点,则可使用"移动面"命令,打开"移动面"对话框。在"移动面"对话框中选择面,并设置距离为 50mm,如图 3-6-31 所示。

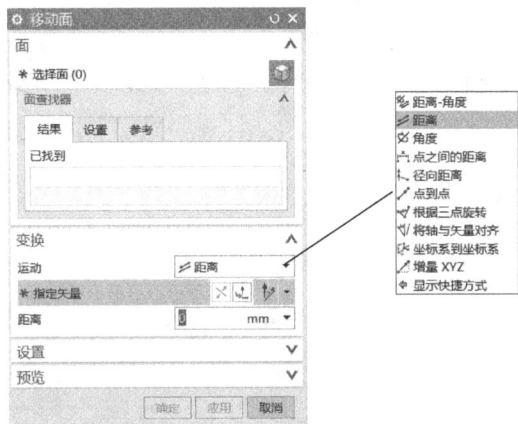

图 3-6-28　"移动面"对话框

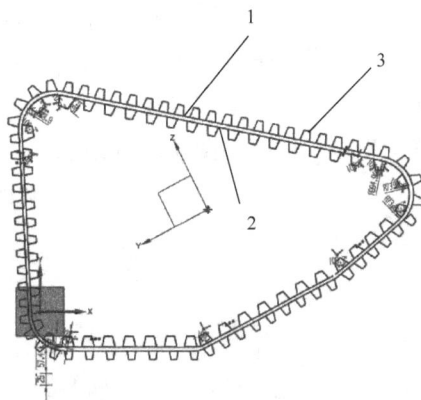

图 3-6-29　分别用三个草图绘制履带的草图线

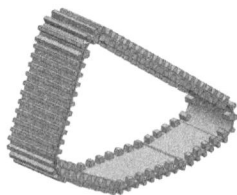

图 3-6-30　三次拉伸草图

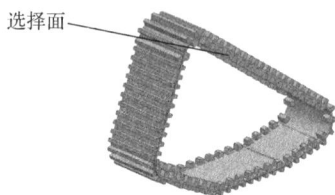

图 3-6-31　选择面并设置距离

4）"移动面"效果如图 3-6-32 所示。

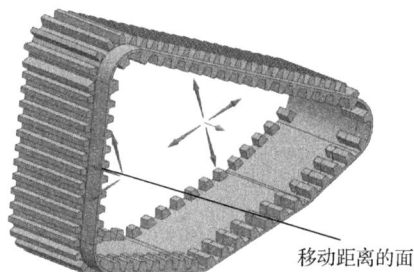

图 3-6-32　"移动面"效果

【技能点 7】　局部取消修剪和延伸

"局部取消修剪和延伸"命令用于取消对片体某一部分的修剪，或者延伸或删除片体上的内孔。该命令也可对体的一面进行修剪和延伸前的修复，即取消。

选择"菜单→编辑→曲面→局部取消修剪和延伸"命令，或者在"曲面"选项卡的"编辑曲面"功能组中单击"更多→边界→局部取消修剪和延伸"按钮，打开"局部取消修剪和延伸"对话框，如图 3-6-33 所示。

图 3-6-33　"局部取消修剪和延伸"对话框

下面通过对支架一面进行修剪和延伸前的修复进行举例说明。

1）打开"局部取消修剪和延伸"对话框，在该对话框中选择面，如图 3-6-34 所示。

2）选择面后显示恢复区域，如图 3-6-35 所示。

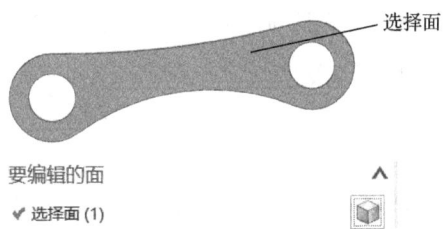

图 3-6-34 选择面

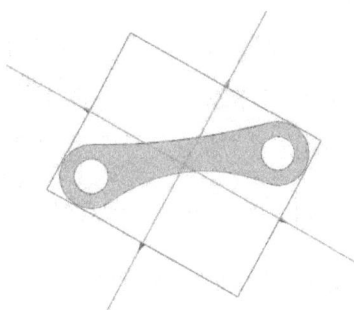

图 3-6-35 显示恢复区域

3）选择要删除的边，如图 3-6-36 所示。

4）根据选择的要删除的边进行修补，如图 3-6-37 所示。

5）根据选择的要删除的圆边进行修补，如图 3-6-38 所示。

6）选择圆边修补效果，如图 3-6-39 所示。

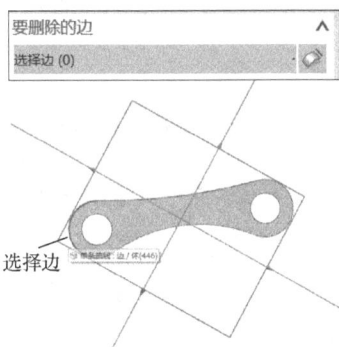

图 3-6-36 选择要删除的边

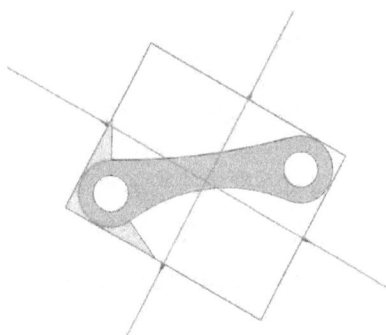

图 3-6-37 修补要删除的边

图 3-6-38 修补要删除的圆边

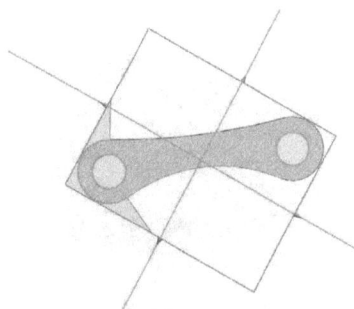

图 3-6-39 选择圆边修补效果

【技能点 8】 修剪体

建模时会出现两个模型重合在一起而没有交接线的情况，此时需通过"修剪体"命令减去体的部分并删除。

选择"菜单→插入→修剪→修剪体"命令，或者单击"主页"选项卡的"特征"功能组右下角的下拉按钮，在打开的下拉列表中选择"修剪体"选项，打开"修剪体"对话框，该对话框提供了"新建平面"和"面或平面"两种修剪方式。

1. 采用"新建平面"方式对模型进行修剪

1）以如图 3-6-40 所示的履带为例，当想将履带宽度修剪短一点时，可选择使用"修剪体"命令，打开"修剪体"对话框。

2）在该对话框中选择目标体为该履带模型，如图 3-6-41 所示。

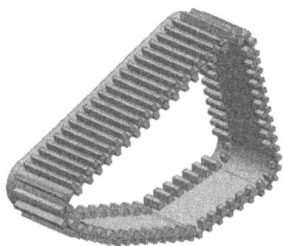

图 3-6-40 履带模型

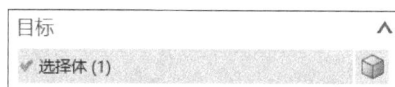

图 3-6-41 选择目标体

3）在该对话框中将"工具选项"选择为"新建平面"方式。单击"指定平面"右侧的"平面对话框"按钮，然后选择位置创建基准面，如图 3-6-42 所示。

4）设置在平面的偏置距离为向履带内部移动-100mm，效果如图 3-6-43 所示。

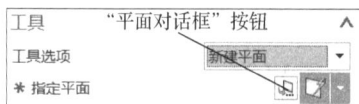

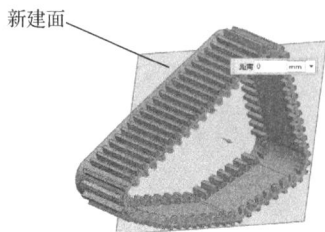

图 3-6-42 创建基准面

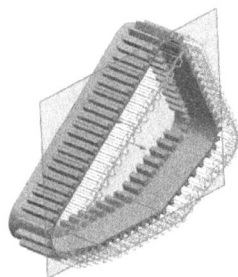

图 3-6-43 设置偏置距离

2. 采用"面或平面"方式对模型进行修剪

1）在如图 3-6-44 所示的模型中，四个圆柱有三个重合部分，但由于四个圆柱都是独立的实体，所以重合部分仍然保留。单击"修剪体"按钮，打开"修剪体"对话框。

2）在该对话框中对目标体和工具面或平面进行选择，如图 3-6-45 所示。

图 3-6-44　四个圆柱模型

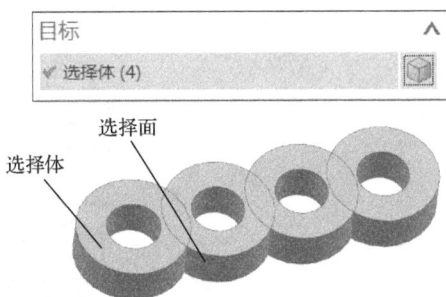

图 3-6-45　选择目标体

3）单击该对话框中的"反向"按钮选择转换体要保留的部分。单击"确定"按钮，部分"修剪体"效果如图 3-6-46 所示。

4）其余两个重合部分的操作与上述步骤相同，完成后的"修剪体"效果如图 3-6-47 所示。

图 3-6-46　部分"修剪体"效果

图 3-6-47　完成后的"修剪体"效果

若使用平面作为体的选择面，则平面需包裹住要修剪的体，否则不能完成修剪。

【技能点 9】　拆分体

"拆分体"命令用于将一个体分为多个体。"拆分体"命令与"修剪体"命令的效果类似，不同之处在于："拆分体"命令不会像"修剪体"命令一样对从体中分离出的部分进行删除，"拆分体"命令会对其进行保留，只是拆分为了两个或多个部分。

选择"菜单→插入→修剪→拆分体"命令，或者在"主页"选项卡的"特征"功能组中单击"更多→修剪库→拆分体"按钮，打开"拆分体"对话框。"拆分体"命令与"修剪体"命令采用同样的方法对体进行"拆分体"操作，只是"拆分体"命令会保留分离出的部分。下面对"拆分体"命令进行举例说明：

1）以如图 3-6-40 所示的履带为例，若想将履带宽度拆分一部分出来，可选择"拆分体"命令，打开"拆分体"对话框。

2）在该对话框中对整个履带进行目标体选择。

3）在"工具选项"下拉列表中选择"拉伸"选项，在选取截面时，单击体中想拆分的整体面（如图 3-6-48 所示的面），系统进入该面的草图环境，在草图中默认使用轮廓线对拆分位置进行确定。

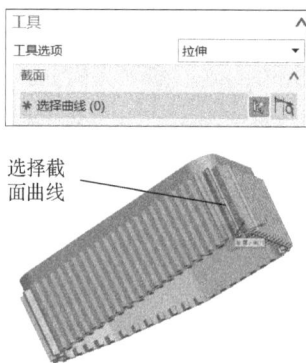

图 3-6-48　选择截面曲线

4）在草图中进行拆分，位置用线表示出来，如图 3-6-49 所示。完成后单击"完成"按钮退出草图。

5）在"拆分体"对话框中单击"确定"按钮后，履带在拆分线处将整体履带模型分为两部分，"拆分体"效果如图 3-6-50 所示。

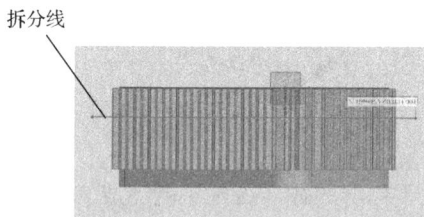

图 3-6-49　表示拆分位置

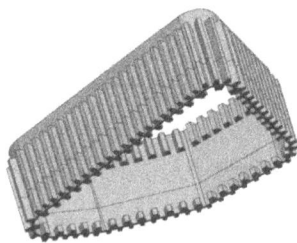

图 3-6-50　"拆分体"效果

注意：当将一个体分为两个或多个部分时，会对一些部分进行删除，若要将整个整体删除，则应选择"菜单→编辑→特征→移除参数"命令 移除参数(V)...，目的是从实体中移除所有参数，形成一个非关联的体，然后对拆分出的体进行删除。

技能点拨

1）UG NX 的"调整面大小"命令一般用于更改一组圆柱面，使它们具有相同直径；更改一组球面，使它们具有相同直径；更改一组锥面，使它们具有相同半角等；还可以更改任意参数，重新创建相连圆角面。

2）"拉出面"命令与"拉伸"命令的效果类似，区别是"拉伸"命令用于将二维草图拉伸为三维模型，"拉出面"命令是将模型某面再次等面向外拉出多少距离。

工作任务 3.7

小车连接零件建模

【核心内容】

用户通过小车连接零件建模中相关理论知识和实践操作的学习，可以更加容易地掌握建模中齿轮建模-GC 工具箱及"槽""螺纹刀""抽取几何特征"命令的使用方法。

【学习目标】

1. 理解小车连接零件建模中所用的各项命令。
2. 掌握"槽""螺纹刀"命令的使用方法。
3. 掌握齿轮建模-GC 工具箱及"抽取几何特征"命令的使用方法。

任务分析

"槽"命令可将一个外部或内部槽添加到实体的圆柱形或锥形面，且只能针对圆柱形或锥形面；"螺纹刀"命令可将符号或详细螺纹添加到实体的圆柱表面，且只能在圆弧面进行创建；齿轮建模-GC 工具箱提供了柱齿轮和锥齿轮两种齿轮的创建方法；"抽取几何特征"命令可为同部件中的体、面、曲线、点和基准创建关联副本，并为体创建关联镜像副本。

【技能点 1】　"槽"命令操作　　　　【技能点 2】　"螺纹刀"命令操作

【技能点 3】　熟识齿轮建模-GC 工具箱　　【技能点 4】　抽取几何特征

实战演练

【技能点 1】 "槽"命令操作

"槽"命令用于将一个外部或内部槽添加到实体的圆柱面或圆锥面，所以槽的应用对象是有限制的，只能是圆柱面或圆锥面。

选择"菜单→插入→设置特征→槽"命令，或者在"主页"选项卡的"特征"功能组中单击"更多→更多库→设计特征库→槽"按钮，打开"槽"对话框，如图 3-7-1 所示。

在建模中绘制圆柱和圆锥，为后面创建键槽做准备，如图 3-7-2 所示。

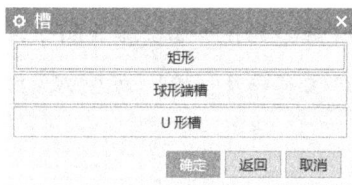

图 3-7-1 "槽"对话框

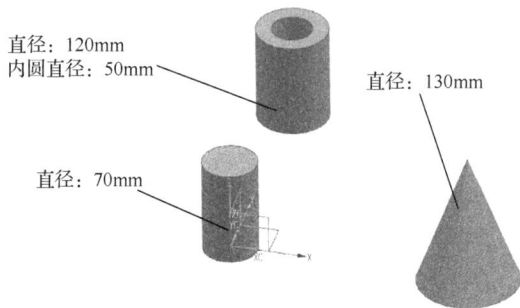

图 3-7-2 绘制圆柱和圆锥

1. 创建矩形槽

1）先单击"槽"按钮，打开"槽"对话框；然后在"槽"对话框中单击"矩形"按钮，打开"矩形槽"对话框，随即通过鼠标在圆柱中选择放置面，如图 3-7-3 所示。

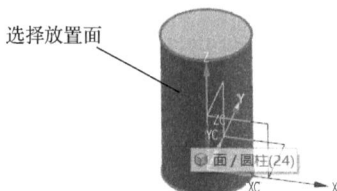

图 3-7-3 创建矩形槽之选择放置面

2）在"矩形槽"对话框中，系统会自动输入适合该圆柱形面的键槽数据，用户也可以自定义输入键槽数据，但是槽直径必须小于该圆柱直径，否则不能完成槽的创建，如图 3-7-4所示。

3）单击"确定"按钮，随即系统打开"定位槽"对话框，此时模型中为显示槽状态阶段，定位方式是以面的边进行定位的，如图 3-7-5 所示。

图 3-7-4　创建矩形槽之输入键槽数据　　　　图 3-7-5　创建矩形槽之显示槽状态

4）选择目标边或单击"确定"按钮接受初始位置，依次在模型中选择两边，如图 3-7-6所示。

5）系统打开"创建表达式"对话框，显示选定两边的定位值，用户可自定义输入定位值，实现槽定位，如图 3-7-7 所示。

6）单击"确定"按钮，系统将再次打开"矩形槽"对话框，单击"取消"按钮不再继续建立槽。矩形槽效果如图 3-7-8 所示。

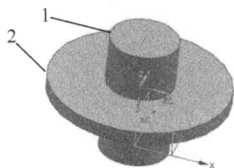

图 3-7-6　创建矩形槽之在
模型中选择两边

图 3-7-7　"创建表达式"
对话框

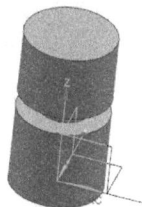

图 3-7-8　矩形槽
效果

2. 创建球形端槽

1）先单击"槽"按钮，打开"槽"对话框；然后在"槽"对话框中单击"球形端槽"按钮，打开"球形端槽"对话框，随即通过鼠标在圆柱内壁中选择放置面，如图 3-7-9 所示。

2）在"球形端槽"对话框中，系统会自动输入适合该圆柱内面的键槽数据，用户也可以自定义输入键槽数据，但是槽直径必须大于该圆柱内圆直径，否则不能完成槽的创建，如图 3-7-10 所示。

图 3-7-9　创建球形端槽之选择放置面

图 3-7-10　创建球形端槽之输入键槽数据

3）单击"确定"按钮，系统打开"定位槽"对话框，此时模型中为显示槽状态阶段，定位方式是以面的边进行定位的，如图 3-7-11 所示。

4）选择目标边或单击"确定"按钮确定初始位置，依次在模型中选择两边，打开线框模式，如图 3-7-12 所示。

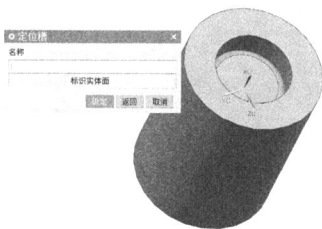

图 3-7-11　创建球形端槽之显示槽状态

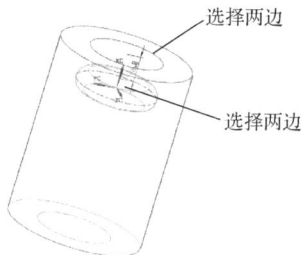

图 3-7-12　创建球形端槽之在模型中选择两边

5）系统打开"创建表达式"对话框，该对话框中显示的是选定两边的定位值，用户可输入定位值，实现槽定位，如图 3-7-13 所示。

6）单击"确定"按钮，系统将再次打开"球形端槽"对话框，单击"取消"按钮不再继续建立自定义槽。球形端槽效果如图 3-7-14 所示。

图 3-7-13　创建球形端槽之输入定位值

图 3-7-14　球形端槽效果

3. 创建 U 形槽

1）先单击"槽"按钮，打开"槽"对话框；然后在"槽"对话框中单击"U 形槽"按钮，打开"U 形槽"对话框，如图 3-7-15 所示，随即通过鼠标在圆锥中选择放置面。

2）在"U 形槽"对话框中，系统会自动输入适合该圆锥形面的键槽数据，用户也可以自定义输入键槽数据，U 形槽宽度应大于两倍的拐角半径，否则不能完成槽的创建，如图 3-7-16 所示。

图 3-7-15 "U 形槽"对话框   图 3-7-16 创建 U 形槽之输入键槽数据

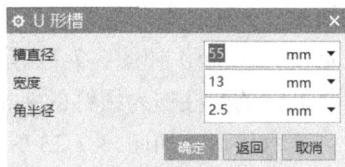

3）单击"确定"按钮，打开"定位槽"对话框，此时模型中为显示槽状态阶段，定位方式是以面的边进行定位的，如图 3-7-17 所示。

4）选择目标边或单击"确定"按钮接受初始位置，依次在模型中选择两边，如图 3-7-18 所示。

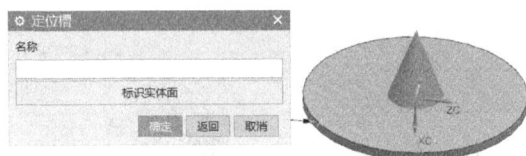

图 3-7-17 创建 U 形槽之显示槽状态   图 3-7-18 创建 U 形槽之在模型中选择两边

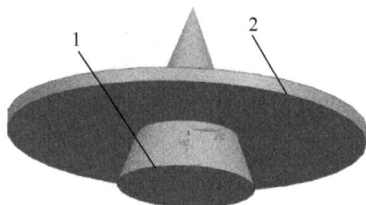

5）系统打开"创建表达式"对话框，该对话框中显示的是选定两边的定位值，用户可自定义输入定位值，实现槽定位，如图 3-7-19 所示。

6）单击"确定"按钮，系统将再次打开"U 形槽"对话框，单击"取消"按钮不再继续建立槽。U 形槽效果如图 3-7-20 所示。

图 3-7-19 创建 U 形槽之输入定位值   图 3-7-20 U 形槽效果

【技能点 2】 "螺纹刀"命令操作

"螺纹刀"命令用于将符号或详细螺纹添加到实体的圆柱表面，螺纹创建是有限制的，只能在圆弧面进行创建。

选择"菜单→插入→设计特征→螺纹"命令，或者在"主页"选项卡的"特征"功能组中单击"更多→螺纹刀"按钮，打开"螺纹切削"对话框。

下面通过对圆柱外表面创建螺纹进行举例说明：

1）利用"圆柱"命令创建一个圆柱。选择 Z 轴为矢量方向轴，中心点为原点，直径为 10mm，高度为 4mm，如图 3-7-21 所示。

2）将创建的圆柱作为螺钉的头部。然后在圆柱中选择面创建草图，如图 3-7-22 所示。

3）创建六边形，如图 3-7-23 所示，完成后退出草图，利用"拉伸"命令将该六边形草图向圆柱内拉伸一定距离，布尔运算为减去。同时在圆柱另一面创建长圆柱，为创建螺纹做准备。

4）单击"螺纹刀"按钮，打开"螺纹切削"对话框，然后单击要创建螺纹的圆柱面。此时系统会在对话框中推荐适合的螺纹数据，用户可自定义输入数据，也可选择默认数据，然后选择螺纹旋转方向，单击"确定"按钮，如图 3-7-24 所示。

图 3-7-21　创建一个圆柱

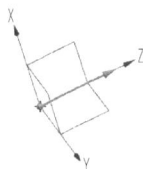

图 3-7-22　选择面创建草图

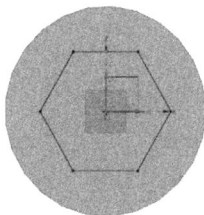

图 3-7-23　创建六边形

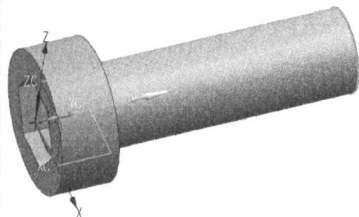

图 3-7-24　"螺纹切削"对话框

5）螺钉创建完成，如图 3-7-25 所示。

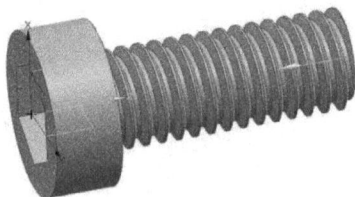

图 3-7-25　螺钉创建完成

注意：在根据需要创建螺纹时，需查找螺纹表进行精确创建。

【技能点 3】　熟识齿轮建模-GC 工具箱

齿轮建模-GC 工具箱为用户提供了快速创建齿轮的方法，用户只需输入齿轮相关数据即可完成齿轮的创建。齿轮建模-GC 工具箱提供了柱齿轮和锥齿轮两种齿轮的创建方法。

也可通过"主页→齿轮建模→'尺寸快速格式化工具-GC 工具箱'功能组"完成两种齿轮的创建。

1. 创建柱齿轮

1）单击"柱齿轮建模"按钮 ，打开"渐开线圆柱齿轮建模"对话框，选中"创建齿轮"单选按钮，如图 3-7-26 所示。后面可通过该对话框对齿轮进行移动、删除和齿轮啮合等操作。

2）单击"确定"按钮，打开"渐开线圆柱齿轮类型"对话框，进行直齿轮的创建。在该对话框中分别选中"直齿轮""外啮合齿轮""滚齿"单选按钮，如图 3-7-27 所示。

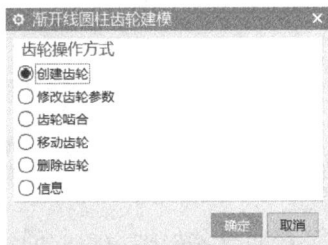

图 3-7-26　选中"创建齿轮"单选按钮

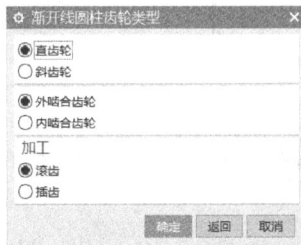

图 3-7-27　"渐开线圆柱齿轮类型"对话框

3）单击"确定"按钮，打开"渐开线圆柱齿轮参数"对话框，在该对话框中对齿轮的参数进行设置，如图 3-7-28 所示。这里选择默认的齿轮数据，单击"Default Value"按钮，系统将自动输入数据。

图 3-7-28　设置齿轮参数

4）单击"确定"按钮，打开"矢量"对话框，如图 3-7-29 所示。在该对话框中对齿轮创建方向进行选择，参考工作坐标系，选择 Z 轴。

5）单击"确定"按钮，打开"点"对话框，如图 3-7-30 所示。在该对话框中对齿轮创建中心点进行位置选择，这里选择原点。

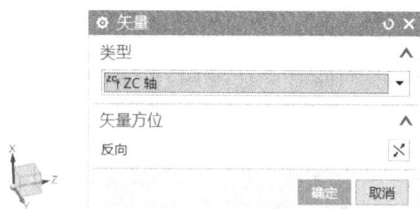

图 3-7-29　"矢量"对话框 1

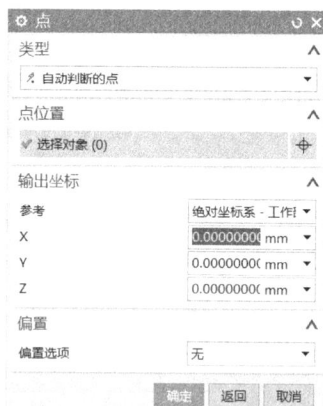

图 3-7-30　"点"对话框 1

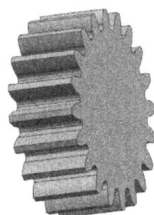

图 3-7-31　柱齿轮创建结果

6）单击"确定"按钮，系统将开始根据齿轮的创建数据进行创建，创建结果如图 3-7-31 所示。

2．创建锥齿轮

1）单击"锥齿轮建模"按钮 ，打开"锥齿轮建模"对话框，选中"创建齿轮"单选按钮，如图 3-7-32 所示。后面可通过该对话框对齿轮进行移动、删除和齿轮啮合等操作。

2）单击"确定"按钮，打开"圆锥齿轮类型"对话框，进行直齿轮的创建。在该对话框中分别选中"直齿轮""等顶隙收缩齿"单选按钮，如图3-7-33所示。

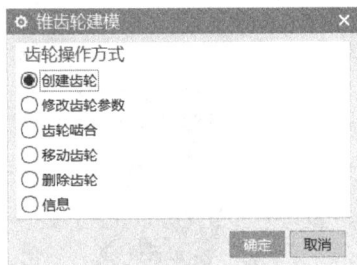

图 3-7-32　"锥齿轮建模"对话框

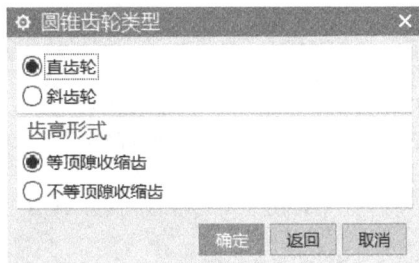

图 3-7-33　"圆锥齿轮类型"对话框

3）单击"确定"按钮，打开"圆锥齿轮参数"对话框，在该对话框中对齿轮的参数进行设置，如图3-7-34所示。这里选择默认的齿轮数据，单击"Default Value"按钮，系统将自动输入数据。

4）单击"确定"按钮，打开"矢量"对话框，如图3-7-35所示。在该对话框中对齿轮创建方向进行选择，参考工作坐标系，选择Z轴。

5）单击"确定"按钮，打开"点"对话框，如图3-7-36所示。在该对话框中对齿轮创建中心点进行位置选择，这里选择原点。

6）单击"确定"按钮，系统将开始根据齿轮的创建数据进行创建，创建结果如图3-7-37所示。

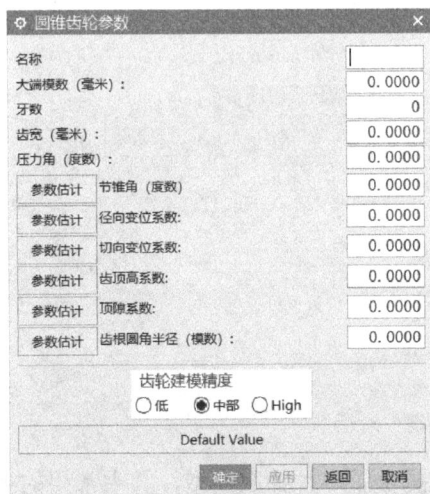

图 3-7-34　对齿轮参数进行设置

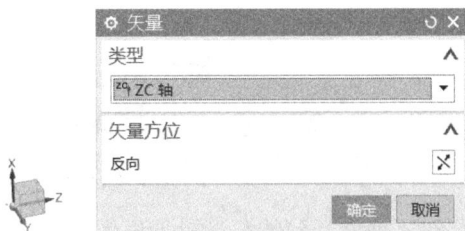

图 3-7-35　"矢量"对话框 2

图 3-7-36　"点"对话框 2

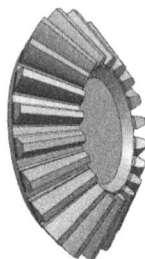

图 3-7-37　锥齿轮创建结果

注意： 在根据需要建立齿轮时，需查找齿轮数据表进行精确创建。

【技能点 4】　抽取几何特征

"抽取几何特征"命令用于为同一部件中的体、面、曲线、点和基准创建关联副本，并为体创建关联镜像副本；也可用于在建模中将模型的边抽取转换为线，以找到模型的边界线，即将体中点、线、面单独复制并提取出来。

选择"菜单→插入→关联复制→抽取几何特征"命令，或者在"主页"选项卡的"特征"功能组中单击"更多→关联复制库→抽取几何特征"按钮，打开"抽取几何特征"对话框，如图 3-7-38 所示。

图 3-7-38　"抽取几何特征"对话框

在"抽取几何特征"对话框中可以看到，系统提供了多种抽取类型，其中常用的类型有面、体。例如，在建模好模芯和滑块（图 3-7-39）的情况下，需要在模芯上创建滑槽，可利用布尔"减去"命令在模芯中减去与滑块相加的部分，然后利用"移动对象"命令将滑块以垂直滑槽平面向上方向移动距离。但在使用布尔"减去"命令时，减去模芯与滑块相交部分后，滑槽被挖出来，若滑块未相交部分被删除，则须重新创建滑块，所以可利用"抽取几何特征"命令对体进行抽取复制。

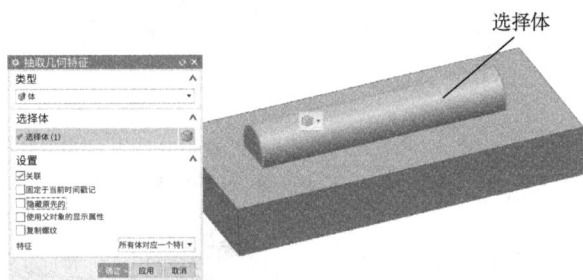

图 3-7-39　模芯和滑块

首先在"抽取几何特征"对话框中对滑块进行体抽取，然后单击"确定"按钮，如图 3-7-40 所示。

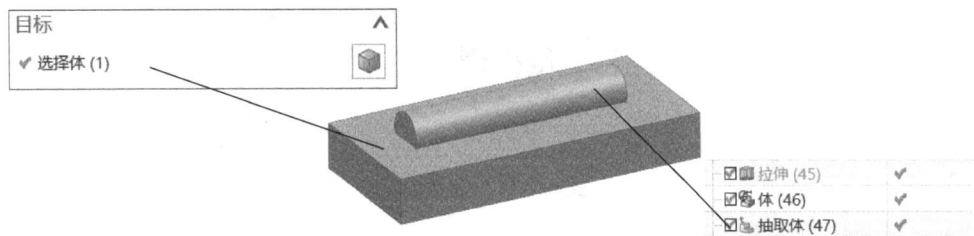

图 3-7-40　对滑块进行体抽取

然后利用布尔"减去"命令选择目标体为模芯和工具体。在部件导航器中确定滑块的抽取体，单击"确定"按钮，滑槽创建完成，如图 3-7-41 所示。

然后利用"移动对象"命令将滑块以垂直滑槽平面的方向向上移动 20mm，如图 3-7-42 所示，然后单击"确定"按钮。

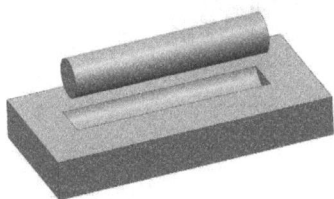

图 3-7-41　滑槽

图 3-7-42　向上移动 20mm

在对面进行抽取时，可在"抽取几何特征"对话框中选择抽取面类型，包括"单个面""面与相邻面""体的面""面链"。下面以"单个面"类型为例进行说明。选择"单个面"选项，如图 3-7-43 所示。

在如图 3-7-44 所示的模型中选择抽取面，然后单击"确定"按钮，系统将对选取的面进行复制，用户可手动在部件导航器中对该体进行隐藏，独立显示抽取出的面。

图 3-7-43　选择"单个面"选项

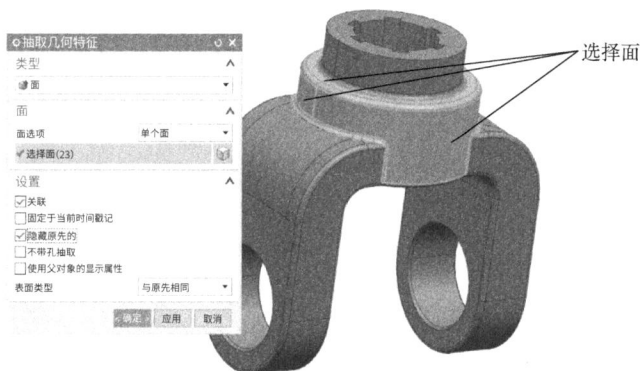

图 3-7-44　选择面

也可以在"抽取几何特征"对话框的"设置"选项区域中选中"隐藏原先的"复选框，系统会自动判断在该体中未选取的面，并自动将其隐藏。其中，"不带孔抽取"为删除孔，即选取抽取面时，当该面带有孔时，自动将孔删除并自适应补全，如图 3-7-45 所示。

图 3-7-45　抽取出的面

技能点拨

1）在圆柱上创建槽时，必须注意槽直径与圆柱直径之间的关系。若想准确在用户需要的位置建立槽，须借助于定位槽功能，在用户输入槽直径、宽度等数据时，系统自动打开"定位槽"对话框，其定位是按照选定放置面的边到键槽边的距离进行的。

2）使用"螺纹刀"命令时，本工作任务采用的是选取螺纹面，在"螺纹切削"对话框中选中"详细"（系统自动填充数据）单选按钮可节省用户大部分时间。系统还提供"符号"螺纹类型以创建螺纹，如图 3-7-46 所示，但是此功能创建螺纹无明显螺纹特征，也没有螺纹具体的细节，而是标明螺纹符号，两者区别可在工程制图中表现出来：符号工程图显示为简化表示，而详细则是按照实物（带有螺纹效果）表示，但是一般情况下螺纹工程图都是简化表示的。

图 3-7-46　"符号"螺纹类型

项目考核评价

项目考核评价以自我评价和小组评价相结合的方式进行，指导教师根据项目考核评价和学生学习成果进行综合评价。

1）根据任务完成情况，检查任务完成质量。

2）归纳总结程序和操作技术要点，并能提出改进建议。

3）能虚心接受指导，同时善于思考，能够举一反三。

三维建模设计考核评价表

班级：　　　　　第（　）小组　　　　姓名：　　　　　时间：

评价模块	评价内容	分值	自我评价	小组评价
理论知识	1. 理解建模的设计概念及一般步骤	10		
	2. 掌握建模环境中的关键术语	10		
	3. 掌握建模环境中各项命令的技术要点	10		

续表

评价模块	评价内容	分值	自我评价	小组评价
操作技能	1. 熟练掌握坐标系及基准平面的创建	20		
	2. 熟练掌握建模环境中各项命令的正确操作过程	20		
	3. 熟练掌握三维模型绘制过程中多项命令的正确操作过程	20		
职业素养	1. 以人为本，具有精益生产的理念	5		
	2. 团队合作，具有数据安全的职业素养	5		

综合评价：

导师或师傅签字：

直击工考

一、单选题

1. 下列选项中不属于创建长方体的方法是（　　　）。

    A. 原点和边长度　　　　　　　　B. 两个点和高度

    C. 两个对角点　　　　　　　　　D. 三个空间点

2. 下列选项中不属于布尔运算的是（　　　）。

    A. 合并　　　　　B. 减去　　　　　C. 相交　　　　　D. 缝合

3. 建模基准不包括（　　　）。

    A. 基准坐标系　　　B. 基准线　　　　C. 基准面　　　　D. 基准轴

4. 隐藏对象的组合键为（　　　）。

    A. Alt+C　　　　　B. Ctrl+V　　　　C. Ctrl+B　　　　D. Shift+B

5. 在 UG NX 12.0 中，创建旋转实体的草图线的要求是（　　　）。

    A. 开放的　　　　　B. 封闭的　　　　C. 两者皆可　　　D. 都不正确

6. 下列选项中不属于基本体素的是（　　　）。

    A. 圆台　　　　　　B. 长方体　　　　C. 圆柱　　　　　D. 圆锥体

7. 下列选项中不是"抽取"的特征类型的是（　　　）。

    A. 点　　　　　　　B. 曲线　　　　　C. 曲面　　　　　D. 都不正确

8．下列关于"修剪体"的说法中正确的是（　　　）。

　　A．修剪的对象只能是实体　　　　　B．工具体只能是基准平面

　　C．工具体可以是相连相切的曲面　　D．工具体的边缘必须比目标体大

9．创建下图所示的壳体模型，需要进行抽壳、拔模和倒圆角操作，先后次序应该是（　　　）。

　　A．倒圆角、拔模、抽壳　　　　　B．拔模、倒圆角、抽壳

　　C．拔模、抽壳、倒圆角　　　　　D．不分先后

二、判断题

1．利用圆锥体素实体特征可以创建圆锥，也可以创建圆台。　　　　　　　（　　　）

2．在建模时，可以在参数文本框中输入单位。　　　　　　　　　　　　　（　　　）

3．"拔模体"命令无法实现从边拔模。　　　　　　　　　　　　　　　　　（　　　）

4．组件阵列包括线性阵列、圆形阵列、镜像阵列。　　　　　　　　　　　（　　　）

5．螺纹创建是有限制的，螺纹只能在圆弧面进行创建。　　　　　　　　　（　　　）

三、简答题

1．由草图创建实体有什么优势？

2．部件导航器有哪些功能？

四、实践操作

1．创建如下图所示的模型。

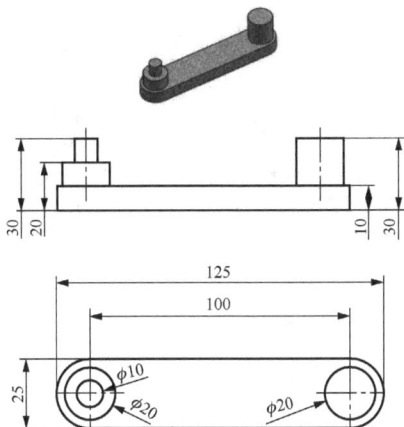

2. 创建如下图所示的模型。

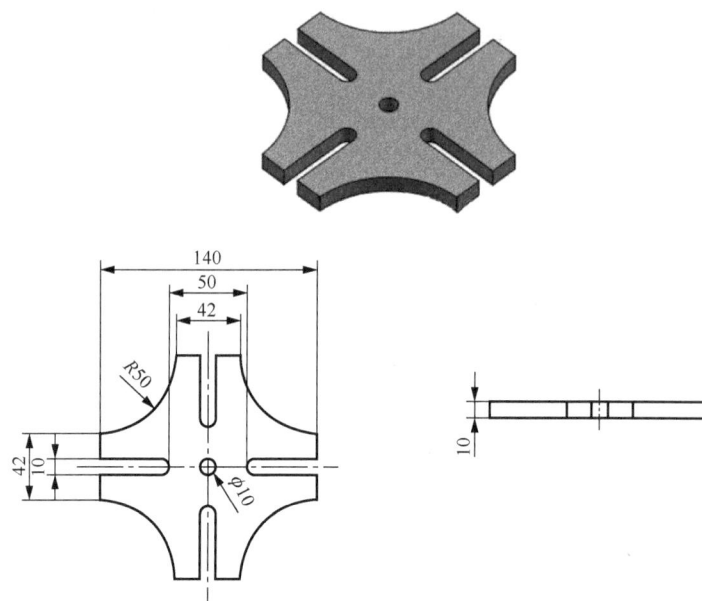

3. 创建如下图所示的模型。

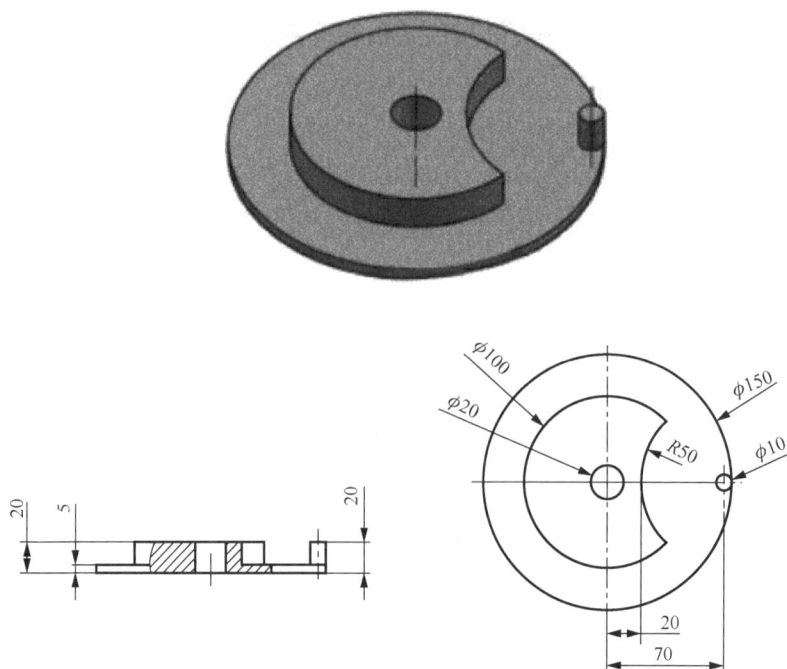

4. 创建如下图所示的模型。

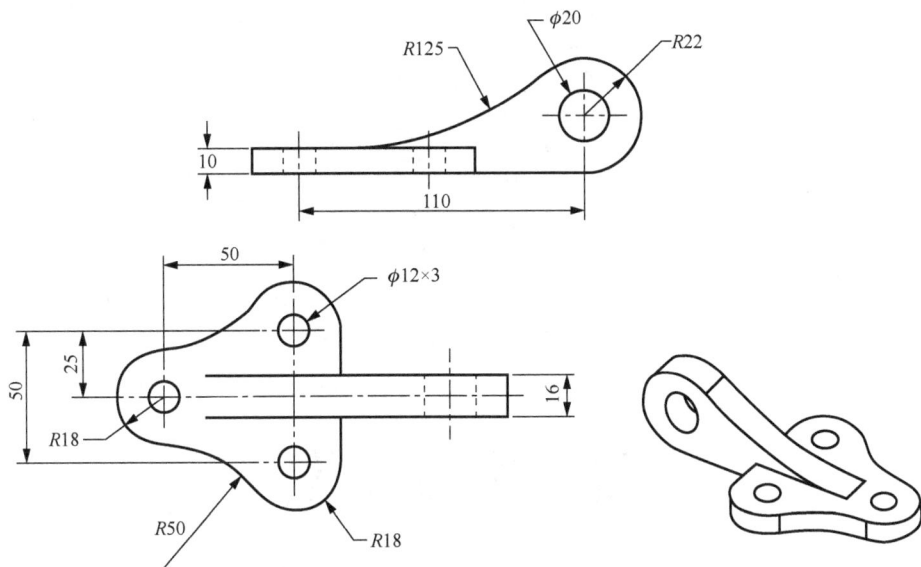

"蛟龙"号载人潜水器首席装配钳工技师——顾秋亮

　　我国"蛟龙"号载人潜水器是目前世界上潜深最深的载人潜水器之一,其研制难度不亚于航天工程。在这个高精尖的重大技术攻关过程中,有一个普通钳工技师的身影,他就是顾秋亮——中国船舶重工集团公司第七〇二研究所水下工程研究开发部职工,"蛟龙"号载人潜水器首席装配钳工技师。

　　自 2004 年参与"蛟龙"号载人潜水器的总装工作,十多年来,顾秋亮带领全组成员,保质保量完成了"蛟龙"号总装集成、数十次水池试验和海试过程中的"蛟龙"号部件拆装与维护,还和科技人员一道攻关,解决了海上试验中遇到的技术难题,用实际行动演绎着对祖国载人深潜事业的忠诚与热爱。

　　作为首席装配钳工技师,工作中面对技术难题是常有的事,而每次顾秋亮都能见招拆招,靠的就是工作多年来养成的"螺丝钉"精神。他爱琢磨、善钻研,喜欢啃工作中的"硬骨头"。凡是交给他的活儿,他总是绞尽脑汁想着如何改进安装方法和工具,提高安装精度,确保高质量地完成安装任务。正是凭着这股爱钻研的劲,顾秋亮在工作中练就了较强的解决技术难题和创新的本领,出色地完成了各项高技术、高难度、高水平的工程安装调试任务。

　　已近古稀的顾秋亮仍坚守在科研生产一线,为载人深潜事业不断书写我国深蓝乃至世界深蓝的奇迹默默奉献。

曲 面 造 型

曲面由曲线构成，在所有三维建模中，曲线是构建模型的基础。实体模型的外表是由曲面组成的，曲面定义了实体的外形，曲面可以是平的，也可以是弯曲的。UG NX 提供的曲面建模功能可以完成实体建模不能完成的三维设计，因此掌握曲面建模对用户来说至关重要。

【学习目标】

1. 了解曲面设计基础知识。
2. 掌握座位板的绘制及曲面建模中相关命令（如点、直线、艺术样条等）的使用方法。
3. 掌握操作柄的绘制及曲面建模中相关命令（如曲线成片体、有界平面、直纹曲面等）的使用方法。
4. 掌握刹车卡死器的绘制及曲面建模中相关命令（如桥接曲面、延伸曲面、缝合曲面等）的使用方法。

【素养目标】

1. 培养美学意识，增强数据思维，能够用数据创造美学。
2. 培养爱国精神，坚定文化自信，增强民族自豪感。

工作任务 *4.1*

了解曲面设计基础知识

【核心内容】

　　曲面建模是指由多个曲面组成立体模型的过程,该过程需要对整个模型的曲面进行设计,而草图曲线是构建曲面的基础,对模型进行造型分析、造型设计及掌握曲面建模各命令是曲面设计的关键。

视频:曲面造型

【学习目标】

　　1. 了解曲面设计。

　　2. 掌握曲面设计的基本步骤及基本技巧。

　　3. 掌握曲面设计常用术语。

任务分析

　　生活中的许多产品模型由曲线、曲面构成,UG NX 是创建此类曲面的主要应用软件之一,掌握曲面设计的基本步骤、基本技巧及曲面的常用术语可有效提高曲面创建的质量和效率,对初学者而言尤为重要。

【技能点 1】　了解曲面设计　　　　　　　【技能点 2】　了解曲面设计的基本步骤

【技能点 3】　掌握曲面造型的基本技巧　　【技能点 4】　掌握曲面设计常用术语

实战演练

【技能点 1】　了解曲面设计

　　在现代工业设计环境中,三维 CAD 软件已经随着社会发展的步伐逐步地革新和转变,特别是在曲面造型技术的发展和突变中,更是取得了日新月异的进展。小至一款简单的日用小饰品，大到电器及汽车等工业品，都体现了这方面的变化和发展。

在这些工业设计中，强大的三维软件 UG NX、Pro/E 等是用来创建此类曲面的主要应用软件，能够更快速、准确地解决不同产品自由曲面造型的问题。这些工程三维软件共同的特点是能够使工业设计师进行概念设计、创意建模和渲染出不同的真实效果。它们不仅能够完成工业设计的要求，而且具有功能强大的结构建模能力，为整个工程的制造生产更是提供了强大的支持。

【技能点 2】 了解曲面设计的基本步骤

曲面设计主要分为三种：一是原创产品设计，由草图建立曲面模型；二是根据平面效果或图纸进行曲面造型，即图纸造型；三是逆向工程，即点测绘造型。下面以其中的图纸造型为例，简要概述曲面设计的基本步骤。

1. 造型分析

在对一个产品进行造型设计之前，首先需要熟悉和掌握该产品的各个曲面的内容和特点，然后在此基础上确定创建的思路和方法，这是实现整个产品的起步环节，同样也是最重要的一步。同时确定正确的造型思路和方法这一阶段也是整个造型前期工作的核心，它决定以下设计过程的操作方法。在 CAD/CAM 软件上画第一条线之前，应已经在头脑中完成了整个产品的造型，做到胸有成竹。

造型分析阶段的主要工作：详细分析产品的各个曲面，将产品分解成单个曲面或面组；确定每个面组的生成方法，如直纹曲面、拔模曲面或扫描曲面等；确定各曲面之间的连接关系，如相切、自由及倒角、裁剪等。

2. 造型设计

造型设计是将造型分析的内容通过 CAD/CAM 软件转化为可视性效果的过程。获取造型的方法有很多，包括根据图纸在 CAD/CAM 软件中画出必要的二维视图轮廓，并将各视图变换到空间的实际位置。针对各曲面的类型，利用各视图中的轮廓线完成各曲面的造型；然后根据曲面之间的连接关系完成倒角、裁剪等工作，以获得完整的曲面设计效果。

【技能点 3】 掌握曲面造型的基本技巧

在进行产品实体造型设计中，许多产品的外观形状都由自由型曲线、曲面组成，其共同点是必须保证曲面光顺。曲面光顺从直观上可以理解为保证曲面光滑而且圆顺，不会引起视觉上的凹凸感；从理论上指具有二阶几何连续，不存在奇点与多余拐点，曲率变化较小及应变较小等特点。要保证构造出来的曲面既光顺又能满足一定的精度要求，就必须掌握一定的曲面造型技巧。

1. 化整为零，各个击破

用一张曲面去描述一个复杂的产品外形是不切实际和不可行的，这样构造的曲面往往会不够光顺，产生大的变形。这时可根据应用软件的曲面造型方法，结合产品外形情况，将其划分为多个区域来构造几张曲面，然后将其缝合，或用过渡面与其连接。

在 UG NX 软件中创建的曲面大多定义在四边形上，因此在划分区域时，应尽量将各个子域定义在四边形区域内，即每个子面都具有四条边，而在某一边退化为点时构成三角形区域，这样构造的曲面也不会在该点处产生大的变形。

2. 建立光顺的曲面片控制线

曲面的品质与生成它的曲线及控制曲线有着密切的关系。因此，要保证曲面光顺，就必须有光顺的控制线。要保证曲线的品质，主要考虑两点：首先必须满足精度要求；其次为创建光滑的曲面效果，在创建曲线时，曲率主方向尽可能一致，并且曲线曲率要大于作圆角过渡的半径值。

在建立曲线时，利用投影、插补、光顺等手段生成样条曲线，然后通过其曲率图来调整曲线段的函数次数、曲线段数量、起点及终点约束条件、样条刚度参数值等来交互式地实现曲线的修改，达到使其光顺的效果。曲面发生较大波动，往往是因为构造的样条曲线的 U、V 参数分布不均或参差不齐。这时可通过将这些空间曲线进行参数一致性调整，或生成足够数目的曲线上的点，再通过这些点重新拟合曲线。

在曲面片之间实现光滑连接时，首先要保证各连接片间具有公共边，更重要的一点是要保证各曲面片的控制线连接光滑，这是保证曲面片连接光顺的必要条件。此时，可通过修改控制线的起点、终点约束条件，使其曲率或切向矢量在接点保持一致。

3. 将轮廓线"删繁就简"再构造曲面

产品造型曲面轮廓往往是已经修剪过的，如果直接利用这些轮廓线来构造曲面，常常难以保证曲面的光顺性，所以造型时在满足零件几何特点的前提下，可利用延伸、投影等方法将三维轮廓线还原为二维轮廓线，并去掉细节部分，构造出"原始"曲面，再利用面的修剪方法获得曲面外轮廓。

4. 曲面光顺评估

在构造曲面时，要检查所建曲面的状态，注意检查曲面是否光顺、扭曲及曲率变化情况等，以便及时修改。检查曲面光顺的方法：先将构成的曲面进行渲染处理，即通过透视、透明度和多重光源等处理手段，产生高清晰度的、逼真性和观察性良好的彩色图像；再根据处理后的图像光亮度的分布规律来判断曲面的光顺度。如果图像在某区域的敏感度与其他区域相比变化较大，则曲面光顺度差。

另外，可显示曲面上的等高斯曲率线，进而显示高斯曲率的彩色光栅图像，从等高斯曲率线的形状与分布、彩色光栅图像的明暗区域及变化，可直观地了解曲面的光顺情况。

【技能点 4】 掌握曲面设计常用术语

1. 实体、片体、曲面

1）实体：具有厚度，由封闭表面包围的具有体积的物体。

2）片体：厚度为 0，只有表面，没有质量和体积的物体。实体和片体如图 4-1-1 所示。

3）曲面：任何片体、片体的组合及实体的所有表面。一张曲面可以包含一个或多个片体，每个片体都是独立的几何体，如图 4-1-1 所示。

2. 曲面的 U、V 方向

曲面在数学上是由两个方向的参数定义的：行方向由 U 参数定义，列方向由 V 参数定义，如图 4-1-2 所示。

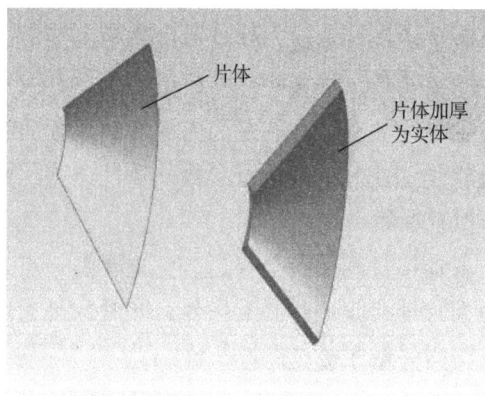

图 4-1-1　实体和片体

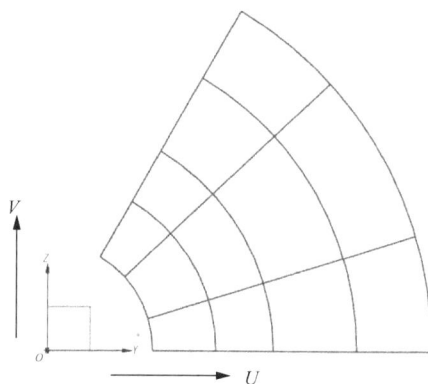

图 4-1-2　曲面的 U、V 方向

3. 阶次

曲面的阶次是一个数学概念，用于描述曲面多项式的最高次数，需在 U、V 方向分别指定次数。片体在 U、V 方向的次数必须为 2～24，阶次越高，曲面越光滑，但系统运算速度越慢，同时在数据转换时越容易产生问题。因此，曲面阶次最好采用 3 阶次，称为双三次曲面，工程上大多数使用的是这种双三次曲面。

4. 曲面片体类型

实体的外曲面一般是由曲面片体构成的，根据曲面片体的数量可分为单片和多片两种类型。其中，单片指所建立的曲面只包含一个单一的曲面实体；多片由一系列的单补片组

成。曲面片越多，越能在更小的范围内控制曲面片体的曲率半径等，但在一般情况下，尽量减少曲面片体的数量，这样可以使所创建的曲面更加光滑完整。

5. 栅格线

在 UG NX 中，栅格线仅仅是一组显示特征，对曲面特征没有影响。在"静态线框"显示模式下，曲面形状难以观察，因此栅格线主要用于曲面的显示。

技能点拨

1）如果知道模型，则在做设计之前需要先对整个设计进行整体的考虑，将其表面整体线条化，然后建立各种平面，进行拉伸求差或求和。

2）如果开始时不知道模型是什么样子，则尽量多用平面，少用曲面（不好加工），若必须要用，最好用平面进行分割求差，然后考虑进行倒圆角、倒斜角等操作。

3）在做完设计后最好进行参数删除并且单独独立出来，这样就可以避免父子引用关系，也就不会对后面产生影响。

4）用于创建曲面的曲线尽可能简单。尽量采用一次和二次曲线来创建曲面，不建议采用样条曲线。也就是说，能用直线连接的就用直线连接，不能用直线连接的就用圆弧连接，如果一段圆弧不能正确地反映产品的曲线形状，就用两段圆弧连接，最后考虑样条曲线。

5）如果采用样条曲线来创建曲面，要控制其阶次在 3 次。如果单段 3 次样条曲线不能完全反映曲线的形状，则可适当增加样条曲线的节段数，采用多段 3 次的样条曲线来创建曲面。

6）以点连线时，要根据产品曲面的趋势来正确把握线的趋势。切忌线的趋势和产品曲面的趋势不一致，如果线的趋势不对就不能正确表达产品的曲面特征。这一点在连接一些半径比较大的圆弧时尤其要注意，很多产品的表面圆弧是凸起的，但由于在连线时取点的问题，会不知不觉地连接成凹进去的圆弧。由于圆弧的半径较大，一时还很难察觉，直到创建曲面时才发现这个问题。这就要求我们在以点连线时一定要观察产品，正确把握曲线的趋势。

7）用于创建曲面的曲线要保证光顺连接，避免产生尖角、交叉、重叠。同时创建面的截面线长度应该差不多。

8）对于分型线是一个平面的产品，以点连接分型线时，一定要把分型线投影到一个平面上。这是因为由于测量时的误差和产品的变形，测量的分型线点不可能在一个平面上（虽然这种误差很小），所以根据测量点连接的分型线也不可能在一个平面上。只有把连接好后的分型线投影到一个平面上，以投影曲线作为产品的分型线，才能保证产品的分型和模具的分型面都在一个平面上。

9）在逆向造型中，曲面的创建方式以直纹曲面、通过曲线网格曲面两种方式为主，以扫描体曲面和截面体曲面两种方式为辅。通过曲线曲面和由点云曲面一般只作为创建上述几种曲面的辅助面。因为直纹曲面、通过曲线网格曲面都同时控制曲面 U、V 两个方向曲线的阶次、节段和光顺性，所以最为光顺平滑。而通过曲线曲面只控制了 U 方向曲线的阶次、节段和光顺性，V 方向的曲线是系统生成的样条曲线，因此难以完全保证曲面的光顺性；因为点云曲面在 U、V 两个方向的曲线都是系统生成的样条曲线，所以更难以保证曲面的光顺性。

工作任务 4.2

座位板的绘制及曲面建模

【核心内容】

用户通过座位板的绘制及曲面建模中相关理论知识和实践操作的学习，可以更加容易地掌握曲面建模中"点""直线和圆弧""艺术样条""文本"等命令的使用方法。

【学习目标】

1. 理解本工作任务中各命令的含义。
2. 掌握"点""直线与圆弧""艺术样条""文本""相交曲线""桥接曲线""投影曲线""缠绕/展开曲线"命令的使用方法。
3. 掌握"分割曲线""曲线长度"命令的使用方法。

任务分析

座位板的绘制效果图如图 4-2-1 所示。

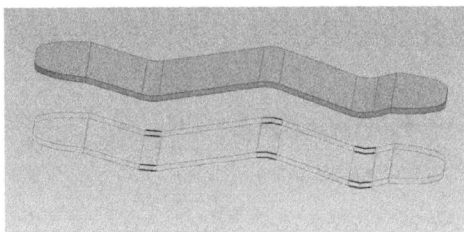

图 4-2-1 座位板的绘制效果图

　　点可以建立在任何位置，许多操作功能要通过定义点的位置来实现，可以在同一类型的曲线上创建多个点；直线是过空的两点产生的一条线段，圆弧是过三点或过指定中心点和端点创建；"艺术样条"命令多用于数字化绘图或动画设计，相比一般样条曲线而言，它由更多的定义点生成；"文本"命令通过读取文本字符串并生成线条和样条作为字符外形，创建文本作为设计元素；"相交曲线"命令用于生成两组对象的交线；"桥接曲线"命令是在曲线上通过用户指定的点对两条不同位置的曲线进行倒圆或融合操作；"投影曲线"命令可将曲线、边和点投影到片体和基准平面上；"缠绕/展开曲线"命令可将曲线从一个平面缠绕到一个圆或圆柱上，或从圆和圆柱展开到一个平面上；"分割曲线"命令可将一条曲线分为多段，"曲线长度"命令可改变曲线的长度，它同样具有延伸弧或修剪弧的双功能。

　　【技能点1】　点的应用　　　　　　　　　【技能点2】　创建直线和圆弧
　　【技能点3】　创建艺术样条　　　　　　　【技能点4】　文本曲线
　　【技能点5】　相交曲线　　　　　　　　　【技能点6】　桥接曲线
　　【技能点7】　投影曲线　　　　　　　　　【技能点8】　缠绕/展开曲线
　　【技能点9】　分割曲线　　　　　　　　　【技能点10】　编辑曲线长度

　　任务实施流程如下：

1）新建文件。

2）寻找基准面，如图 4-2-2 所示。

图 4-2-2 基准面

3）任意寻找一个基准面（如 *XOY* 平面），这时系统会自动进入"轮廓线"命令，如图 4-2-3 所示。

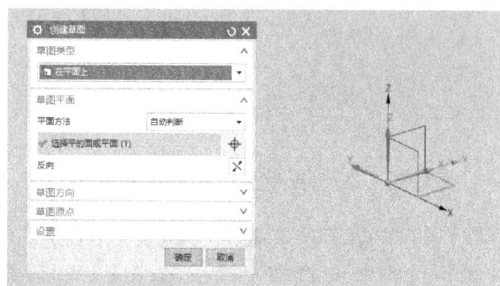

图 4-2-3　进入"轮廓线"命令

4）绘制基本直线，如图 4-2-4 所示。

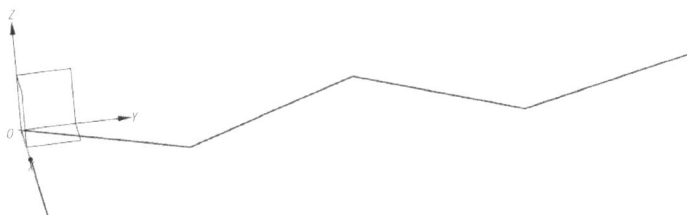

图 4-2-4　绘制基本直线

5）扫掠。因为图形较为简单，所以也可以采用拉伸。在"扫掠"对话框中进行相应设置，如图 4-2-5 所示。

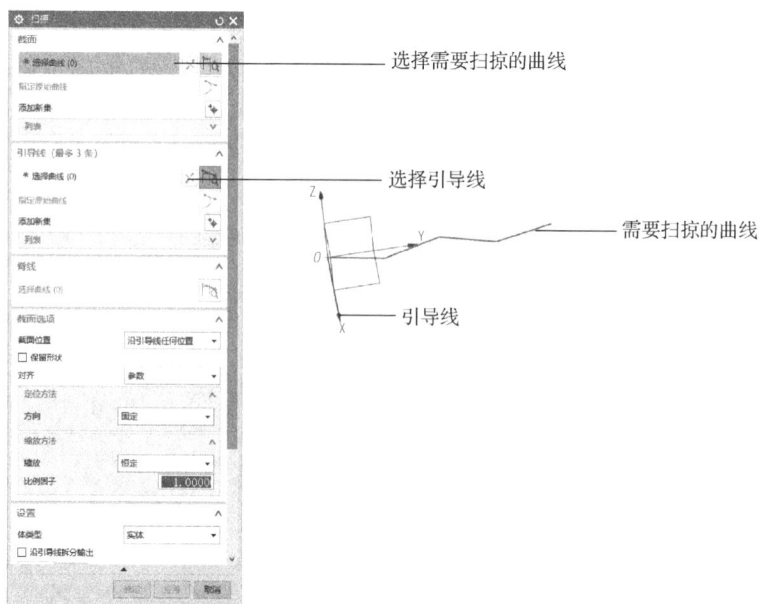

图 4-2-5　"扫掠"对话框

6）连接三维空间内直线，如图4-2-6所示。

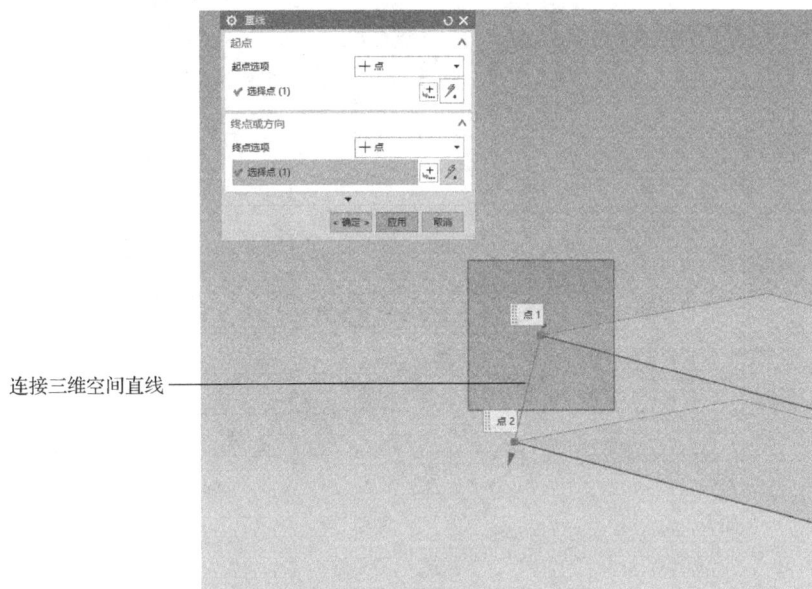

图 4-2-6 连接三维空间直线

7）网格曲面。在"通过曲线风格"对话框中进行相应设置，如图4-2-7所示。

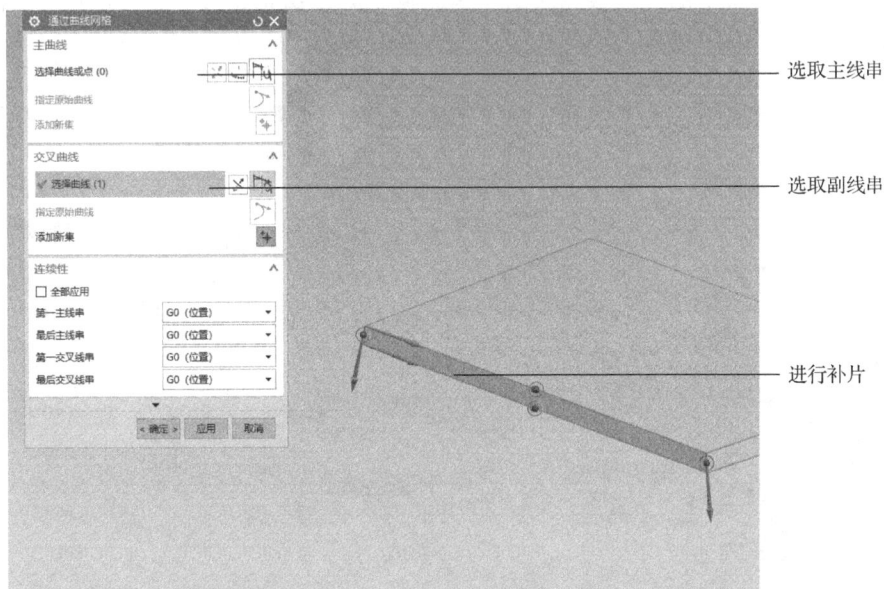

如图4-2-7 "通过曲线网格"对话框

8）缝合。如图4-2-8所示，全部面缝合后就成了实体。

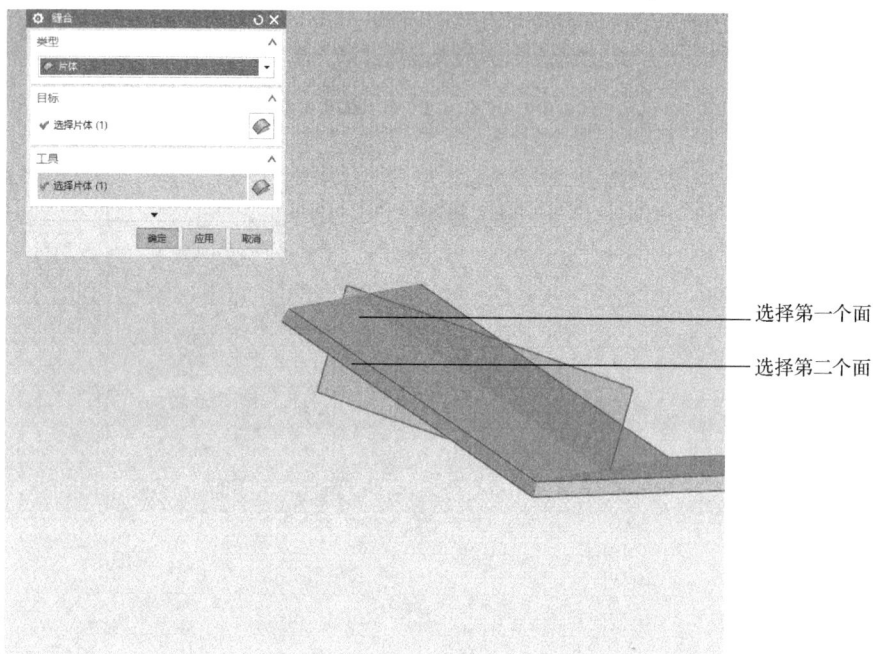

图 4-2-8　缝合

9）倒圆角。在"边倒圆"对话框中，选择需要倒角的边并输入倒角的值，如图 4-2-9 所示。

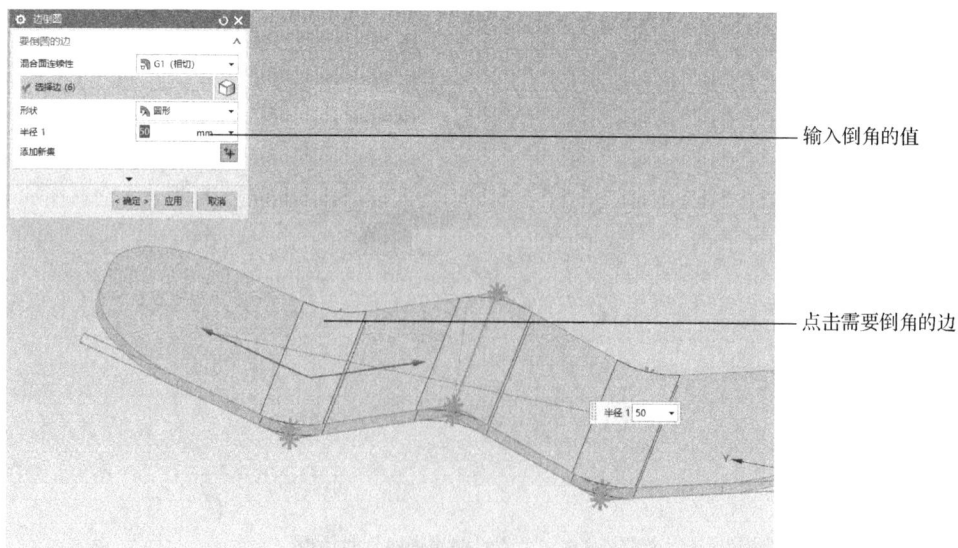

图 4-2-9　"边倒圆"对话框

实战演练

【技能点 1】 点的应用

在 UG NX 中,点可以建立在任何位置,许多操作功能都需要通过定义点的位置来实现。绘制点主要用来创建通过两点的直线,以及通过矩形阵列的点或定义曲面的极点来直接创建曲面。通过单击"曲线"功能组中的"点"按钮,打开"点"对话框,如图 4-2-10 所示。

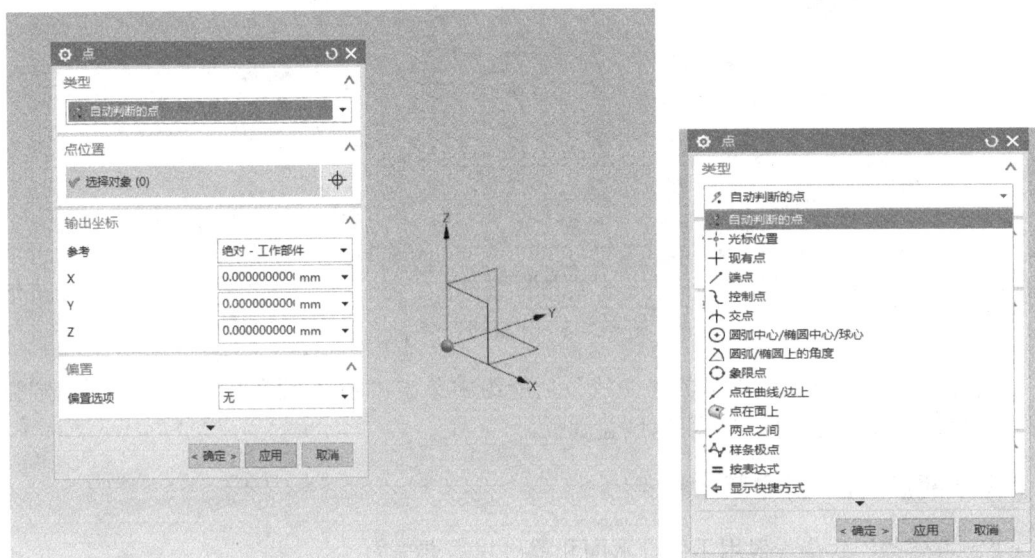

图 4-2-10 "点"对话框

【技能点 2】 创建直线和圆弧

在 UG NX 中,直线是通过空间的两点产生的一条线段。直线作为组成平面图形或截面的最小图元,在空间中无处不在。例如,两个平面相交可以产生一条直线,通过棱角实体模型的边线也可以产生一条边线直线。直线在空间中的位置由它经过的点及它的一个方向向量来确定。在 UG NX 软件中,可以通过以下三种方法创建直线。用这三种方法创建直线时,如果直接单击直线,则进入二维创建直线。

1)在草图环境中创建直线。

2)在"曲线"选项卡的"曲线"功能组中单击"直线"按钮 ╱ 或选择"菜单→插入→曲线→直线"命令,打开"直线"对话框,通过指定直线的起点和终点来创建直线。

3)选择"菜单→插入→曲线→直线和圆弧"命令,在其子菜单中包含了多种"直线"命令,如图 4-2-11 所示。

选择"菜单→插入→曲线→直线和圆弧"命令,其子菜单中包含"圆弧(点-点-点)""圆弧(点-点-相切)""圆弧(相切-相切-相切)""圆弧(相切-相切-半径)"共四种创建圆弧的方式,通过子菜单中的"关联"命令可以切换圆弧与圆的关联与非关联特性。

图 4-2-11　"直线"命令

另外，在"曲线"选项卡的"曲线"功能组中单击"圆弧/圆"按钮，可打开"圆弧/圆"对话框，在该对话框中也可以创建圆弧。

【技能点 3】　创建艺术样条

"艺术样条"命令一般用于做异形面和首次找基准平面。

"艺术样条"命令多用于数字化绘图或动画设计，相比一般样条曲线而言，它由更多的定义点生成。可在"曲线"选项卡的"曲线"功能组中单击"艺术样条"按钮，打开"艺术样条"对话框，如图 4-2-12 所示，该对话框中包含了根据极点和通过点两种创建艺术样条的类型。其创建方法与草图艺术样条的创建方法一样，具体如下。

1. "根据极点"类型

根据极点创建样条曲线，即用选定点建立的控制多边形来控制样条的形状，创建的样条曲线只通过两个端点，不通过中间的控制点。

"根据极点"类型创建方式：在"艺术样条"对话框中选中"参数化"选项区域中的"封闭"复选框，并在"次数"文本框中输入曲线的阶次；然后在绘图区中指定点，使其生成样条曲线，最后单击"确定"按钮，即可创建一般的样条曲线，如图 4-2-13 所示。

2. "通过点"类型

该类型通过设置样条曲线的各定义点来创建一条通过各点的样条曲线，它与"根据极点"类型创建样条曲线的最大区别是，它创建的样条曲线通过各个控制点。"通过点"类型创建样条曲线和"根据极点"类型创建样条曲线的操作方法类似，其中，需要选择样条曲线控制点的成链方式，如图 4-2-14 所示。

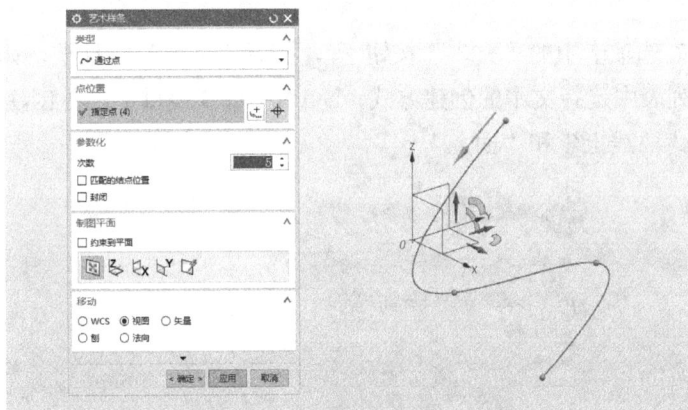

图 4-2-12　"艺术样条"对话框

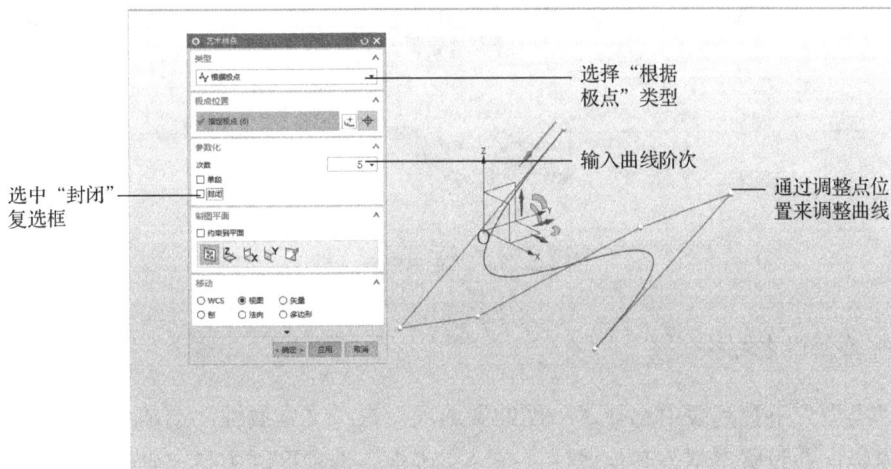

图 4-2-13　"根据极点"类型

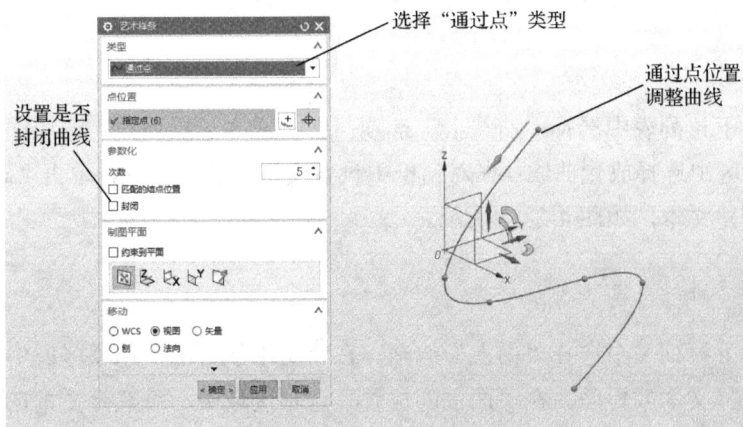

图 4-2-14　"通过点"类型

【技能点4】 文本曲线

单击"曲线"选项卡中的"文本"按钮 **A**，打开"文本"对话框，如图 4-2-15 所示。在"类型"下拉列表中选择文本的创建方式，UG NX 12.0 提供了三种创建文本的方式，分别为"平面的"、"曲线上"和"面上"。

图 4-2-15 "文本"对话框

1. 平面上创建文本

在"类型"下拉列表中选择"平面的"选项；在"文本属性"选项区域的文本框中输入文字内容，并设置字型等其他属性；在"文本框"选项区域中指定坐标系，系统将以所选坐标系的 *XC-YC* 平面作为文本放置面，在绘图区中拖动文本锚点（坐标系原点），在需要的位置单击，即可放置该文本，如图 4-2-16 所示。

2. 曲线上创建文本

在"类型"下拉列表中选择"曲线上"选项；在"文本放置曲线"选项区域中选择曲线，然后在绘图区中选择放置曲线；在对话框中设置文本的各项参数，单击"确定"按钮，即可在曲线上创建文本，如图 4-2-17 所示。

3. 面上创建文本

在"类型"下拉列表中选择"面上"选项。在"文本放置面"选项区域中选择面，然后在绘图区中选择文本放置面。在"面上的位置"选项区域中，可选择文本在面上的放置方法：一是"面上的曲线"，需要选择一条面上的曲线；二是"剖切平面"，需要选择一个

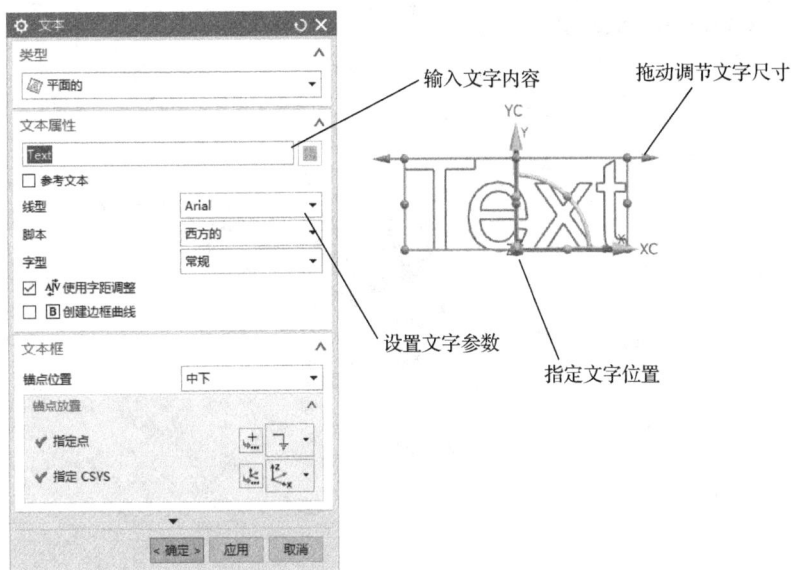

图 4-2-16　平面上创建文本

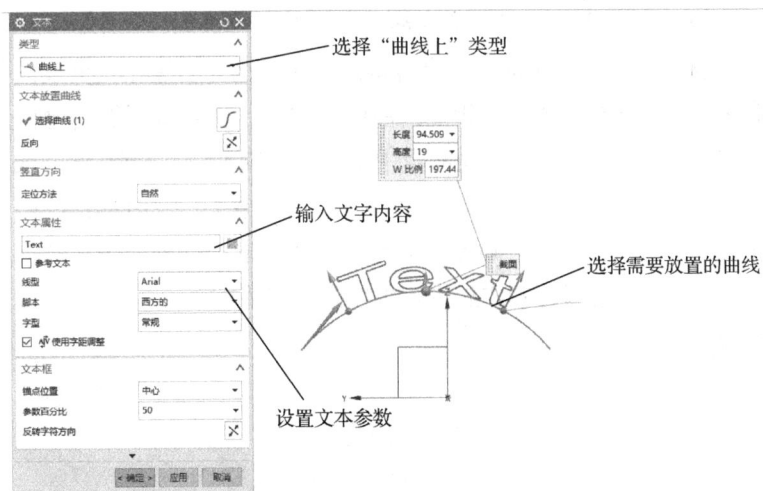

图 4-2-17　曲线上创建文本

剖切平面，平面与放置面的交线将作为放置曲线。在"文本属性"选项区域中的文本框中输入文字内容，并设置字体等其他属性。单击对话框中的"确定"按钮，即可在指定面上创建文本，如图 4-2-18 所示。

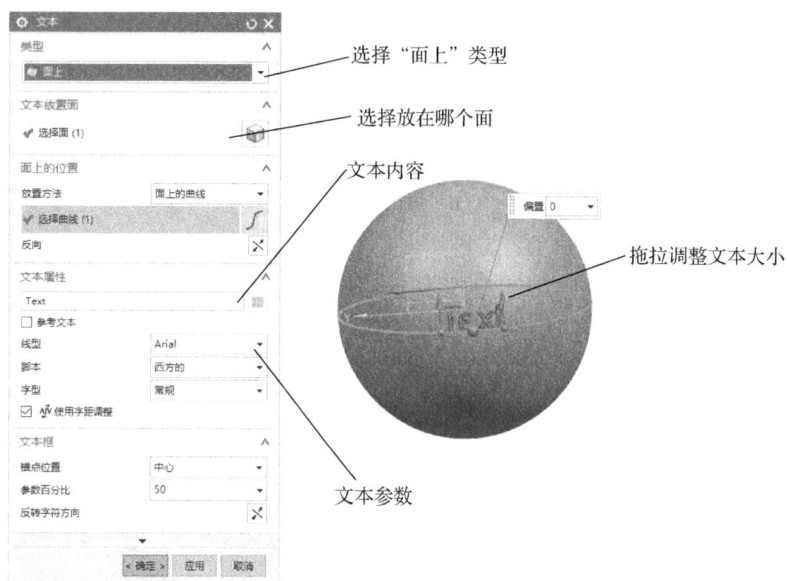

图 4-2-18 面上创建文本

【技能点 5】 相交曲线

"相交曲线"命令用于生成两组对象的交线，各组对象可分别为一个表面（若为多个表面，则须属于同一实体）、一个参考面、一个片体或一个实体。创建相交曲线的前提条件是打开的现有文件必须是两个或两个以上相交的曲面或实体，否则将不能创建相交曲线。

在"曲线"选项卡的"派生曲线"功能组中单击"相交曲线"按钮 ，或者选择"菜单→插入→派生曲线→相交"命令，打开"相交曲线"对话框。此时单击绘图区中的一个面作为第一组相交曲面，然后单击"确定"按钮。确认后选择另外一个面作为第二组相交曲面，最后单击"确定"按钮即可完成操作，如图 4-2-19 所示。

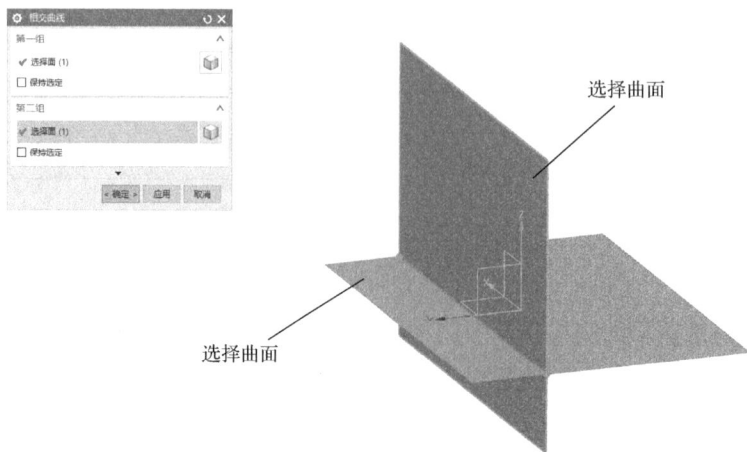

图 4-2-19 选择曲面

【技能点6】 桥接曲线

"桥接曲线"命令在曲线上通过用户指定的点对两条不同位置的曲线进行倒圆或融合操作，曲线可以通过各种形式控制，主要用于创建两条曲线间的圆角相切曲线。在 UG NX 中，桥接曲线按照用户指定的连续条件、连接部位和方向来创建，是曲线连接中最常用的方法。

在"曲线"选项卡的"派生曲线"功能组中单击"桥接曲线"按钮或选择"菜单→插入→派生曲线→桥接"命令，打开"桥接曲线"对话框，根据系统提示依次选择第一条曲线、第二条曲线，如图 4-2-20 所示。"桥接曲线"对话框中的"连续性"选项区域可以用来选择已存在的样条曲线，使过滤曲线继承该样条曲线的外形。"形状控制"选项区域主要用于设定桥接曲线的形状控制方法，下面具体介绍"相切幅值"方法。

该方法通过改变桥接曲线与第一条曲线或第二条曲线连接点的切矢量值来控制曲线的形状。若要改变切矢量值，则可以拖动"开始"或"结束"下方的滑块，也可以直接在其右侧的文本框中输入切矢量值。

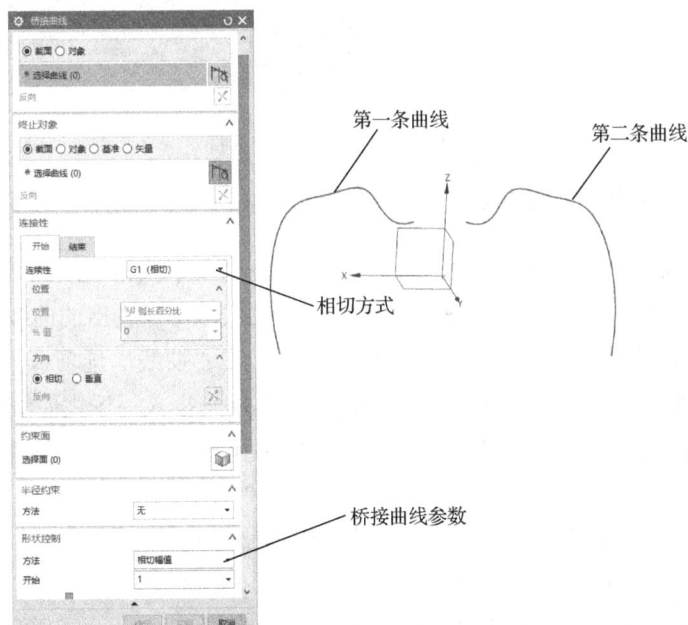

图 4-2-20 "桥接曲线"对话框

【技能点7】 投影曲线

"投影曲线"命令可以将曲线、边和点投影到片体、面和基准平面上。在投影曲线时，可以指定投影方向、点或面的法向等。投影曲线在孔或面边缘处都要进行修剪，投影之后可以自动将输出的曲线连接成一条曲线。

在"曲线"选项卡的"派生曲线"功能组中单击"投影曲线"按钮 🛴，或者选择"菜单→插入→派生曲线→投影"命令，打开"投影曲线"对话框，如图 4-2-21 所示。此时在绘图区中选择要投影的曲线，然后选择要将曲线投影到的指定平面（平面或基准平面），并指定投影方向，最后单击"确定"按钮即可。

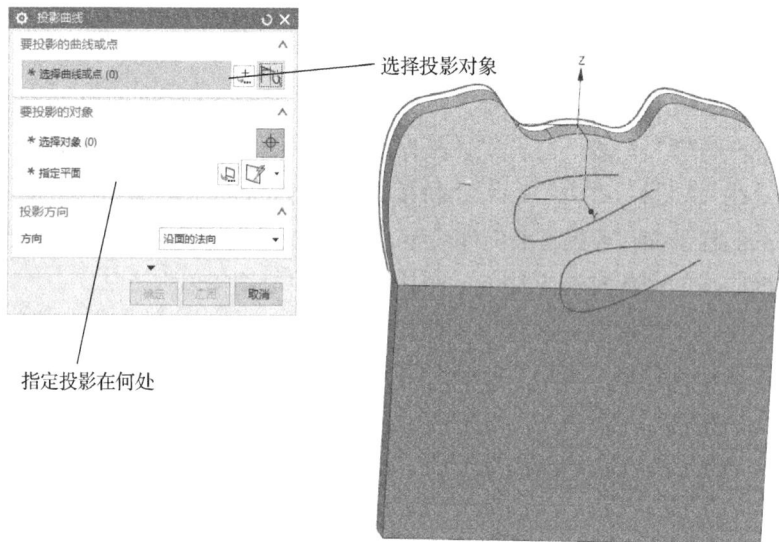

图 4-2-21　"投影曲线"对话框

【技能点 8】　缠绕/展开曲线

"缠绕/展开曲线"命令可以将曲线从一个平面缠绕到一个圆锥面或圆柱面上，或者从圆锥面和圆柱面展开到一个平面上。使用"缠绕/展开曲线"命令输出的曲线是 3 次 B 样条曲线，并且与其输入曲线、定义面和定义平面相关联。在"曲线"选项卡的"派生曲线"功能组中单击"缠绕/展开曲线"按钮 ，或者选择"菜单→插入→派生曲线→缠绕/展开曲线"命令，打开"缠绕/展开曲线"对话框。该对话框中包括缠绕/展开曲线操作的选择方法和常用类型。

"缠绕"类型：选择该选项，系统将设置曲线为缠绕形式。

"展开"类型：选择该选项，系统将设置曲线为展开形式。

"曲线或点"选项区域：用于选择要缠绕或展开的曲线。

"面"选项区域：用于选择缠绕对象的表面。在选择时，系统只允许选择圆锥或圆柱的实体表面。

"平面"选项区域：用于确定缠绕的平面。在选择时，要求缠绕平面与被缠绕表面相切，否则系统会提示错误信息。

"切割线角度"文本框：用于设置实体在缠绕面上旋转时的起始角度，它影响缠绕或展开曲线的形态。

下面以缠绕曲线为例介绍其操作方法。首先选择"缠绕"类型；然后在绘图区中选择要缠绕的曲线并单击"选择面"按钮，选择曲线要缠绕的面，接着单击"指定平面"按钮，确定产生缠绕的平面；最后单击"确定"按钮，如图 4-2-22 所示。

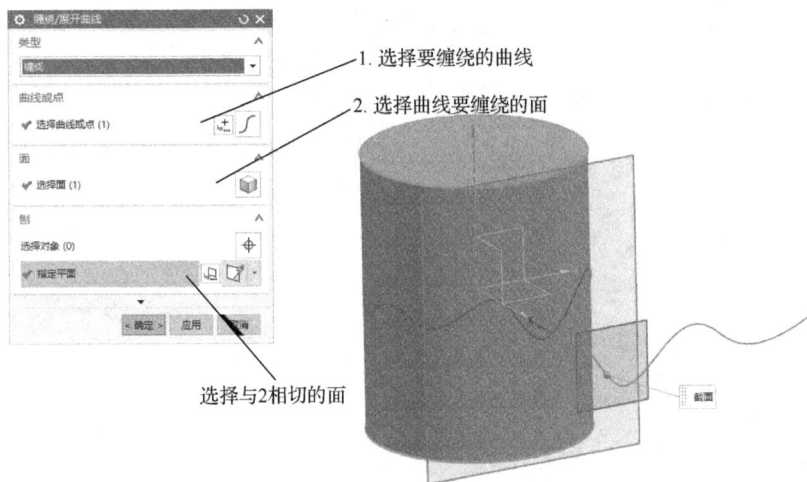

图 4-2-22　缠绕曲线

【技能点 9】　分割曲线

"分割曲线"命令是将曲线分割成多个节段，各节段都是一个独立的实体，并赋予和原先的曲线相同的线型。选择"菜单→编辑→曲线→分割"命令，打开"分割曲线"对话框，如图 4-2-23 所示。该对话框提供了五种分割曲线的类型，但是这里主要介绍"等分段"和"按边界对象"两种类型，因为这两种类型可以代替另外三种类型使用。

图 4-2-23　"分割曲线"对话框

1. 等分段

该类型是以等长或等参数的方法将曲线分割成相同的节段。选择"等分段"选项后，选择要分割的曲线，然后在相应的文本框中设置等分参数并单击"确定"按钮，如图 4-2-24 所示。

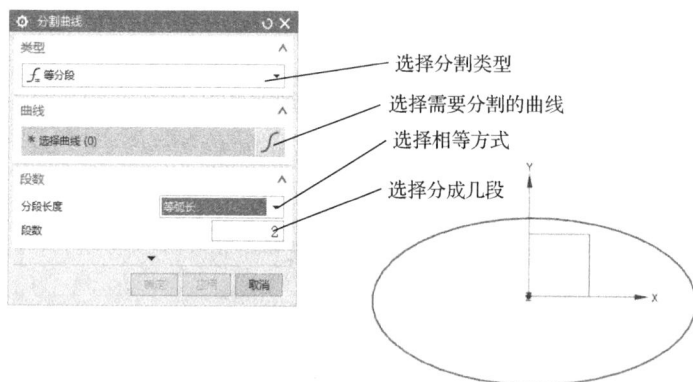

图 4-2-24　等分段分割曲线

2. 按边界对象

该类型是利用边界对象来分割曲线。选择"按边界对象"选项，然后选择要分割的曲线并根据系统提示选择边界对象，最后单击"确定"按钮，如图 4-2-25 所示。

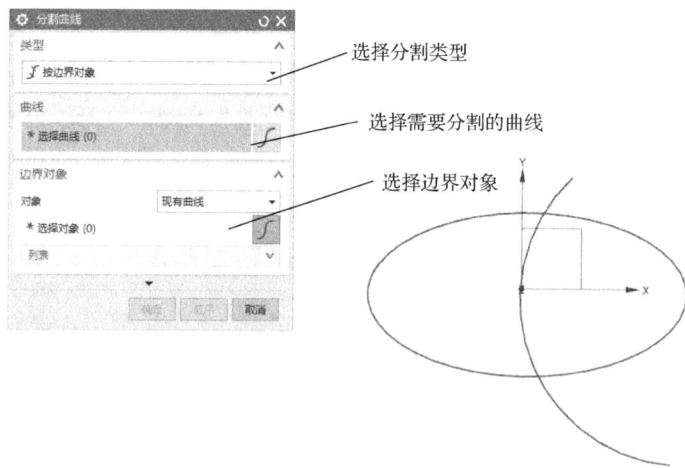

图 4-2-25　按边界对象分割曲线

【技能点 10】　编辑曲线长度

"曲线长度"命令用于通过指定弧长增量或总弧长方式改变曲线的长度，它同样具有延伸弧长或修剪弧长的双重功能。利用"曲线长度"命令可以在曲线的每个端点处延伸或缩短一段长度，或者使其达到双重曲线长度。在"曲线"选项卡的"编辑曲线"功能组中单击"曲线长度"按钮，可打开"曲线长度"对话框，如图 4-2-26 所示。该对话框中主要选项的含义如下：

图 4-2-26　"曲线长度"对话框

长度：用于设置曲线长度的编辑方式，包括"增量"和"全部"两种方式。若选择"全部"方式，则以给定总长来编辑选择曲线的长度；若选择"增量"方式，则以给定长度的增加量或减少量来编辑选择曲线的长度。

侧：用于设置修剪或延伸方式，包括"起点和终点"和"对称"两种方式。"起点和终点"方式是从选择曲线的起点或终点开始修剪或延伸；"对称"方式是从选择曲线的起点和终点同时对称修剪或延伸。

方法：用于设置修剪或延伸方式，包括"自然""线性""圆形"三种方式。

"限制"选项区域：主要用于设置从开始或结束修剪或延伸的增量值。

"设置"选项区域：用于设置曲线与原曲线的关联，以及输入曲线的处理和公差。

技能点拨

1）在本工作任务中，所有曲线都是三维空间内的线段，可以直接在三维空间内进行操作。

2）"桥接曲线"命令用于对两条曲线进行桥接，两条曲线应为光滑的曲线且曲率相同，以保证曲线的完整和可行性。

3）"投影曲线"命令用于曲面投影和平面投影。

4）"曲线长度"命令用于调节曲线的长度，在调节长度时，通常选择"长度"下拉列表中的"限制"选项。

5）对于一些拔模角度比较小的直纹曲面，不建议采用两条曲线来创建直纹曲面的做法，因为这样做不能完全保证直纹曲面的拔模角度。这时，一般采用先将其中一条曲线沿着脱模方向零角度拉伸，再拔模拉伸面的做法，从而保证直纹曲面的拔模角度。

6）创建通过曲线网格曲面的主要线和横越线要尽量相交，不要相切，而且角度最好垂直，不能太大或太小。

7）曲面与曲面之间的交线一定要光顺流畅，如果交线不光顺，则倒圆角面就会不光顺，因为曲面与曲面之间交线的趋势决定了曲面与曲面之间倒角的趋势。

8）如果产品表面中有两条棱线看起来距离差不多，则在先创建好一条棱线的情况下，另一条棱线通过与第一条棱线的偏置来得到，从而保证两条棱线距离的均匀和产品的美观性。

工作任务 *4.3*

操作柄的绘制及曲面建模

【核心内容】

用户通过操作柄的绘制及曲面建模中相关理论知识和实践操作的学习，可以更加容易地掌握曲面建模中"曲线成片体""有界平面""直纹""通过曲线网格"等命令的使用方法。

【学习目标】

1. 理解本工作任务中各命令的含义。
2. 掌握"曲面成片体""有界平面""直纹"命令的使用方法。
3. 掌握"通过曲线网格""扫掠"命令的使用方法。

任务分析

操作柄的绘制效果图如图 4-3-1 所示。

图 4-3-1　操作柄的绘制效果图

"曲线成片体"和"有界平面"命令可以在一个平面上创建由曲线围成的平面,"曲线成片体"与"有界平面"命令在生成平面的效果上很相似;"直纹"命令是通过两条截面线串创建片体或实体;"通过曲线网格"命令可将一系列在两个方向上的截面线串创建为片体或实体;"扫掠"命令是将曲线轮廓以预先描述的方式沿空间路径延伸,从而形成新的曲面。

【技能点 1】 曲线成片体 　　　　　　【技能点 2】 有界平面

【技能点 3】 直纹曲面 　　　　　　【技能点 4】 通过曲线网格

【技能点 5】 扫掠曲面

任务实施流程如下:

1)新建文件。

2)寻找基准面,如图 4-3-2 所示。

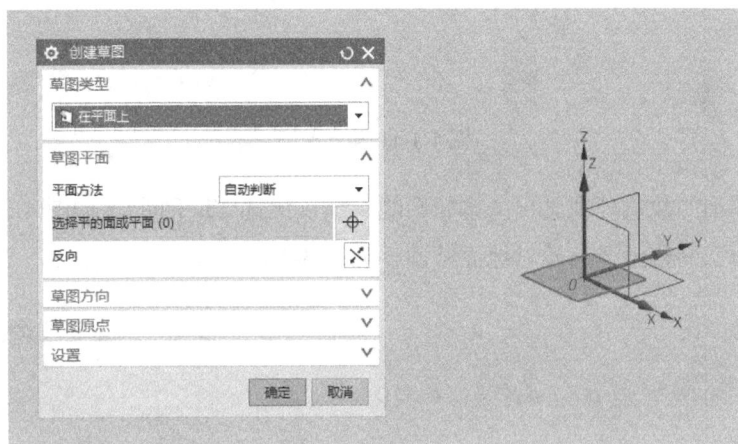

图 4-3-2　寻找基准面

3)任意寻找一个基准面(如 *XOY* 平面),这时系统会自动进入"轮廓线"命令,如图 4-3-3 所示。

图 4-3-3　任意寻找一个基准面

4）画出图形的分层基本轮廓（建议优选 *XZ* 平面），由于操作柄基本由圆形组成，因此可建立不同高度的平面绘制椭圆，如图 4-3-4 所示。

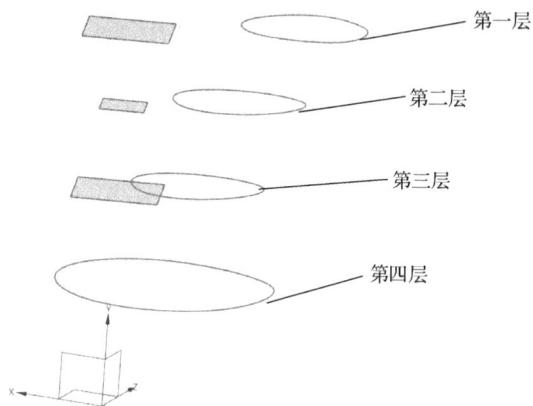

图 4-3-4　绘制椭圆

5）根据图形的数值外观画出基本轮廓线（建议优选 *XY* 平面），如图 4-3-5 所示。

6）进行曲面网格组，开始对地面补面，如图 4-3-6 所示。

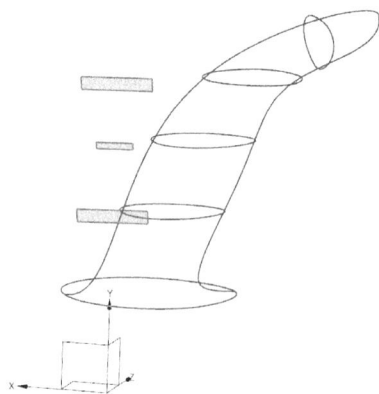

图 4-3-5　画出基本轮廓线　　　　　　　　　图 4-3-6　对地面补面

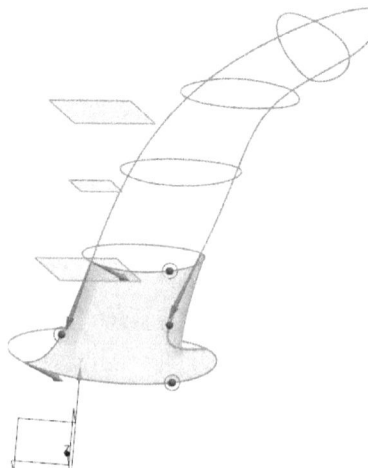

需注意主要曲线的分类和顺序，特别是第一主曲线、第二主曲线、第一交叉曲线、第二交叉曲线，因为这涉及后期补面是否平滑。

7）采用 N 边曲面直接制作，如图 4-3-7 所示。

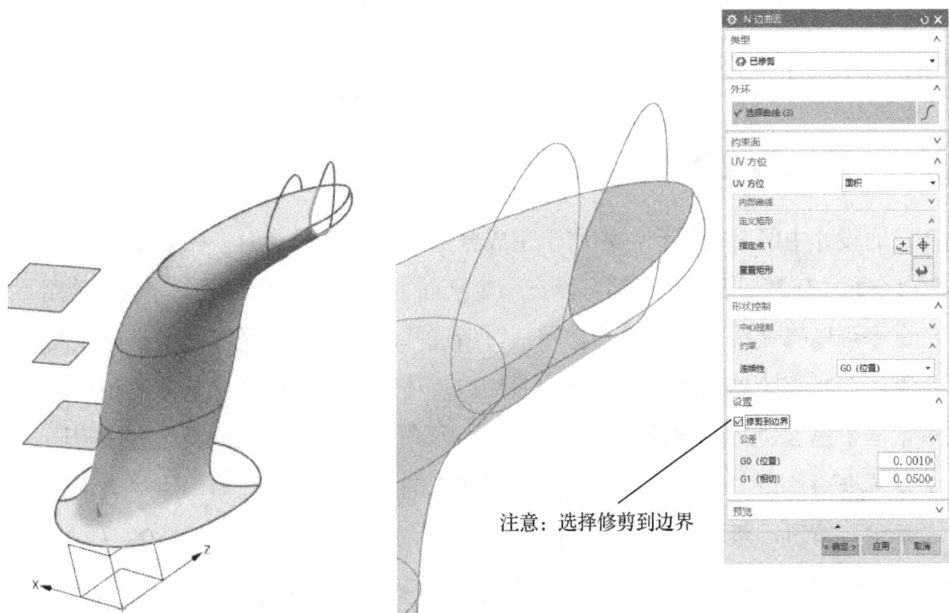

图 4-3-7　采用 N 边曲面直接制作

8）镜像特征，如图 4-3-8 所示。

图 4-3-8　镜像特征

实战演练

【技能点 1】 曲线成片体

平面在曲面设计中经常被用到，常用于生成分割面或产品的底面。在 UG NX 中，"曲线成片体"命令和"有界平面"命令都可以在一个平面上创建由曲线围成的平面。使用"曲线成片体"命令可以将曲线特征生成片体特征，所选择的曲线必须是封闭的，而且其内部不能相互交叉。选择"菜单→插入→曲面→曲线成片体"命令，打开"从曲线获得面"对话框。该对话框中包含"按图层循环"和"警告"两个复选框，它们的操作方法相同，选中任意一个复选框后单击"确定"按钮，并选择图中的曲线对象，然后单击"类选择"对话框中的"确定"按钮，即可创建片体，如图 4-3-9 所示。

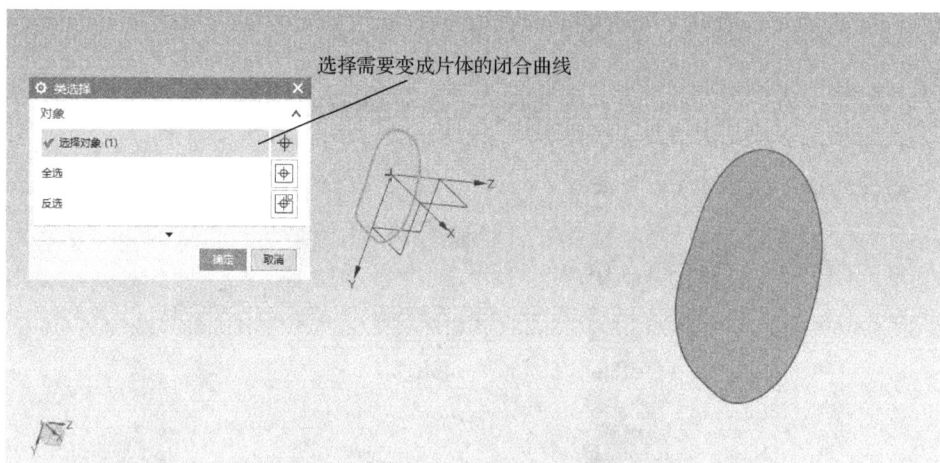

图 4-3-9 "类选择"对话框

【技能点 2】 有界平面

"有界平面"命令与"曲线成片体"命令在生成平面的效果上很相似。与"曲线成片体"命令不同的是，"有界平面"命令可以通过过滤器选择单条在平面上相连且封闭的曲线形成平面，生成的平面与曲线关联，而"曲线成片体"命令生成的曲面与曲线没有关联性。选择"主页→曲面→更多→有界平面"命令，打开"有界平面"对话框。该对话框中包含"平截面"和"预览"两个选项区域，单击"平截面"选项区域中的"选择曲线"右侧的按钮，在绘图区中选择要创建片体的曲线对象，然后单击"确定"按钮，即可创建有界平面，效果如图 4-3-10 所示。

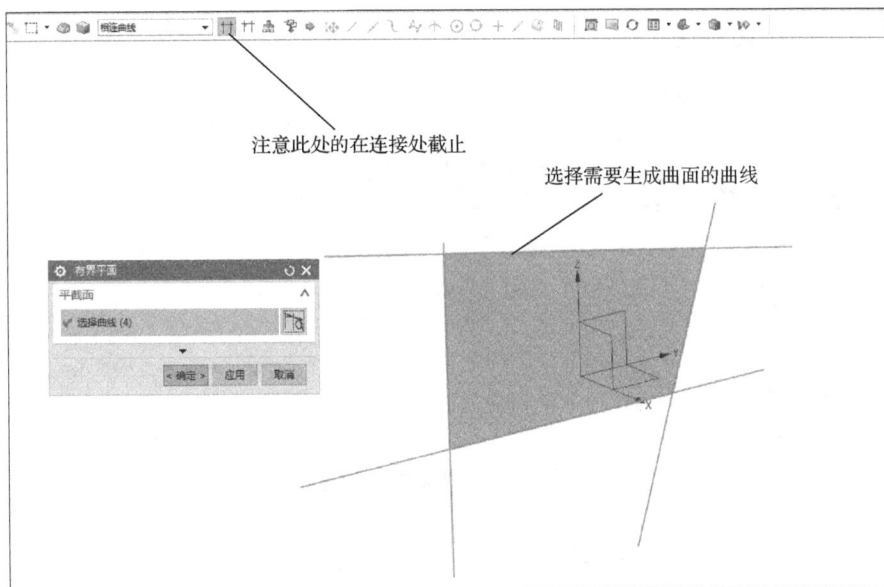

图 4-3-10　创建有界平面

【技能点 3】　直纹曲面

"直纹"命令通过两条截面线串创建片体或实体。其中，通过的曲线轮廓被称为截面线串，它可以由多条连续的曲线、体边界或多个体表面组成（这里的体可以是实体，也可以是片体），也可以选择曲线的点或端点作为第一个截面曲线串。在"曲面"选项卡的"曲面"功能组中单击"更多→网格曲面→直纹"按钮，打开"直纹"对话框。在该对话框中的"对齐"下拉列表中有"参数"和"根据点"两种对齐方式。下面介绍利用这两种对齐方式来创建直纹曲面。

1. "参数"方式

"参数"方式将截面线串要通过的点以相等的参数间隔隔开，使每条曲线的整个长度完全被等分，此时创建的曲面在等分的间隔点处对齐。如果整个剖面线上包含直线，则用等弧长的方式间隔点；如果包含曲线，则用等角度的方式间隔点，如图 4-3-11 所示。

2. "根据点"方式

"根据点"方式将不同外形的截面线串的点对齐，如果选定的截面线串包含任何尖锐的拐角，则有必要在拐角处利用该方式将其对齐，如图 4-3-12 所示。

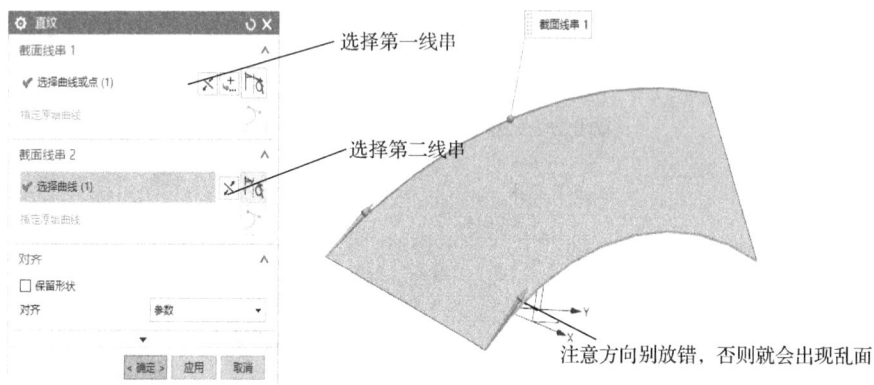

图 4-3-11　"参数"方式

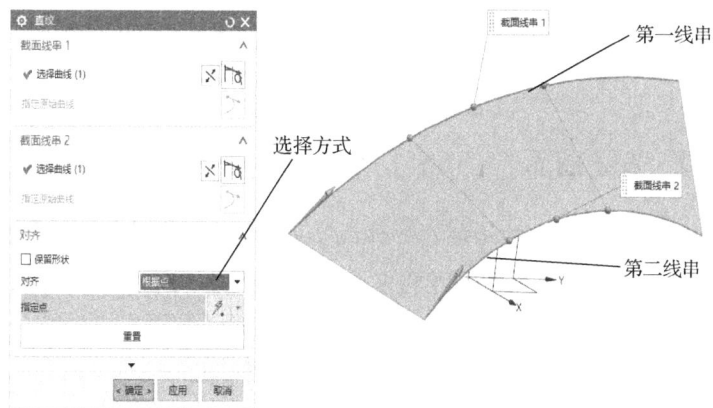

图 4-3-12　"根据点"方式

【技能点 4】　通过曲线网格

使用"通过曲线网格"命令可以将一系列在两个方向上的截面线串创建为片体或实体，截面线串可以由多段连续的曲线组成。这些线串可以是曲线、体边界或体表面等几何体。在创建曲面时，应该将一组同方向的截面线串定义为主曲线，而另一组大致垂直于主曲线的截面线串则为形成曲面的交叉线。由"通过曲线网格"命令创建的体相关联（这里的体可以是实体，也可以是片体），当截面线边界被修改后，特征会自动更新。选择"主页→曲面→通过曲线网格"命令，打开"通过曲线网格"对话框，如图 4-3-13 所示。

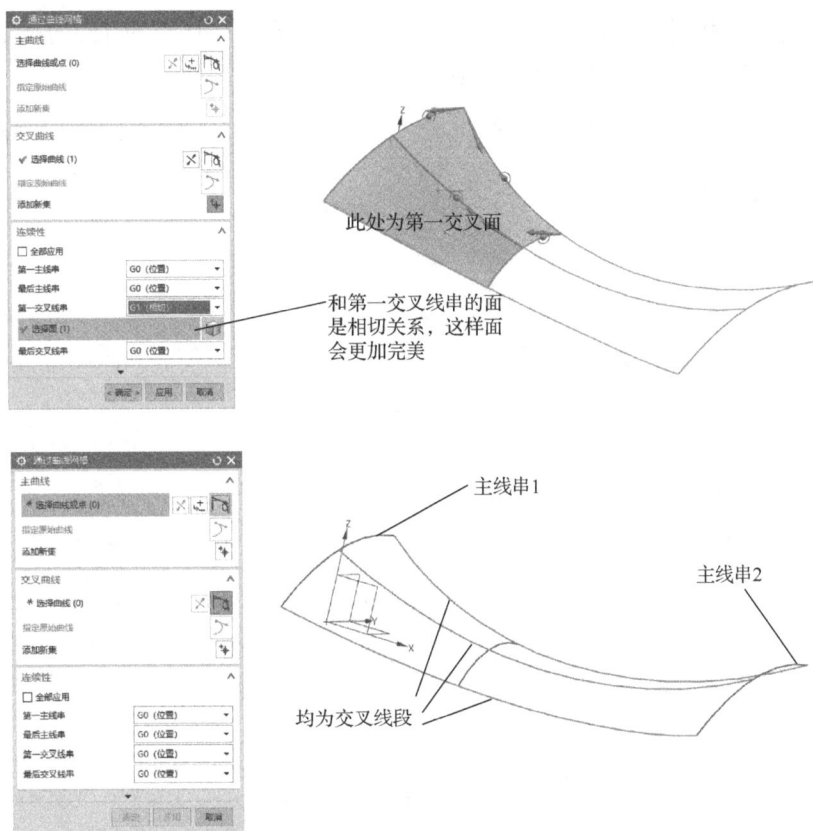

此处为第一交叉面

和第一交叉线串的面
是相切关系，这样面
会更加完美

主线串1

主线串2

均为交叉线段

图 4-3-13　"通过曲线网络"对话框

【技能点 5】　扫掠曲面

　　"扫掠"命令通过将曲线轮廓以预先描述的方式沿空间路径延伸，从而形成新的曲面。该方式是所有曲面创建中较复杂和强大的一种，它需要使用引导线串和截面线串两种线串。延伸的轮廓线为截面线，路径为引导线。

　　引导线可以由单段或多段曲线组成，引导线控制扫描特征沿着 V 方向（扫描方向）的方位和尺寸变化。引导线可以是曲线，也可以是实体的边或面的边。在利用"扫掠"命令创建曲面时，组成每条引导线的所有曲线之间必须相切过渡，引导线的数量最多为 3 条。选择"主页→曲面→扫掠"命令，打开"扫掠"对话框，如图 4-3-14 所示，该对话框中常用选项的功能及含义如下。

1. 选择截面线

　　截面线可以由单段或多段曲线组成，截面线可以是曲线，也可以是实（片）体的边或面的边。组成每条截面线的所有曲线段之间不一定是相切过渡 [一阶导数 G1 连续（相切连续）]，但必须是 G0 连续（点连续）。截面线控制着 U 方向的方位和尺寸变化。截面线不必光顺，而且每条截面线内的曲线数量可以不同，一般最多可以选择 150 条。截面线具体包括闭口和开口两种类型，如图 4-3-14 所示。

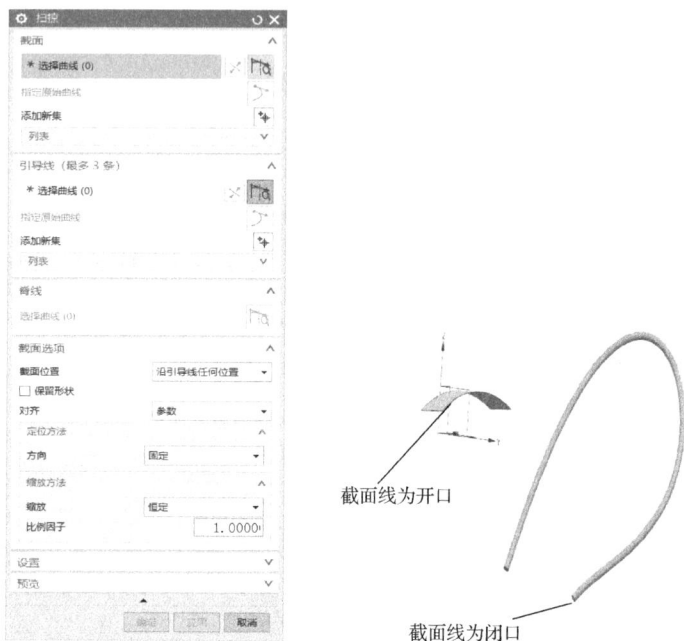

截面线为开口

截面线为闭口

图 4-3-14　"扫掠"对话框

2. 选择引导线

引导线可以由多段或单段曲线组成，控制曲面 V 方向的方位和尺寸变化，可以选择样条曲线、实体边缘和面的边缘等。引导线最多可选取 3 条，并且需要 G1 连续，可以分为以下 3 种情况。

1）一条引导线。一条引导线不能完全控制截面的大小和方向趋势，需要进一步指定截面变化的方向。在"方向"下拉列表中，提供了固定、面的法向、矢量方向、另条曲线、一个点、角度规律和强制方向 7 种方式。当指定一条引导线串时，还可以施加比例控制，这就允许沿引导线扫掠截面时，截面尺寸可增大或缩小。在对话框的"缩放"下拉列表中提供了恒定、倒圆功能、另一条曲线、一个点、面积规律和周长规律 6 种方式。对于上述的定向和缩放方式，其操作方法大致相似，都是在选定截面线或引导线的基础上，通过参数选项设置来实现其功能的。现以"固定"的定位方式和"恒定"的缩放方式为例，介绍创建扫掠曲面的操作方法，在"截面"和"引导线"选项区域的"列表"选项中依次定义截面和一条引导线，最后单击"确定"按钮即可，如图 4-3-15 所示。

2）两条引导线。利用两条引导线可以确定截面线沿引导线扫掠的方向趋势，但是截面的大小可以改变。首先在"截面"选项区域中分别定义截面线，然后按照同样的方法定义两条引导线，创建方法如图 4-3-16 所示。

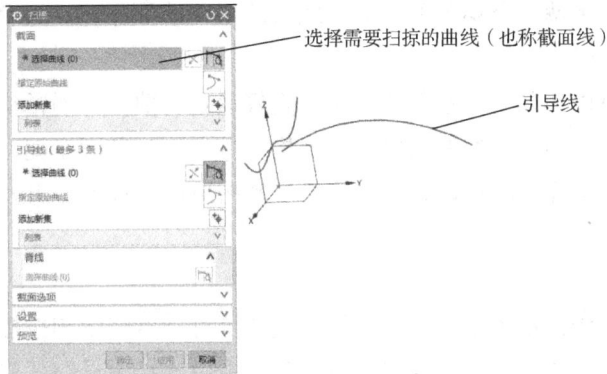

（a）定义截面和一条引导线

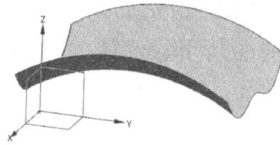

（b）一条引导线

图 4-3-15　创建扫掠曲面

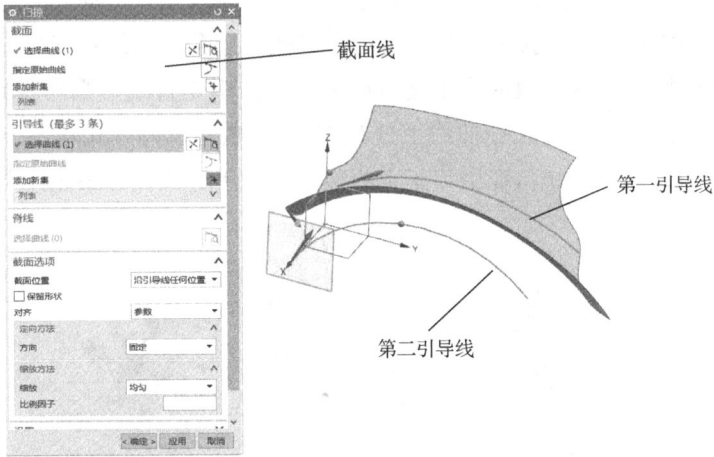

图 4-3-16　定义截面线和两条引导线

3）三条引导线。利用三条引导线完全确定了截面线被扫掠时的方向趋势和截面大小变化，因而无须另外指定方向和比例，这种方式可以提供截面曲线的剪切和不独立的轴比例。这种效果是从 3 条彼此相关的引导线的关系中衍生出来的。

3. 选择脊线

利用脊线可以进一步控制截面线的扫掠方向。当使用一条截面线时，脊线会影响扫掠的长度。该方式多用于两条不均匀参数的曲线间的直纹曲面创建，当脊线垂直于每条截面线时，使用的效果最好。

沿着脊线扫掠可以消除引导参数的影响，更好地定义曲面。通常构造脊线是通过某个平行方向的流动来引导的，在脊线的每个点处构造的平面为截面平面，它垂直于该点处脊线的切线。一般由于引导线的不均匀参数化而导致扫掠体形状不理想时才使用脊线。

4. 指定截面位置

截面位置指截面线在扫掠过程中相对引导线的位置，这将影响扫掠曲面的起始位置。在"截面选项"选项区域的"截面位置"下拉列表中有"沿引导线任何位置"和"引导线末端"两个选项。选择"沿引导线任何位置"选项，截面线的位置对扫掠的轨迹不产生影响，即扫掠过程中只根据引导线的轨迹来生成扫掠曲面，如图 4-3-17 所示；选择"引导线末端"选项，在扫掠过程中，扫掠曲面从引导线的末端开始，即引导线的末端是扫掠曲面的起始端。

5. 设置对齐方式

对齐方式指截面线串上连续点的分布规律和截面线串的对齐方式。当指定截面线串后，系统将在截面线串上产生一些连接点，然后把这些连接点按照一定的方式对齐。在"截面选项"选项区域的"对齐"下拉列表中，选择"参数"选项，系统将在用户指定的截面线串上等参数分布连接点。等参数的原则是：如果截面线串是直线，则等距离分布连接点；如果截面线串是曲线，则等弧长在曲线上分布点。"参数"对齐方式是系统默认的对齐方式。选择"弧长"选项，系统将在用户指定的截面线串上等弧长分布连接点。设置对齐方式效果如图 4-3-17 所示。

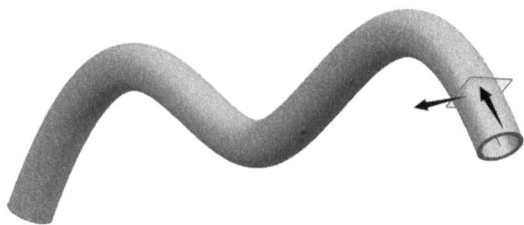

图 4-3-17　设置对齐方式效果

技能点拨

1）曲线可以被直接拉伸成曲面，形成最简单的片体。

2）"直纹"命令是直接对两条线进行补面，注意补面后的曲率一般为 G0。

3）创建扫掠曲线时，需要选择几条引导线（上限是 3 条），选择曲线后要注意单击鼠标中键确认后，在主线串和引导线中间要双击鼠标中键确认。

4）曲面的阶次最好不要大于 3 次。因为高阶次曲面不仅光顺性差，还可能引起不可见的曲率波动，而且会造成数据转换的问题，导致后续操作速度变慢。

5）对于三边形或五边形的曲面要想办法转化为四边形的曲面来创建。不要采取把主要线收敛到一点的做法，把主要线收敛到一点必然会引起曲面的皱褶，不但曲面不光顺，而且往往还无法偏置。

6）对称产品在造型时，要"做过头、往回砍、中间做桥接"。也就是说，逆向造型时要做过对称平面，往回裁剪时要裁剪过对称平面，然后把设计好的部分以对称平面镜像，中间再以桥接曲面连接两边曲面。

工作任务 *4.4*

刹车卡死器的绘制及曲面建模

【核心内容】

用户通过刹车卡死器的绘制及曲面建模中相关理论知识和实践操作的学习，可以更加容易地掌握建模中"桥接""延伸曲面""缝合""N 边曲面"命令的使用方法。

【学习目标】

1. 理解本工作任务中各命令的含义。
2. 掌握"桥接"和"延伸曲面"命令的使用方法。
3. 掌握"缝合"和"N 边曲面"命令的使用方法。

任务分析

刹车卡死器的绘制效果图如图 4-4-1 所示。

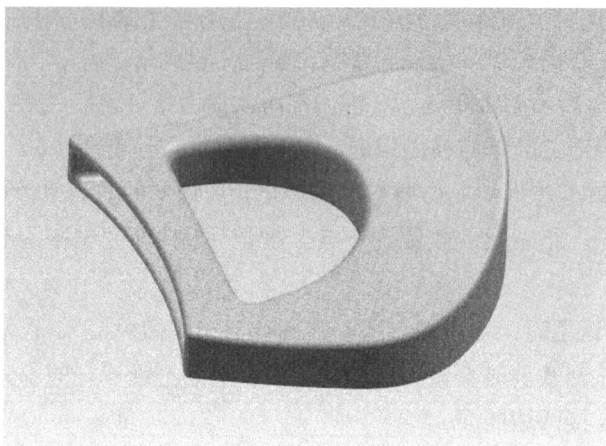

图 4-4-1　刹车卡死器的绘制效果图

　　"桥接"命令可创建两个合并面的片体，从而生成一个新的曲面；"延伸曲面"命令主要用来扩大曲面片体，用于在已经存在的片体上建立延伸片体；"缝合"命令是将多个片体修补，从而获得新的片体或实体特征，可以将具有公共边的多个片体缝合在一起，组成一个整体的片体；"N 边曲面"命令可以创建由一组端点相连、曲线封闭的曲面。

　　【技能点 1】　　桥接曲面　　　　　　　　　　【技能点 2】　　延伸曲面
　　【技能点 3】　　缝合曲面　　　　　　　　　　【技能点 4】　　N 边曲面
　　任务实施流程如下：
　　1）新建文件。
　　2）寻找基准面，如图 4-4-2 所示。

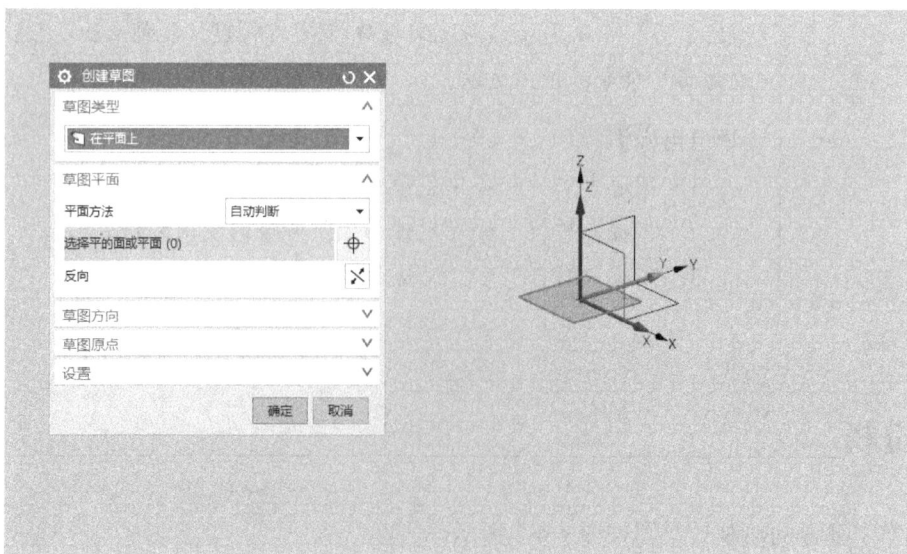

图 4-4-2　寻找基准面

3）任意寻找一个基准面（如 *XOY* 平面），这时系统会自动进入"轮廓线"命令，如图 4-4-3 所示。

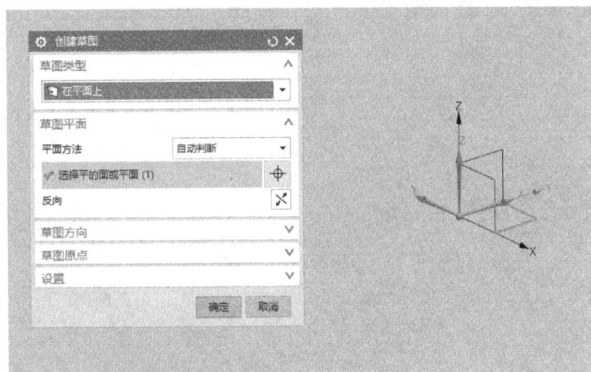

图 4-4-3　任意寻找一个基准面

4）按照产品要求尺寸画出大概形状，如图 4-4-4 所示。

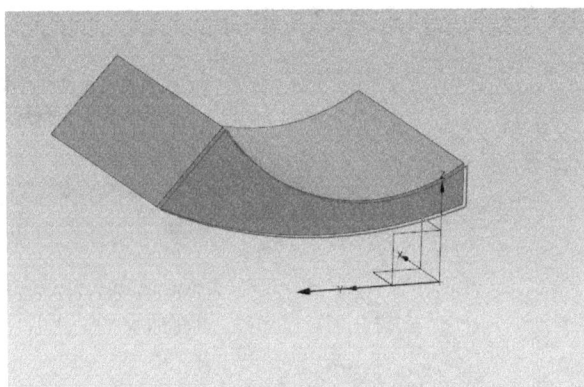

图 4-4-4　产品大概形状

5）根据具体的形状用"修剪体"命令进行具体的修剪，然后隐藏修剪的线条或修剪面，如图 4-4-5 所示。

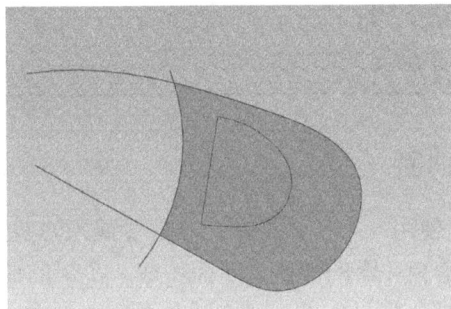

图 4-4-5　修剪形状

6）对面进行移除面再抽壳，注意壁薄的要求，如图 4-4-6 所示。

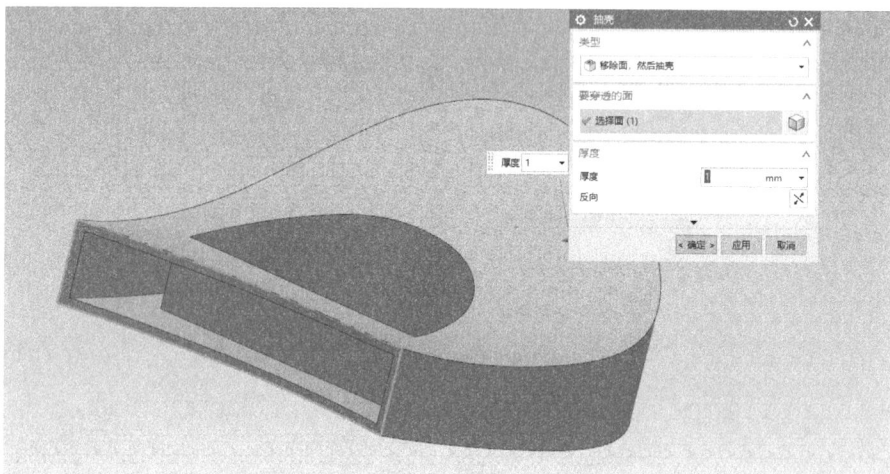

图 4-4-6　抽壳

7）对边角进行边倒圆处理，如图 4-4-7 所示。

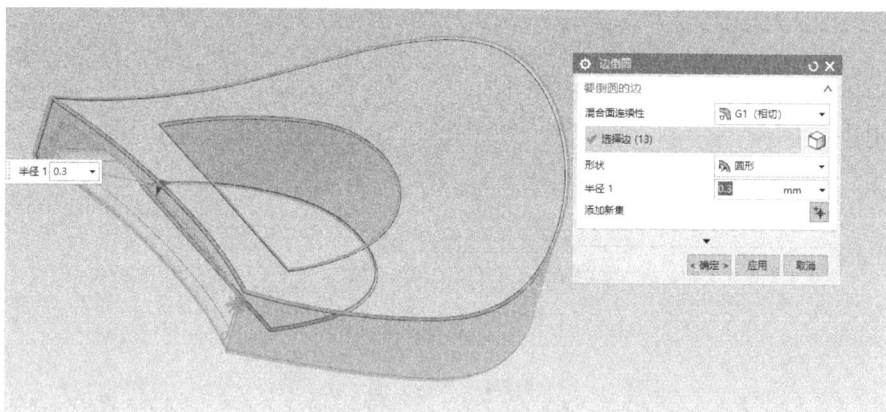

图 4-4-7　处理边角

实战演练

【技能点 1】　桥接曲面

使用"桥接"命令可以使用一个片体将两个修剪过或未修剪过的表面之间的空隙补足、连接，还可以用来创建两个合并面的片体，从而生成一个新的曲面。若要桥接两个片体，则这两个面都为主面；若要合并两个面，则这两个面分别为主面和侧面。在"曲面"选项卡上右击，在弹出的快捷菜单中单击"桥接"按钮，打开"桥接曲面"对话框。

创建桥接曲面时，先依次在绘图区选取两个边，然后设置连续方式并单击"确定"按钮，如图 4-4-8 所示。

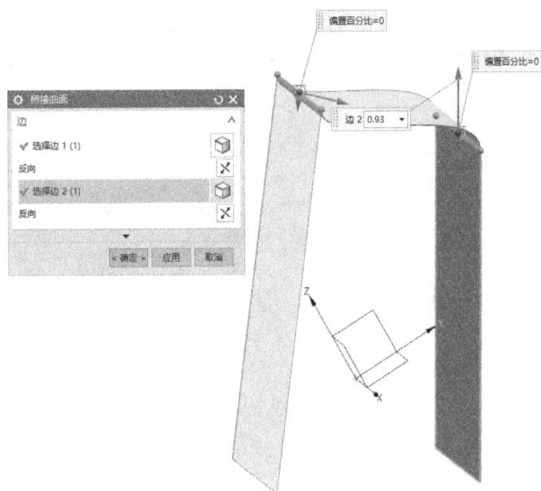

图 4-4-8　创建桥接曲面

注意： 连接时可以用箭头调节连接的具体情况，另外桥接曲面一般是相切面。

【技能点 2】 延伸曲面

"延伸曲面"命令主要用来扩大曲面片体，即在已经存在的片体上建立延伸片体。延伸通常采用近似方法建立，但是如果原始曲面是 B-曲面，则延伸结果可能与原曲面相同，也是 B-曲面。

在"曲面"选项卡的"曲面"功能组中单击"更多→弯边曲面→延伸曲面"按钮，或者选择"菜单→插入→弯边曲面→延伸"命令，打开"延伸曲面"对话框。在该对话框中选择延伸的类型，单击要延伸的曲面，再设置好相应的参数，单击"确定"按钮，即可延伸曲面。在"类型"选项区域的下拉列表中提供了两种延伸曲面的方法。选择"边"方法时，需要选择靠近边的待延伸曲面（系统自动判断要延伸的边），如图 4-4-9 所示。

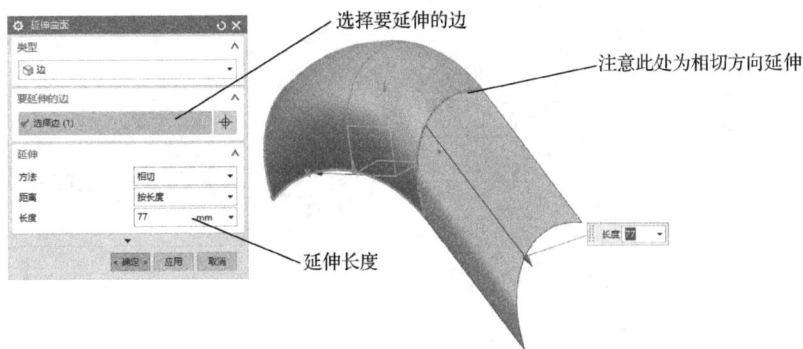

图 4-4-9　"延伸曲面"对话框

要延伸的边：选择要延伸的边线。选择方式是单击要延伸的面，靠近单击点的边线将作为要延伸的边。

"延伸"选项区域：设置延伸方法和延伸距离。"方法"决定了延伸的方向，选择"相切"，则延伸曲面与原曲面相切；选择"圆弧"，则延伸曲面延续原曲面的曲率变化，如图 4-4-10 所示。

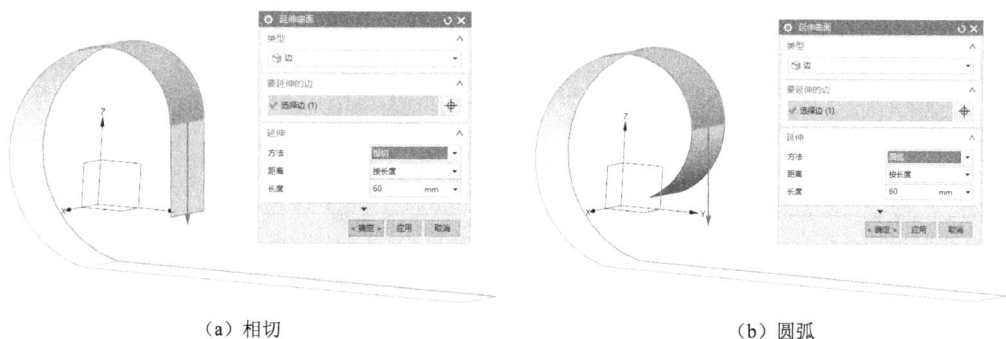

（a）相切　　　　　　　　　　　　　　　　（b）圆弧

图 4-4-10　相切和圆弧的区别

【技能点 3】　缝合曲面

"缝合"命令就是将多个片体修补，从而获得新的片体或实体特征。该命令将具有公共边的多个片体缝合在一起，组成一个整体的片体。封闭的片体经过缝合能够变成实体。选择"菜单→插入→组合→缝合"命令，打开"缝合"对话框，该对话框中提供了创建缝合特征的两种类型。其中，"片体"类型指将具有公共边或具有一定缝隙的两个片体缝合在一起组成一个整体的片体。当对具有一定缝隙的两个片体进行缝合时，两个片体间的最短距离必须小于缝合的公差值。选择"类型"选项区域的下拉列表中的"片体"选项，然后依次选择目标片体和工具片体进行缝合操作，如图 4-4-11 所示。

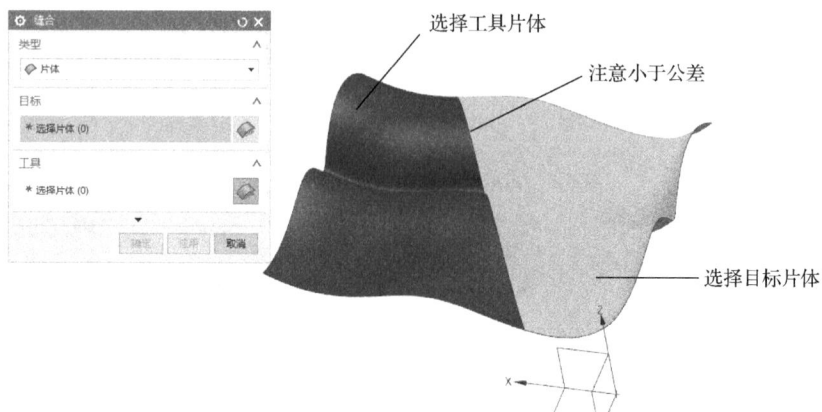

图 4-4-11　选择"片体"选项

【技能点4】　N边曲面

使用"N边曲面"命令可以创建由一组端点相连、曲线封闭的曲面。选择"菜单→插入→网格曲面→N边曲面"命令，打开"N边曲面"对话框，如图4-4-12所示。

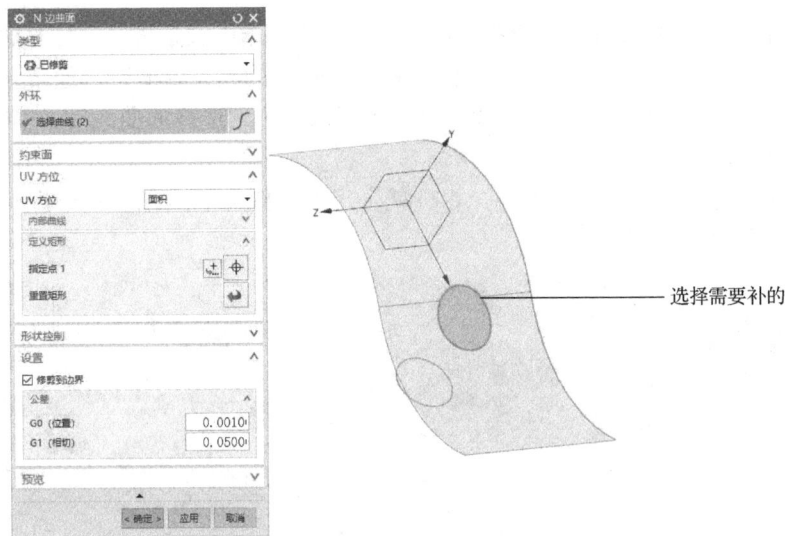

图 4-4-12　"N边曲面"对话框

"类型"选项区域：在"类型"选项区域的下拉列表中可选择"已修剪"和"三角形"两种曲面类型。当选择"已修剪"选项时，选择用来定义外部环的曲线组（串）不必闭合；而当选择"三角形"选项时，选择用来定义外部环的曲线组（串）必须封闭，否则系统会提示线串不封闭。

"约束面"选项区域：用于选择一个实体面或片体面作为N边曲面的约束面，且不能使用基准平面。

"形状控制"选项区域：如图4-4-13所示，用于调整N边曲面的形状，分为"中心控制"和"约束"两个选项区域。在"中心控制"选项区域中选择控制类型，"位置"选项用于调整中心点的位置，拖动滑块即可调整 *X*、*Y*、*Z* 坐标；"倾斜"选项用于调整曲面的倾斜度。"约束"选项区域用于设置N边曲面的流向和连续性级别，只有在"约束面"选项区域中选择了约束面，才可使用G1及更高的连续级别。

"设置"选项区域：如图4-4-13所示，用于设置曲面的合并选项及连续性公差。

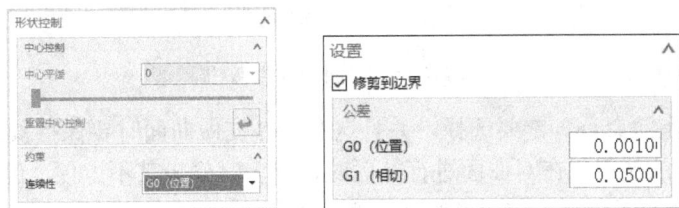

图 4-4-13　"形状控制"及"设置"选项区域

技能点拨

1) 曲面补面，一般采用三维曲线来进行构线，然后选中线条进行补面。通常补面的次数越多，面越光滑，过渡越好，但是这样面就越复杂，因此在补面时，通常采用"曲率"或"相切"的方式来进行面的光滑过渡，以达到要求。确定选择的曲线后，单击鼠标中键，每确定一次点一次。

在选择线段时，一定要注意方向，否则就会形成如图4-4-14所示的情况，调整箭头方向即可调整曲面的形成方向。

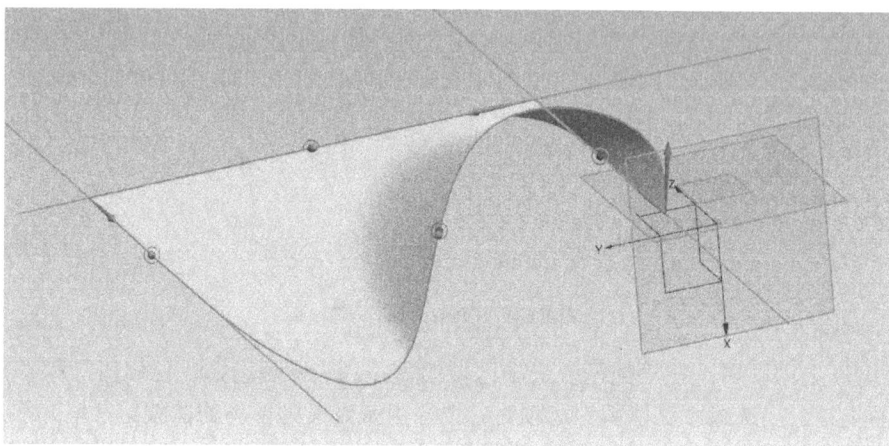

图4-4-14　选择线段方向

如图4-4-15所示为"封闭面"按钮，在处理时，注意一定是完全的封闭面，否则难以形成面。

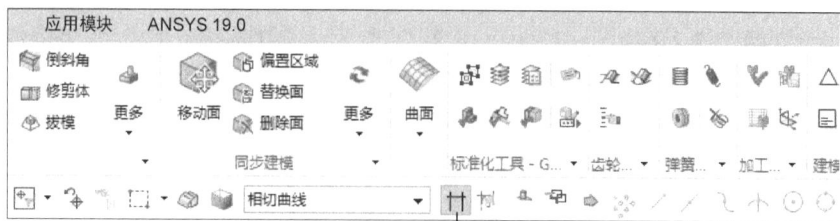

图4-4-15　"封闭面"按钮

在截面处停止的命令一定要选择，并且这个命令在做曲面时要保持被选中状态。

2) N边曲面的使用。在对曲面进行补面时，很多时候极其不方便，但是使用"N边曲面"命令就可以直接补好面，然后经过拉伸变成实体，达到快速补面的效果。但是一定要注意补面后的曲率是不一样的，所以补面在更多时候用于平面而不是曲面，如图4-4-16所示。

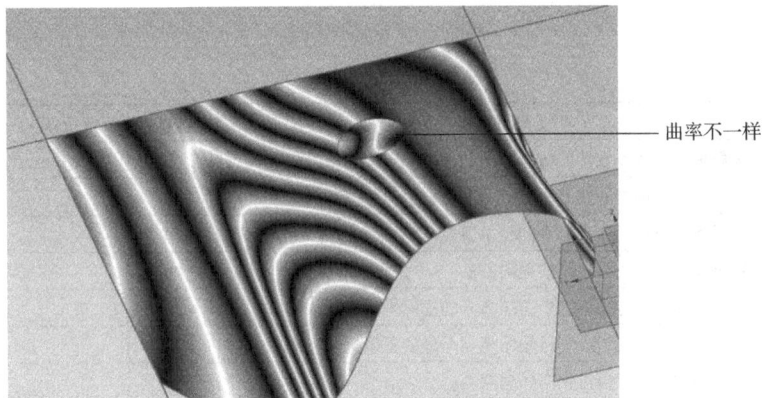

曲率不一样

图 4-4-16　N 边曲面的使用

3）通过"抽取曲线"命令可使用一个或多个现有体的边和面（如直线、圆弧、二次曲线和样条）来创建几何体，现有体不发生变化。大多数抽取曲线是非关联的，但也可选择创建关联的阴影轮廓曲线。

4）"投影曲线"是很常用的一个命令，通常把曲线投影到曲面上，因为曲面上的点不容易计算，而在 UG NX 软件中有一个"组合投影"命令，可以将不容易绘制的空间曲线通过投影的方式与其他形状的曲线结合。

5）面尽可能做大，要覆盖圆角面。切忌把面做小，导致倒圆角的时候面不够大，进而把面扩大后再去倒圆角。应该把两个面都做大，让面与面之间能够相交，再去倒圆角。

6）相交曲面之间都要以圆角过渡。因为在产品设计中不允许有尖角，有尖角的产品往往在尖角处会产生应力集中，影响产品的强度，同时还会出现凹痕或气泡，影响产品的外观质量。以圆角过渡，不仅避免了应力集中，提高了强度，而且增加了产品的美感，有利于塑料在充模时的流动。此外，有了圆角，模具在淬火或使用时不会因为应力集中而开裂。

7）倒圆角时要遵循"先大后小、先断后连"的原则。也就是说，半径大的圆角先倒，然后倒半径比较小的圆角；断开的相交曲面的圆角先倒，然后与相邻曲面倒圆角。

项目考核评价

项目考核评价以自我评价和小组评价相结合的方式进行，指导教师根据项目考核评价和学生学习成果进行综合评价。

1）根据任务完成情况，检查任务完成质量。

2）归纳总结程序和操作技术要点，并能提出改进建议。

3）能虚心接受指导，同时善于思考，能够举一反三。

曲面造型考核评价表

班级：　　　　　　第（　）小组　　　　　姓名：　　　　　　时间：

评价模块	评价内容	分值	自我评价	小组评价
理论知识	1. 理解曲面建模及设计的概念和一般步骤	10		
	2. 掌握建模环境中的关键术语	10		
	3. 掌握建模环境中各项命令的技术要点	10		
操作技能	1. 熟练掌握各种类型曲线的创建方法	20		
	2. 熟练掌握曲面建模环境中各项命令的正确操作过程	20		
	3. 熟练掌握三维模型绘制过程中多项命令的正确操作过程	20		
职业素养	1. 以人为本，具有精益生产的理念	5		
	2. 团队合作，具有数据安全的职业素养	5		

综合评价：

导师或师傅签字：

直击工考

一、单选题

1. 下列各命令中，可以选择"点"的是（　　　）。

　　A. 交点　　　　　　B. 偏置曲线　　　C. 相交曲线　　　D. 投影曲线

2. 下列功能中可以将闭合的片体转化为实体的是（　　　）。

　　A. 补片体　　　　　B. 修剪体　　　　C. 缝合　　　　　D. 布尔运算——求和

3. 下列关于有界平面的说法中，不正确的是（　　　）。

　　A. 要创建一个有界平面，必须建立边界

　　B. 所选线串必须形成一个封闭的形状

　　C. 边界线串只能由单个对象组成

　　D. 每个对象可以是曲线、实体边缘或实体

4. 下列关于"偏置曲线"命令的说法中，正确的是（　　　）。

　　A. 偏置值只能为正　　　　　　　B. 方向可以去反方向

　　C. 偏置对象只能是实体　　　　　D. 偏置对象只能是片体

5. 草图平面不能是（　　　）。

　　A. 实体　　　　　　　　　　　　B. 任一平面

  C．坐标基准   D．曲面

 6．只能通过两条截线串生成片体的最便捷的命令是（   ）。

  A．直纹   B．通过曲线组

  C．通过曲线网格   D．扫掠

 7．下图是利用"片体加厚"命令将一个片体变成实体的，箭头方向为法向方向，以下各组偏置值中正确的是（   ）。

  A．0 5   B．5 10   C．0 −5   D．−5 −20

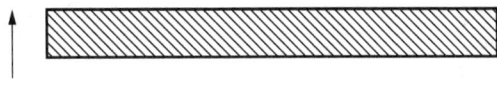

 8．下列选项中可以使下图中曲线变成片体的命令是（   ）。

  A．拉伸   B．扫掠   C．旋转   D．变化

 9．在 NX 的曲面造型中，已知有纵横两组曲线，每一组内部曲线大致平行，纵横两组曲线大致正交，可用扫描或（   ）生成曲面。

  A．通过曲线   B．直纹

  C．通过曲线网格   D．样条曲线

 10．如果想在两个曲面之间建立圆整而光滑的过渡面，又要定义相切曲线线串，那么可以使用（   ）自由形状特征来创建。

  A．面内曲线   B．桥接曲线   C．复制   D．组合

二、判断题

 1．草图必须在基准平面上绘制，因此在建立草图之前必须先建立好基准平面。

                          （   ）

 2．"通过曲线网格"命令所选的主截线串和交叉线串必相交。   （   ）

 3．可以使用任意多个曲面创建偏置曲面特征，而且可以指定任意多个偏置距离。

                          （   ）

 4．使用修剪片体时，修剪的边界必是在片体上的曲线。   （   ）

 5．"N 边曲面"命令只有已修剪和三角形两种类型。   （   ）

三、简答题

 1．什么是片体？

 2．什么是曲面？

四、实践操作

1. 创建如下图所示的模型。

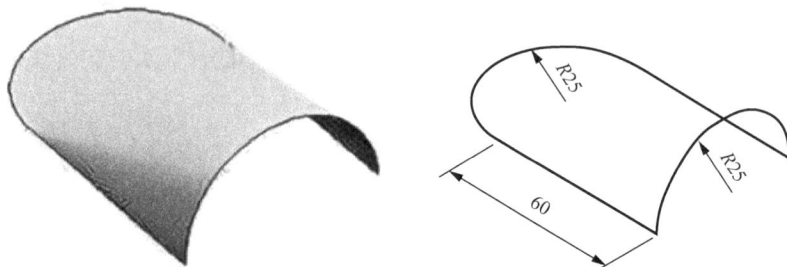

2. 创建如下图所示的模型。

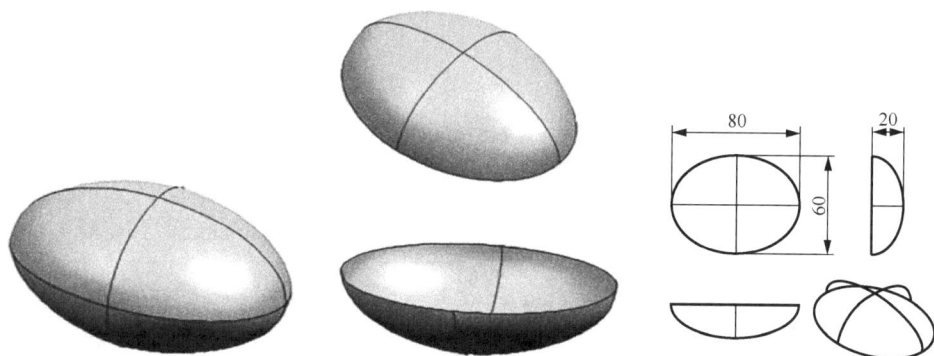

3. 创建如下图所示的模型（其他参数自行设计）。

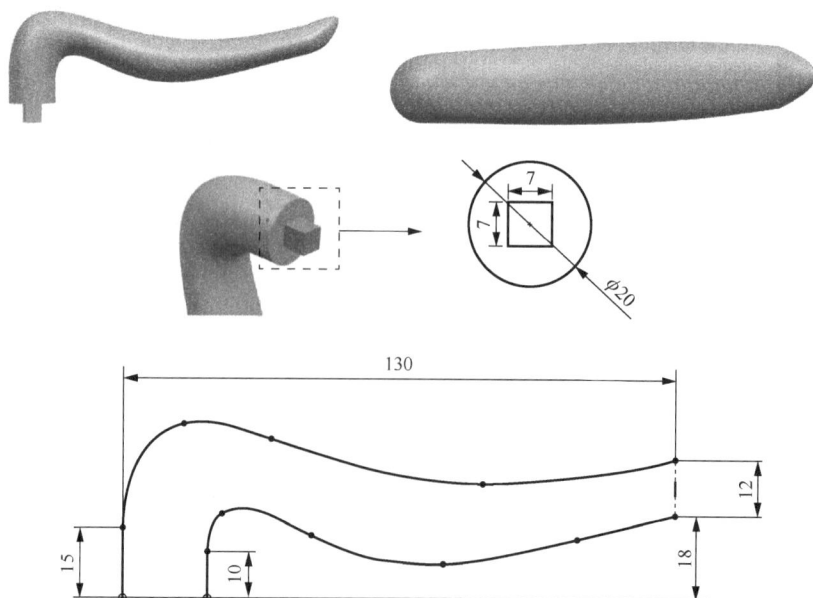

大国工匠

言传身教，以心"铸心"——洪家光

在车工岗位上工作 20 多年来，洪家光始终秉持着"国家利益至上"的价值观，以实干践行初心，在生产一线创新进取、勇攀高峰。航空发动机被誉为现代工业"皇冠上的明珠"，其性能、使用寿命和安全性在很大程度上取决于叶片的精度，他潜心研究叶片磨削加工的各个环节，自主研发出叶片磨削专用的高精度金刚石滚轮工具制造技术，经生产单位应用后，叶片加工质量和合格率得到了提升，促进了航空发动机自主研制的技术进步。凭借该项技术，他荣获 2017 年度国家科学技术进步二等奖。在工作岗位上，他先后完成了 200 多项技术革新，解决了 300 多个生产难题，以精益求精的工匠精神为飞机打造出了强劲的"中国心"。

如今，以他名字命名的"洪家光劳模创新工作室"和"洪家光技能大师工作站"承担起了"传帮带、提技能"的职责。他还积极参加企业组织的各类活动和社会实践，展现出"航发人"为"动力强军，科技报国"而奋斗的使命。

工匠精神是点亮自己，洪家光说，要扎根岗位，秉承献身航发事业的担当与责任。未来，他将继续以精湛的技艺打造国之重器，为科研生产砥砺前行。

5 项目

装 配 设 计

UG NX 装配过程是在装配过程中建立组件与组件之间的连接关系,以确定组件在产品中的位置。UG NX 装配设计是在装配模块中进行的,装配模块不仅能快速组合组件成为产品,而且在装配过程中,可参照其他组件进行组件关联设计,并可对装配模型进行分析、管理等操作。装配模型生成后,可建立爆炸图,并可将其引入装配工程图中。

【学习目标】

1. 理解装配设计基本概念。
2. 掌握任务履带小车刹车盘中相关命令(如添加部件、组件约束、装配阵列等)的使用方法。
3. 掌握任务小车整体爆炸图中相关命令(如新建爆炸图、编辑爆炸图、动画导出等)的使用方法。

【素养目标】

1. 培养整体意识和全局意识,能够举一反三解决实际问题。
2. 强化勤于思考、善于总结、勇于探索的科学精神。

工作任务 *5.1*

初步了解装配

视频：装配过程

【核心内容】

　　UG 装配过程采用虚拟装配的方式进行装配建模，并不是由实践几何体复制到装配中，这样有助于解决零部件从设计到生产所出现的技术问题，以达到缩短产品开发周期、降低生产成本及优化产品性能等目的。

【学习目标】

　　1. 理解装配的基本概念。

　　2. 掌握装配导航器的基本用法。

任务分析

　　CAD/CAM 软件包括多组件装配和虚拟装配两种装配模式，其中虚拟装配更适用。装配导航器可以清楚地表示出装配中各个组件的装配关系，而且能让用户在必要时快速地选取和操纵各组件。例如，使用者可以相对不同的操作在装配导航器中选择相应的组件，可以完成一些装配管理功能，如改变工作组件、改变显示组件和隐藏组件等。

　　【技能点 1】　理解装配的概念　　　　　　　【技能点 2】　装配导航器的基本用法

实战演练

【技能点 1】　理解装配的概念

　　一个产品（组件）往往是由多个部件组合（装配）而成的，装配模块用来建立部件间的相对位置关系，从而形成复杂的装配体。部件间位置关系的确定主要是通过添加约束来实现的。

一般的 CAD/CAM 软件包括两种装配模式：多组件装配和虚拟装配。多组件装配是一种简单的装配，其原理是将每个组件的信息复制到装配体中，然后将每个组件放到对应的位置。虚拟装配是建立各组件的链接，装配体与组件是一种引用关系。

相对于多组件装配，虚拟装配有如下明显优点：

1）虚拟装配中的装配体是引用的各组件的信息，而不是复制其本身，因此改动组件时，相应的装配体也自动更新；这样当对组件进行变动时，就不需要对与之相关的装配体进行修改，同时也避免了修改过程中可能出现的错误，提高了效率。

2）在虚拟装配中，各组件通过链接应用到装配体中，比复制节省了存储空间。

3）控制部件可以通过引用集的引用，下层部件不需要在装配体中显示，简化了组件的引用，提高了显示速度。

【技能点 2】 装配导航器的基本用法

为了便于用户管理装配组件，UG NX 12.0 提供了装配导航器功能。装配导航器在一个单独的对话框中以图形的方式显示部件的装配结构，并提供了在装配中操控组件的快捷方法。可以使用装配导航器选择组件进行各种操作，以及执行装配管理功能，如改变工作组件、改变显示组件、隐藏和不隐藏组件等。

装配导航器将装配结构显示为对象的树形图，每个组件都显示为装配树结构中的一个节点。

打开方式：通过路径 D:\dbugnx12.1\work\ch04.03\representative.prt 打开文件，单击用户界面资源条中的"装配导航器"按钮，打开"装配导航器"面板。在装配导航器的第一栏可以方便地查看和编辑装配体与各组件的信息。

技能点拨

1）装配中更多的时候需要注意装配树的呈现，这样可以保证装配的完整性，在需要隐藏装配原件的时候直接在装配树上单击即可。

2）也可以对几个小件进行装配，然后装配成几个小机械结构，几个小机械最后装配成一个大的机械，这样需要注意保存的名字的方便性。

3）在装配过程中注意"父子关系"，这样可以极大地节约时间。

4）在"装配导航器"面板中单击"相关性"按钮，可展开或折叠菜单。选择装配导航器中的组件，可以在"相关性"面板中查看该组件的相关性关系。

5）在"相关性"面板中，每个装配组件下都有两个文件夹：子级和父级。以选中组件为基础组件，定位其他组件时所建立的约束和接触对象属于子级；以其他组件为基础组件，定位选中的组件时所建立的约束和接触对象属于父级。单击"局部放大图"按钮，系统详细列出了其中所有的约束条件和接触对象。

6）装配约束用于在装配中定位组件，可以指定一个部件相对于装配体中另一个部件（或特征）的放置方式和位置。例如，可以指定一个螺栓的圆柱面与一个螺母的内圆柱面同轴。UG NX 12.0 中装配约束的类型包括固定、接触对齐、同轴、距离和中心等。每个组件都有唯一的装配约束，这个装配约束由一个或多个约束组成。

每个约束都会限制组件在装配体中的一个或几个自由度，从而确定组件的位置。用户可以在添加组件的过程中添加装配约束，也可以在添加完成后添加约束。如果组件的自由度被全部限制，则被称为完全约束；如果组件的自由度没有被全部限制，则被称为欠约束。

7）已加载到系统中的组件，预览面板也会显示该组件的预览。

工作任务 5.2

履带小车刹车盘

【核心内容】

用户通过履带小车刹车盘中相关理论知识和实践操作的学习，可以更加容易地掌握装配设计中添加部件及"装配约束""阵列组件"等命令的使用方法。

【学习目标】

1. 理解本工作任务中各命令的含义。
2. 掌握添加部件及"WAVE 几何链接器"命令的使用方法。
3. 掌握"装配约束""阵列组件""镜像装配"命令的使用方法。

任务分析

添加部件是装配过程中必要的步骤，WAVE 是一种能实现相关组件关联建模的技术；装配约束也称部件约束，该命令可以指定一个部件相对于装配体中另一个部件（或特征）的放置方式和位置；"阵列组件"命令可将一个组件复制到指定的列中；"镜像装配"命令可创建整个装配或选定组件的镜像版本。

【技能点 1】 添加部件 　　　　　　　　【技能点 2】 WAVE 几何链接器的应用
【技能点 3】 装配约束 　　　　　　　　【技能点 4】 阵列组件
【技能点 5】 镜像装配

实战演练

【技能点 1】 添加部件

添加部件的步骤如下：

1）运行 UG NX，在运行之后的界面中单击"新建"按钮，在打开的"新建"对话框中的"模型"选项卡中单击"装配"模板，然后单击"确定"按钮装配模块，如图 5-2-1 所示。

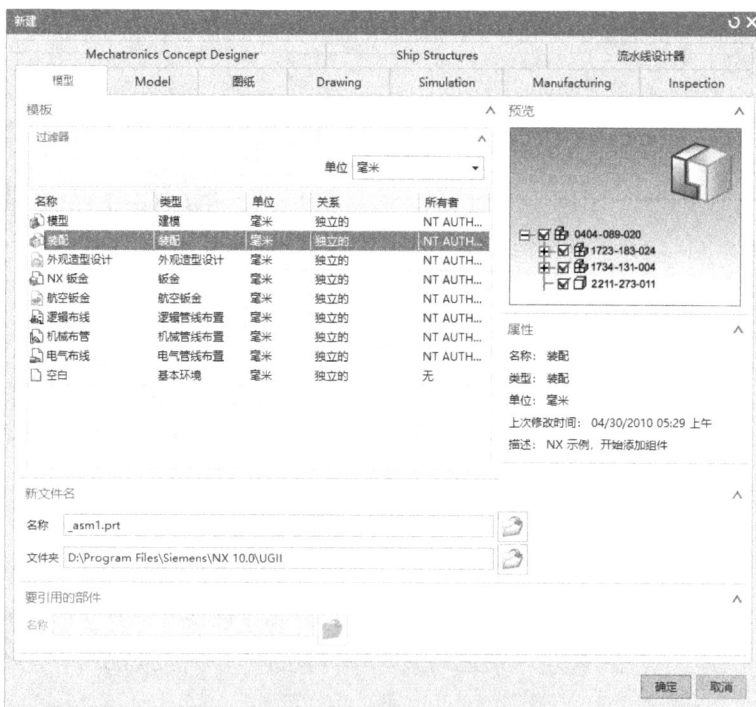

图 5-2-1 "新建"对话框

2）在打开的"添加组件"对话框中单击"打开"右侧的按钮，打开"部件名"对话框。在"部件名"对话框中，可以打开相应的建模图形，如图 5-2-2 所示。第一个添加的模型最好通过在"添加组件"对话框的"放置"选项区域中的"定位"下拉列表中选择"绝对原点"选项进行放置。重复放置即下次还要添加相同的模型，可以对此进行设置。

选择需要打开的文件

图 5-2-2 "添加组件"对话框与"部件名"对话框

3）单击"刹车盘"部件文件，对话框右侧呈现圆盘建模的预览形式，在"添加组件"对话框的"已加载的部件"选项区域中出现圆盘的英文名字，如图 5-2-3 所示。若取消选中"部件名"对话框右侧区域的"预览"复选框，将不出现图形预览。选中部件文件后，单击"OK"按钮，返回"添加组件"对话框。在该对话框中，单击"确定"按钮即可将圆盘模型放置在装配模块中。

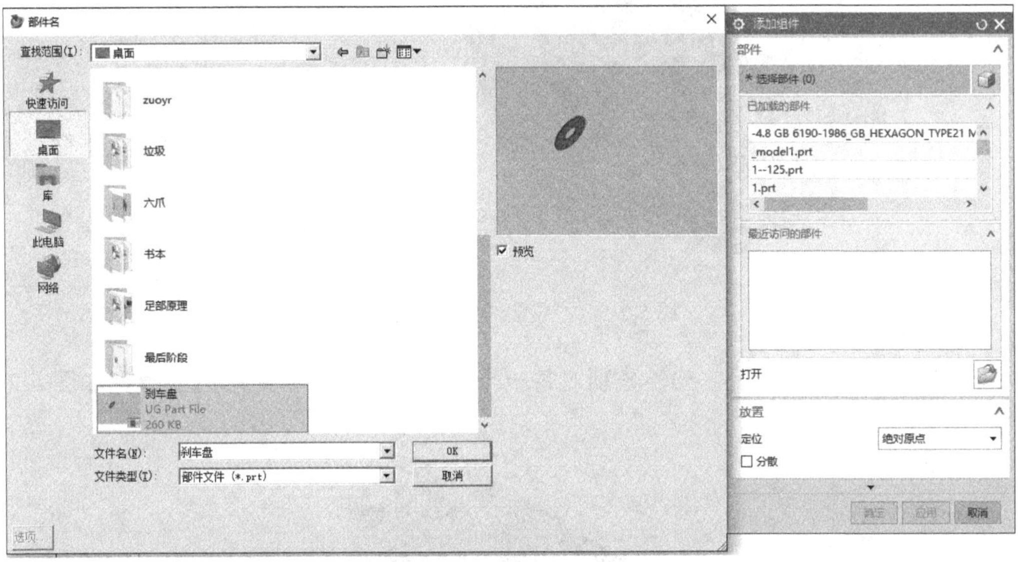

图 5-2-3 单击"刹车盘"部件文件

4）同步骤 3）的操作添加"固定架"部件文件，不同的是，这里的放置定位需要选择"约束"方式，如图 5-2-4 所示。

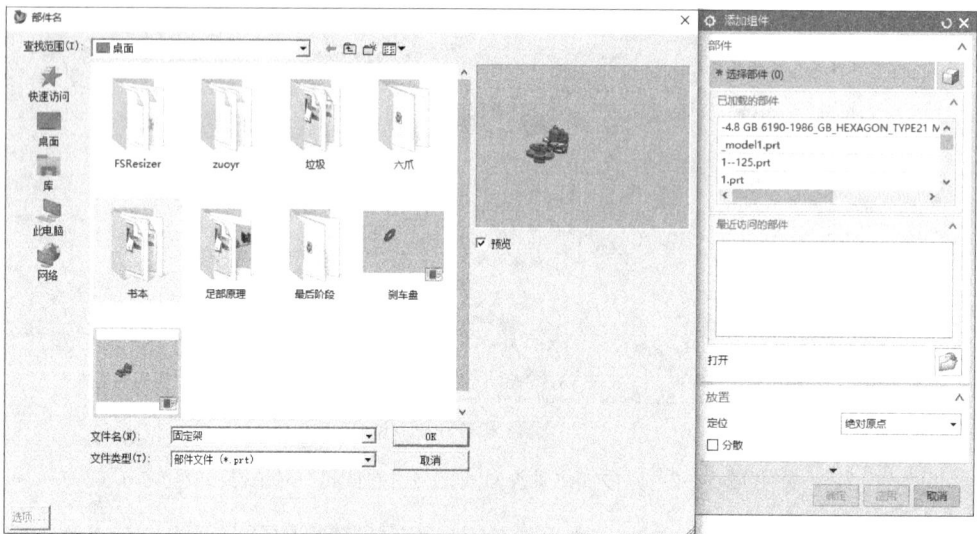

图 5-2-4　添加"固定架"部件文件

5）选择不同的约束方式来对位置进行约束，"装配约束"对话框如图 5-2-5 所示。

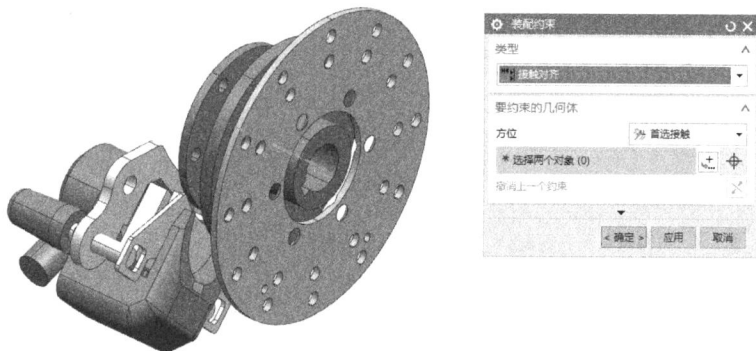

图 5-2-5　"装配约束"对话框 1

6）重复步骤 4）和步骤 5），分别对每一个部件进行约束，约束后的模型如图 5-2-6 所示。

图 5-2-6　约束后的模型

装配的首要工作是将现有的组件导入装配环境，之后才能对组件进行约束，从而完成整个部件装配。UG NX 提供多种添加组件和放置组件的方式，并对装配体所需的相同组件采用多重添加方式，避免烦琐的添加操作。要添加组件，可选择"装配→组件→添加"命令，打开"添加组件"对话框，如图 5-2-7 所示。在该对话框的"部件"选项区域中，可通过 4 种方式指定现有组件：第一种是单击"选择部件"按钮，直接在绘图区选取组件执行装配操作；第二种是在"已加载的部件"列表框中选择组件名称执行装配操作；第三种是在"最近访问的部件"列表框中选择组件名称执行装配操作；第四种是单击"打开"右侧的按钮，然后在打开的"部件名"对话框中指定路径选择部件。

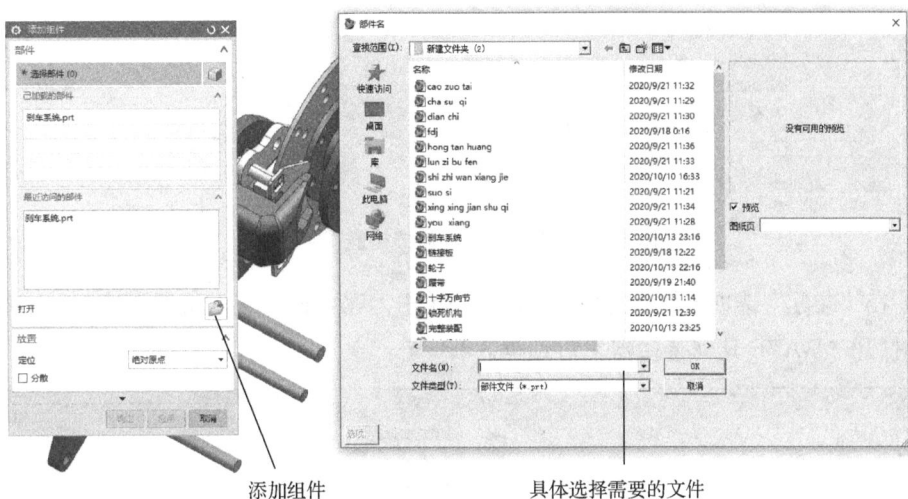

图 5-2-7 "添加组件"对话框

【技能点 2】 WAVE 几何链接器的应用

在 UG NX 中，WAVE 几何链接器的应用广泛，WAVE 是一种能实现相关部件间关联建模的技术，因而可以基于另一个部件的几何体参数或位置去设计一个部件。WAVE 提供了解、管理和控制这些关系和触发部件间更新的手段。

WAVE 技术可用于：创建镜像体，以用于左右手零件；控制部件间的更新；查询、编辑、冻结、断开部件间的链接等。通过 WAVE，可关联地将几何体从一个部件复制到另一个部件，并使所有参数在新位置可用。"WAVE 几何链接器"对话框如图 5-2-8 所示，其应用步骤如下：

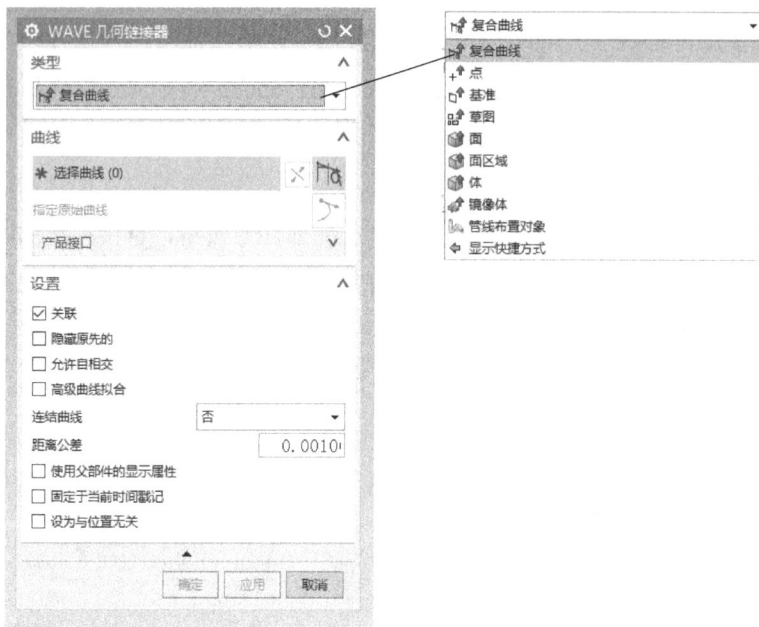

图 5-2-8 "WAVE 几何链接器"对话框

1）在"装配"选项卡的"常规"功能组中单击"WAVE 几何链接器"按钮，如图 5-2-9 所示，打开"WAVE 几何链接器"对话框。

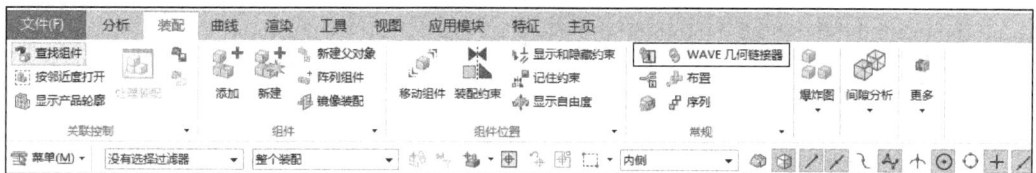

图 5-2-9 单击"WAVE 几何链接器"按钮

2）建立装配模型，如图 5-2-10 所示。

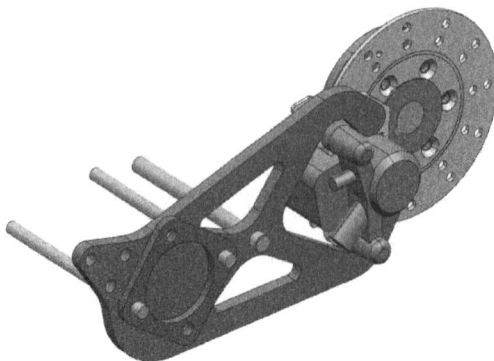

图 5-2-10 建立装配模型

3）在打开的"WAVE 几何链接器"对话框的"类型"下拉列表中选择对象，可看出有多种可链接对象可以选择，如图 5-2-11 所示。

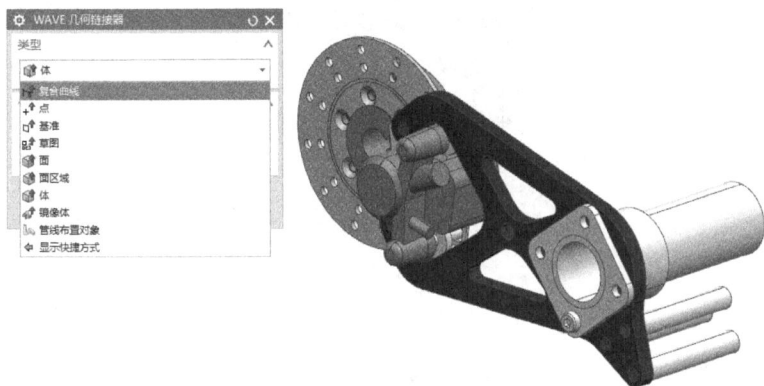

图 5-2-11　"类型"下拉列表

4）这里选择的对象为"体"，然后选择需要链接的部件。需要在"WAVE 几何链接器"对话框的"设置"选项区域中选中"关联"复选框，选中后则与父对象保持关联。单击"确定"按钮，生成的链接体可在部件导航器中查看，如图 5-2-12 所示。

在部件导航器中就出现了模型——

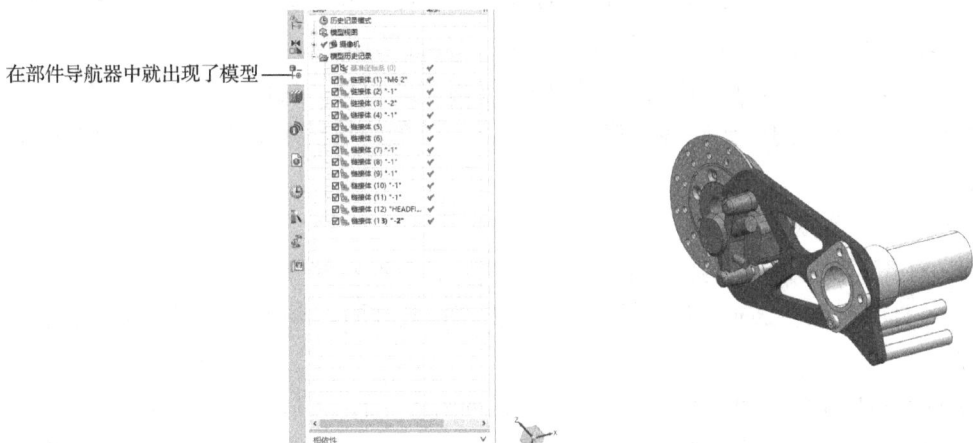

图 5-2-12　部件导航器

【技能点 3】　装配约束

装配约束用于在装配中定位组件，可以指定一个部件相对于装配体中另一个部件（或特征）的放置方式和位置。例如，可以指定一个螺栓的圆柱面与一个螺母的内圆柱面同轴。在 UG NX 12.0 中，装配约束的类型有固定、接触对齐、同轴、距离和中心等。每个组件都有唯一的装配约束，这个装配约束由一个或多个约束组成。每个约束都会限制组件在装配体中的一个或几个自由度，从而确定组件的位置。用户可以在添加组件的过程中添加装配约束，也可以在添加完成后添加约束。如果组件的自由度被全部限制，则称为完全约束；

如果组件的自由度没有被全部限制，则称为欠约束。"装配约束"对话框如图 5-2-13 所示，在该对话框中可选择多种约束类型。

图 5-2-13　"装配约束"对话框 2

▶▮：该约束用于两个组件，使彼此接触或对齐。当选择该选项后，"要约束的几何体"选项区域的"方位"下拉列表中出现四个选项，具体介绍如下：

1）　首选接触：若选择该选项，则接触和对齐约束都可能时，显示接触约束（在大多数模型中，接触约束比对齐约束更常用）；当接触约束过度约束装配时，将显示对齐约束。

2）　接触：若选择该选项，则约束对象的曲面法向在相反方向上。

3）　对齐：若选择该选项，则约束对象的曲面法向在相同方向上。

4）　自动判断中心/轴：该选项主要用于定义两圆柱面、两圆锥面或圆柱面与圆锥面同轴约束。

◎：该约束用于定义两个组件的圆形边界或椭圆边界的中心重合，并使边界的面共面。

▮▮：该约束用于指定两个接触对象间的最小 3D 距离。选择该选项并选定接触对象后，"距离"选项区域的"距离"文本框被激活，可以直接输入数值。

▽：该约束用于将组件固定在当前位置，一般用在第一个装配元件上。

∥：该约束用于使两个目标对象的矢量方向平行。

【技能点 4】　阵列组件

"阵列组件"命令的应用步骤如下：

1）在"装配"选项卡的"组件"功能组中，单击"阵列组件"按钮，如图 5-2-14 所示。

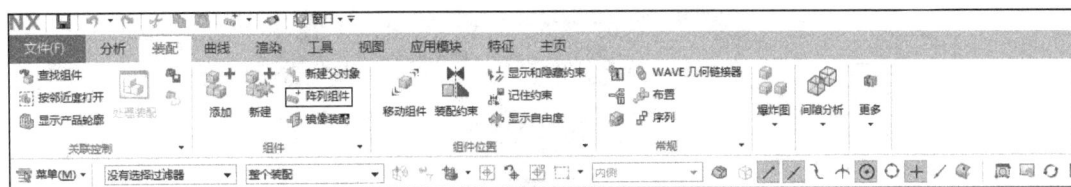

图 5-2-14　单击"阵列组件"按钮

2）打开"阵列组件"对话框，在"阵列定义"选项区域中选择阵列布局（以线性阵列为例），如图 5-2-15 所示。

图 5-2-15　选择阵列布局

① 选择参考线。
② 选择方向和距离。

【技能点 5】　镜像装配

"镜像装配"命令的应用步骤如下：

1）在"装配"选项卡的"组件"功能组中，单击"镜像装配"按钮，如图 5-2-16 所示。

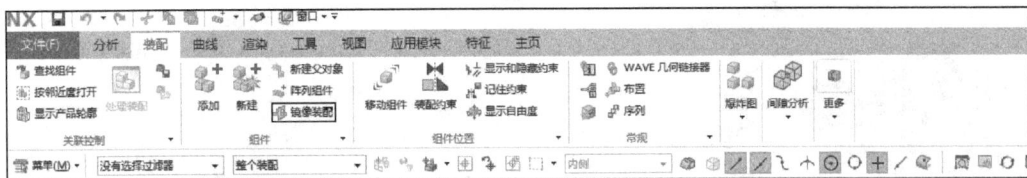

图 5-2-16　单击"镜像装配"按钮

2）打开"镜像装配向导"对话框，单击"下一步"按钮，如图 5-2-17 所示。

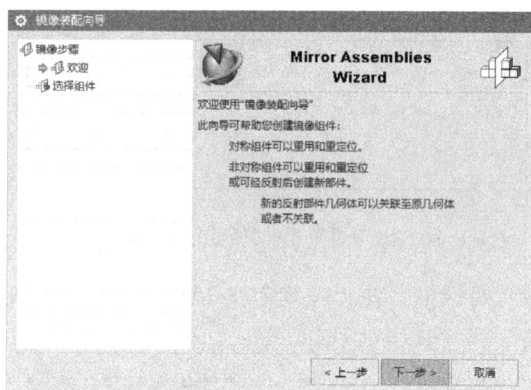

图 5-2-17   "镜像装配向导"对话框

3）在新的对话框中选择制动器、刹车盘、法兰三个实体，单击"下一步"按钮，如图 5-2-18 所示。

图 5-2-18   选择实体

4）在新的对话框中，单击"创建基准面"按钮，然后以组件的一个侧面作为基准面，如图 5-2-19 所示。

选择需要镜像的平面

图 5-2-19   创建基准面

5）打开"基准平面"对话框，在该对话框中，选择以侧面为基准面所建成新的基准面的距离，这里设置的是需要镜像的距离（注意镜像后是双倍距离），然后单击"确定"按钮，如图 5-2-20 所示。

图 5-2-20 "基准平面"对话框

6）单击两次"下一步"按钮之后就可以看到镜像组件的效果，如图 5-2-21 所示，最后单击"完成"按钮。

图 5-2-21 镜像组件效果

技能点拨

1）在做设计时，有些情况下会用到别的模型，或者导入数据库里面的数据模型，但是很多时候这些模型是需要修改的，或者只是需要其中的某部分，这个时候就可以用"WAVE 几何链接器"命令来进行部件的引用，改变其"父子关系"。

2）约束并不是随意添加的，各个约束之间有一定的制约关系。如果后加的约束与先加的约束产生了矛盾，那么将不能添加成功。有时候约束之间并不矛盾，但是由于添加的顺序不同可能导致不同解或无解。因此，一般情况下不使用部件约束，它通常在约束无法保证装配的准确性时起辅助作用。

3）"镜像装配"命令和"阵列组件"命令主要为减少装配过程，缩短时间。一定注意，计算机性能不好时尽量少用这两个命令。

4）部件的装配一般有两种基本方法：自底向上装配和自顶向下装配。如果首先设计好全部部件，然后将部件作为组件添加到装配体中，则称为自底向上装配；如果首先设计好装配体模型，然后在装配体中创建组件模型，最后生成部件模型，则称为自顶向下装配。UG NX 12.0 提供了自底向上和自顶向下两种装配方法，并且两种方法可以混合使用。自底向上装配是一种常用的装配方法，本书主要介绍自底向上装配。

5）部件的"线性"阵列是使用装配约束中的约束尺寸创建阵列，所以只有使用如"接触""对称""偏距"这样的约束类型时才可以创建部件的"线性"阵列。

工作任务 5.3

小车整体爆炸图

【核心内容】

用户通过小车整体爆炸图中相关理论知识和实践操作的学习，可以更加容易地掌握装配设计中动画导出及"新建爆炸图""编辑爆炸图"命令的使用方法。

【学习目标】

1. 理解本工作任务中各命令的含义。

2. 掌握动画导出操作方法及"新建爆炸图""编辑爆炸图"命令的使用方法。

任务分析

新建爆炸图主要是为了表达组件之间的装配关系，对装配效果没有影响，如果想要移动组件的效果，可以单击"编辑爆炸图"按钮，导出爆炸图的动画，可以更加直观地看出整体与组件及组件与组件之间的关系。

【技能点 1】 新建爆炸图　　　　　　　　【技能点 2】 编辑爆炸图

【技能点 3】 动画导出

实战演练

【技能点 1】 新建爆炸图

新建爆炸图的步骤如下：

1）打开想要制作爆炸图的图档，进入"装配"界面，单击"装配"选项卡中的"爆炸图"按钮（图 5-3-1），在打开的下拉列表中，单击"新建爆炸图"按钮，打开"新建爆炸图"对话框，开始创建爆炸图名称。

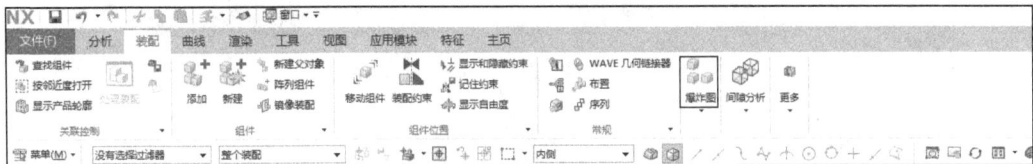

图 5-3-1 "爆炸图"按钮

注意： 装配件必须是已经拆分好零件组件的图档，这样才可以直接创建爆炸图，否则需要先拆分组件，再在"装配"选项卡的"组件"功能组中单击"新建"按钮，然后创建"具有父项子项关系"的组件。

2）在打开的"新建爆炸图"对话框中输入爆炸图名称，如图 5-3-2 所示。

图 5-3-2 输入爆炸图名称

3）在"爆炸图"下拉列表中，单击"编辑爆炸图"按钮，打开"编辑爆炸图"对话框，如图 5-3-3 所示。

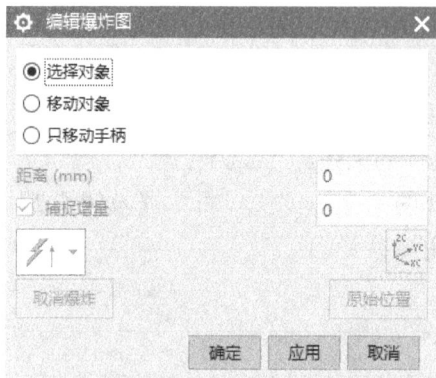

图 5-3-3　"编辑爆炸图"对话框 1

4）在"编辑爆炸图"对话框中，选中"选择对象"单选按钮，然后在图中将爆炸图的各个组件移动到相应的位置，如图 5-3-4 所示。

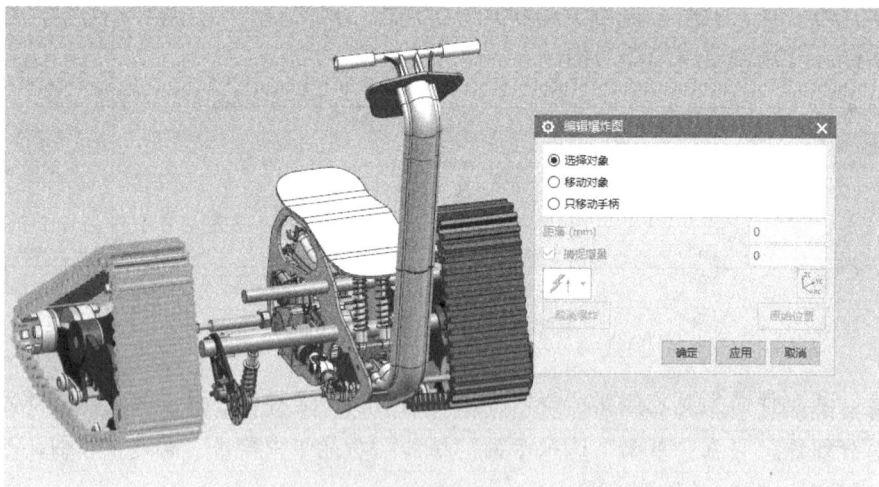

图 5-3-4　移动组件至相应位置

另一种新建爆炸图的方法如下：

1）打开模型。

2）右击模型，在弹出的快捷菜单中选择"爆炸图"命令，弹出"爆炸图"工具条，如图 5-3-5 所示。

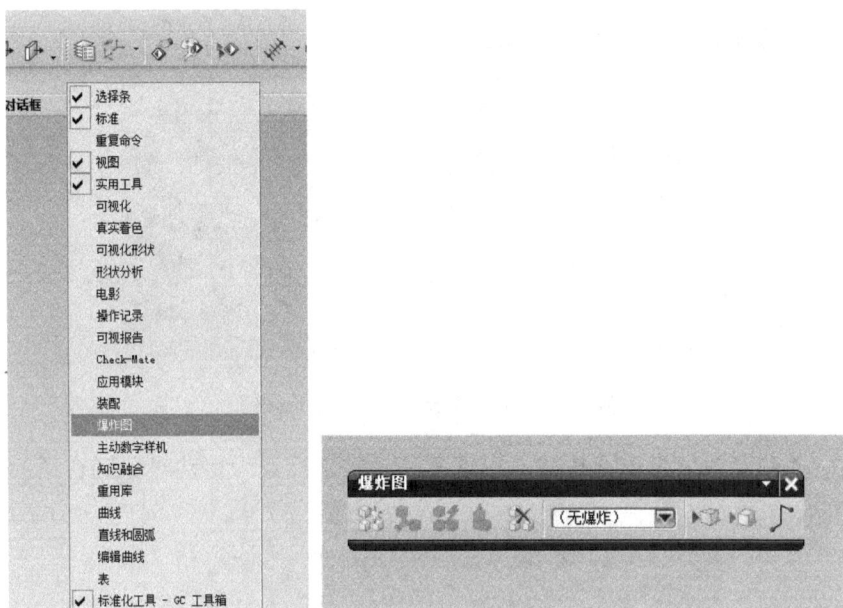

图 5-3-5 "爆炸图"工具条

3）单击"新建爆炸图"按钮，打开"新建爆炸图"对话框，如图 5-3-6 所示。

图 5-3-6 "新建爆炸图"对话框

【技能点 2】 编辑爆炸图

编辑爆炸图的步骤如下：

1）单击"编辑爆炸图"按钮，打开"编辑爆炸图"对话框，如图 5-3-7 所示。

图 5-3-7 "编辑爆炸图"对话框 2

2）选中"选择对象"单选按钮，选择一个对象。

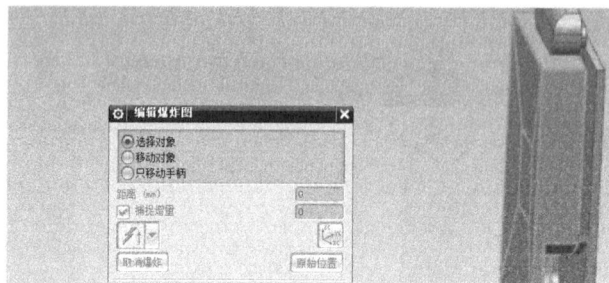

图 5-3-8　选中"选择对象"单选按钮

3）选中"移动对象"单选按钮，出现可移动的坐标系，移动对象到合适的位置，如图 5-3-9 所示。

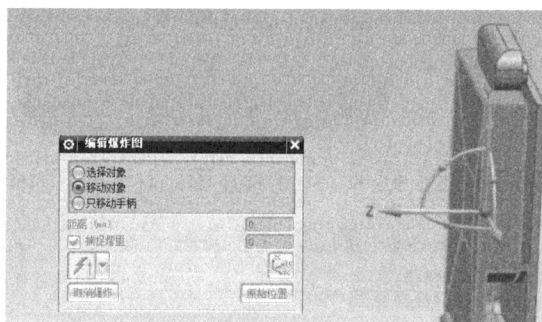

（a）

（b）

图 5-3-9　移动对象

【技能点 3】　动画导出

动画导出的步骤如下：

1）在"装配"选项卡"常规"功能组中单击"序列"按钮（图 5-3-10），即可进入装配序列录制模式。

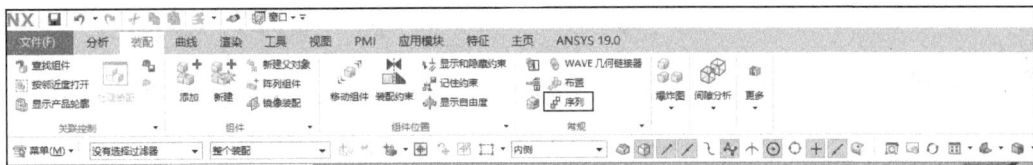

图 5-3-10　"序列"按钮

2）在"主页"选项卡的"装配序列"选项组中单击"新建"按钮（图 5-3-11），即生成相应序列号的标题。在"主页"选项卡的"序列步骤"功能组中单击"插入运动"按钮（图 5-3-11），然后将图像拆开，就开始录像。

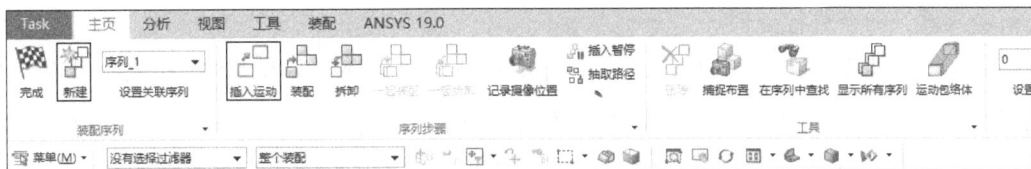

图 5-3-11　"新建"按钮和"插入运动"按钮

3）首先选中需要移动的部件，然后移动对象开始录像，如图 5-3-12 所示。

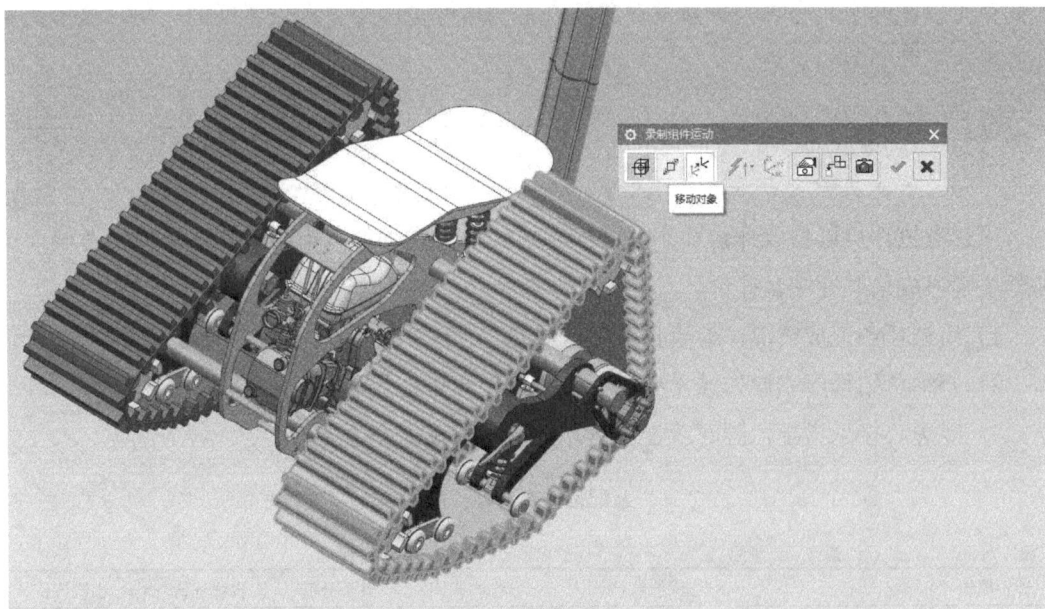

图 5-3-12　录像

4）完成后导出动画即可。

技能点拨

1）使用 UG NX 进行装配时，为了后期的仿真和分析甚至做动画，一般不用"约束"命令，而是采用"移动"命令，它在加工和其他方面没有其他影响。

2）使用 UG NX 进行装配后，图形便有了"父子"关系，意思是若是单独对零件进行装配或修改模型，那么会直接对整体产生影响。

3）使用 UG NX 进行装配时，若需要单独将零件拆分出来，那么就需要使用"WAVE 几何链接器"命令进行处理。

4）中心约束：用于将相配组件中的一个对象定位到基础组件中的两个对象的对称中心上。对称约束用于将相配组件中的两个对象定位到基础组件中的一个对象上，并与其对称。接触约束用于将相配组件中的两个对象与基础组件中的两个对象呈对称布置。

5）相配组件是指需要添加约束进行定位的组件，基础组件是指位置固定的组件。

6）角度约束：用于在两个对象之间定义角度尺寸，约束相配组件到正确的方位上。角度约束可以在两个具有方向矢量的对象间产生，角度是两个方向矢量间的夹角。这种约束允许配对不同类型的对象。

项目考核评价

项目考核评价以自我评价和小组评价相结合的方式进行，指导教师根据项目考核评价和学生学习成果进行综合评价。

1）根据任务完成情况，检查任务完成质量。

2）归纳总结程序和操作技术要点，并能提出改进建议。

3）能虚心接受指导，同时善于思考，能够举一反三。

装配设计考核评价表

班级：　　　　第（　）小组　　　　姓名：　　　　时间：

评价模块	评价内容	分值	自我评价	小组评价
理论知识	1. 理解装配设计的概念和一般步骤	10		
	2. 掌握装配环境中的相关术语	10		
	3. 掌握装配环境中各项命令的技术要点	10		
操作技能	1. 熟练掌握装配约束中各项命令的操作	20		
	2. 熟练掌握装配环境中各项命令的正确操作过程	20		
	3. 熟练掌握装配过程中多项命令的正确操作过程	20		

续表

评价模块	评价内容	分值	自我评价	小组评价
职业素养	1. 以人为本，具有精益生产的理念	5		
	2. 团队合作，具有数据安全的职业素养	5		

综合评价：

导师或师傅签字：

直击工考

一、单选题

1. 组件在装配体中的放置状态有（   ）。

   A. 没有约束、分约束、完全约束三种

   B. 没有约束、完全约束两种

   C. 分约束、完全约束两种

   D. 完全约束一种

2. （   ）不是装配过程中组件阵列的方法。

   A. 线性   B. 特征阵列   C. 圆形   D. 球形

3. 在装配导航器中，（   ）可以隐藏一个零件。

   A. 取消选中零件   B. 在红色小框上双击

   C. 在组件名称上双击   D. 以上均可以

4. 下列关于装配的叙述中正确的是（   ）。

   A. 装配中将要装配的零件数据放在装配文件中

   B. 装配中只引入零件的位置信息和约束关系

   C. 装配中产生的爆炸图将去除零件的约束

   D. 装配中不能直接修改零件的几何拓扑形状

5. 在装配约束类型中，下列图标中代表"平行"约束的是（   ）。

   A. =   B. ⫽   C. ⫾⫾   D. ⇴

6. 下列选项中不属于装配约束类型的是（   ）。

   A. 接触对   B. 中心   C. 垂直   D. 共线

7. 一个装配部件被用于更高一级的装配，则此装配被称为（　　　）。

    A. 子装配　　　　　　　　　　B. 装配部件

    C. 主模型文件　　　　　　　　D. 组件对象

8. 下列图标中为"创建组件阵列"的是（　　　）。

    A.   B.   C.   D.

9. 下图用了哪种类型的装配约束？（　　）

    A. 相切　　　　　　　　　　　B. 垂直

    C. 距离　　　　　　　　　　　D. 平行

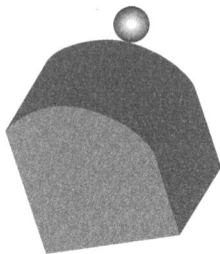

10. 如果要在装配中将一个零件平面与另一个零件贴合，则可以使用以下哪种类型的约束条件？（　　　）

    A. 接触　　　　　　　　　　　B. 对

    C. 中心（2 对 2）　　　　　　D. 中心（2 对 1）

二、判断题

1. 镜像装配既可以创建组件的对称版本，也可以创建组件的引用实例。　　　（　　）

2. 在装配中，组件的几何体是被装配引用，而不是被复制到装配中。　　　（　　）

3. 在装配导航器上也可以查看组件之间的定位约束关系。　　　　　　　　（　　）

4. 装配排列只能对装配或子装配建立排列，不能对单个组件建立排列。　　（　　）

5. 在装配过程中，可以对其中任何组件进行设计和编辑，但不可以创建新的组件。

                                                            （　　）

三、简答题

WAVE 几何链接器可以复制哪些类型的几何体？

四、实践操作

参照下图建立组件模型，并安装到位。图片说明：$A=183$，$B=50$，$C=150$，$D=59°$，$E=28$。

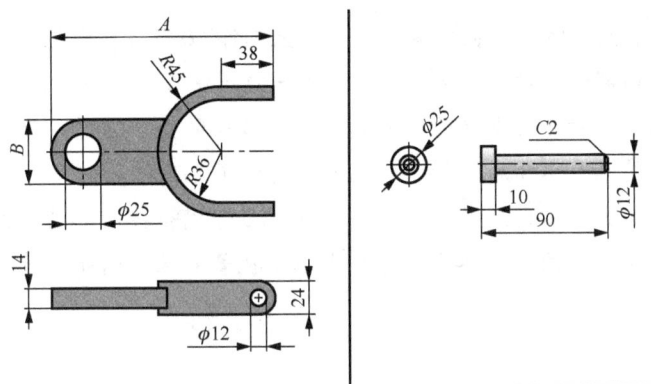

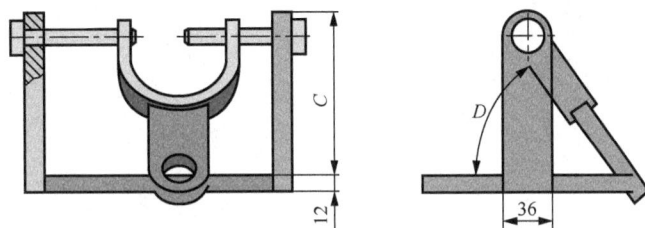

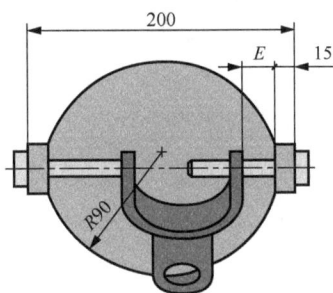

一把焊枪铸匠心——艾爱国

2021 年 6 月，湖南华菱湘潭钢铁有限公司（以下简称湘钢）焊接顾问艾爱国荣获"七一勋章"，作为工匠精神的杰出代表，艾爱国精益求精、追求卓越、勇于自主创新，成了有一身绝技的焊接行业领军人。"湘钢艾爱国焊接实验室"于 2009 年通过了计量资质 CMA 认证；2013 年被湖南省总工会命名为"湖南劳模示范创新工作室"；2014 年被中华全国总工会命名为"全国示范性劳模创新工作室"；2018 年批准成为"焊接工艺技术湖南省重点实验室"。艾爱国带领他的团队参与了"贯流式"新型高炉紫铜风口焊接等国内多项"大国重器"与"超级工程"项目，为我国冶金、矿山、机械、电力、军工等行业攻克各种焊接技术难关数百项。"一把焊枪，征战四方"，这抹夺目焊光也一道燎亮了中国制造的崛起之路。

艾爱国坦言，他之所以能在焊接工作岗位上工作 50 多年，得益于湘钢对人才的尊重和个人成长通道的科学设计。这些年湘钢的一线产业工人流失率几乎为零，"我们招聘进来的年轻人除了看中公司福利，更看重个人成长的上升通道，毕竟通过自身努力评上了高级技工技师，退休后的待遇会比一般退休工人高很多"。

艾爱国荣膺"大国工匠"称号，必将掀起学习劳模精神、劳动精神、工匠精神，争当工匠人才的热潮。用先进典型引导广大职工执着专注、精益求精、传承创新、追求卓越。

项目 6

工程图设计

工程图是设计部门提供给生产部门，用于生产制造和检验零部件的重要技术文件。工程图包括基本视图、辅助视图，用于表达结构形状的尺寸——长、宽、高、直径等，结构大小的技术要求——几何公差、表面粗糙度、热处理要求等，其中的标题栏还明确了零部件名称、材料、比例、设计人员等信息。工程图与三维模型之间具有完全相关性，三维模型的任何改变都会自动反映在工程图上。

【学习目标】

1. 理解工程图设计基本概念。
2. 掌握创建锁死机构的三视图中相关命令（如进入制图环境、图纸的创建、基本视图等）的使用方法。
3. 掌握创建电池的视图中相关命令（如剖视图、局部剖视图、局部放大图等）的使用方法。
4. 掌握创建电池辅助修改工程图中相关命令（如尺寸标注、编辑背景、修改线段颜色等）的使用方法。

【素养目标】

1. 强化专注、细致、严谨、负责的工作态度。
2. 强化吃苦耐劳、专注执着的工匠精神，提升职业素养和信息素养。

工作任务 **6.1**

创建锁死机构的三视图

视频：基本视图创建

【核心内容】

用户通过创建锁死机构的三视图中相关理论知识和实践操作的学习，可以更加容易地掌握工程图设计中进入制图环境、图纸创建的方法，以及基本视图、投影视图等命令的使用方法。

【学习目标】

1. 理解本工作任务中各命令的含义。
2. 掌握进入制图环境、创建图纸的方法。
3. 掌握基本视图、投影视图命令的使用方法。

任务分析

在"应用模块"选项卡中单击"制图"按钮或按 Ctrl+Shift+D 组合键进入制图环境；图纸的创建在进入制图环境后单击"新建图纸页"按钮即可；"基本视图"命令是在图纸页上创建基于模型的视图，分别有前视图、俯视图、左视图、右视图、仰视图、后视图等；"投影视图"命令在完成一个基本视图时才能被激活，并以基本视图为中心投影出其他视图。

【技能点 1】 进入制图环境 　　　　　【技能点 2】 图纸的创建

【技能点 3】 掌握基本视图 　　　　　【技能点 4】 掌握投影视图

实战演练

【技能点 1】 进入制图环境

工程图就是零件的二维图纸，是辅助三维图形的存在，进一步标注零件规格，是表达设计要求的重要途径，并且可以将工件三维模型按照比例投影出三视图、正等轴测图等。其中，工程二维图与模型三维图是有关联的，通过在三维模型中对工件尺寸等进行修改，可以在制图环境中同步更新二维设计图。在实际机械加工时，施工人员需要通过工件的图纸才能够加工出零件，并且工程图纸上标注有详细的工艺顺序和工艺基准，最重要的还是加工尺寸。

可通过以下两种方法进入制图环境。

1）使用 UG NX 打开锁死机构三维文件，在"应用模块"选项卡中单击"制图"按钮 🖋 进入制图环境，如图 6-1-1 所示。

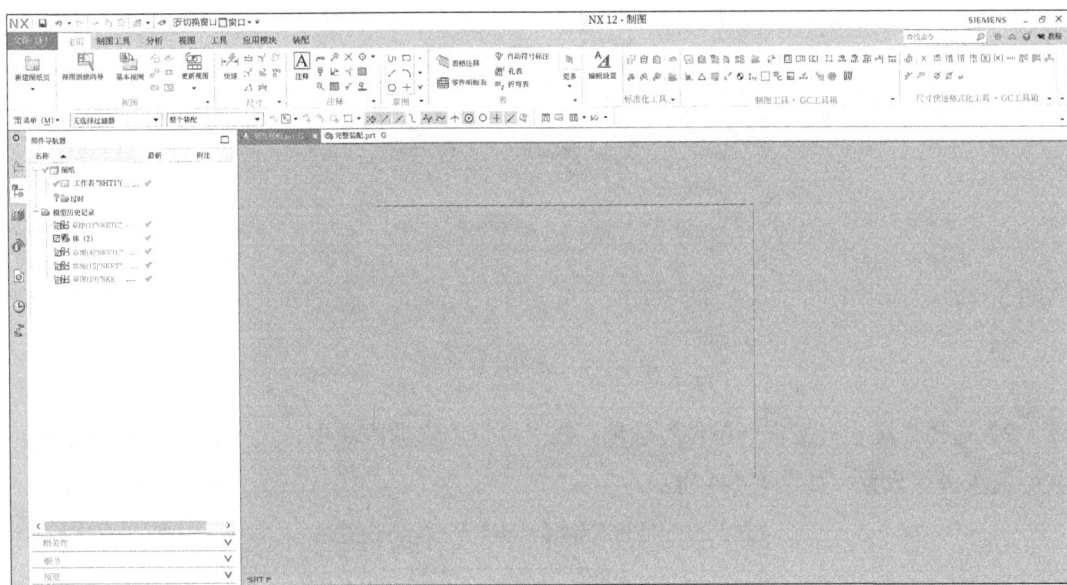

图 6-1-1　进入制图环境

2）按 Ctrl+Shift+D 组合键进入制图环境。

选择制图标准是很多用户会忽视的一个步骤，导致出图与国家标准（GB）不同，或者制图过程很麻烦，走不少弯路。选择制图标准的方法：选择"菜单→工具→制图标准"命令，打开"加载制图标准"对话框，如图 6-1-2 所示。在"要加载的标准"选项区域的"标准"下拉列表中选择"GB"选项，然后单击"确定"按钮，进入 GB 的制图模式，插入图纸页后就会看出区别。

图 6-1-2　"加载制图标准"对话框

注意：选择的制图标准只能在制图环境下进行使用。

开始创建制图时利用"制图首选项"对话框进行用户常用设置。

1）选择"视图→工作流程"选项，在"边界"选项区域中，选中"显示"复选框，可设置边界颜色等，如图 6-1-3 所示。

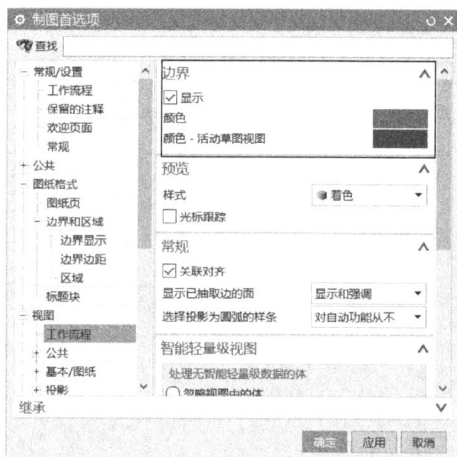

图 6-1-3　制图边界设置

2）选择"尺寸→文本→单位"选项，在"单位"选项区域中，尺寸小数位数等可根据实际需求进行设置，如图 6-1-4 所示。

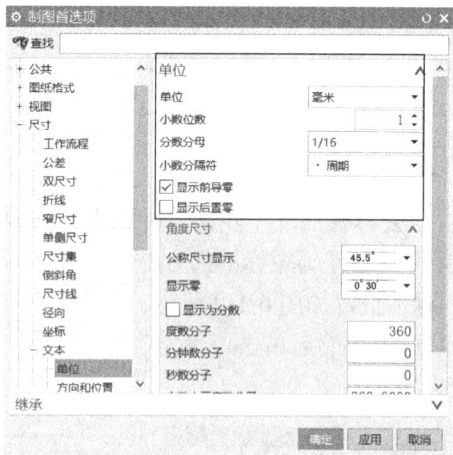

图 6-1-4　尺寸小数位数设置

3）选择"尺寸→倒斜角"选项，在"倒斜角格式"选项区域中设置间距为 1.0000，部分用户喜欢使用 5×45° 的标注方法；在"指引线格式"选项区域中指引线样式可选择与倒斜角平行，文本对齐方式可选择短划线上方，如图 6-1-5 所示。

图 6-1-5　倒斜角标注设置

4）选择"尺寸→窄尺寸"选项，在"格式"选项区域中将"文本偏置"设置为 5.00000，如图 6-1-6 所示。

图 6-1-6　窄尺寸设置

5）选择"公共→直线/箭头→箭头"选项，在右侧选项区域可对箭头类型进行设置，如图 6-1-7 所示。

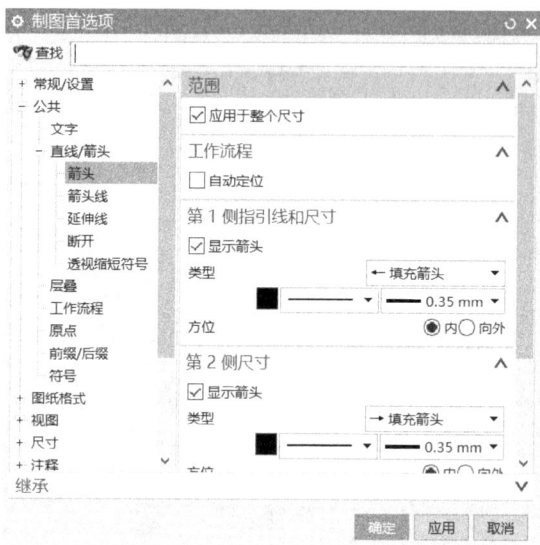

图 6-1-7　标注箭头设置

6）选择"公共→文字"选项，在右侧选项区域可对标注文字的文字格式、颜色等进行设置，如图 6-1-8 所示。

图 6-1-8　标注文字设置

7）选择"视图→截面线"选项，在右侧选项区域进行剖切线格式、类型等的设置，如图 6-1-9 所示。

8）选择"注释→剖面线/区域填充"选项，在右侧选项区域进行剖面线图样、区域填充图样等的设置，如图 6-1-10 所示。

图 6-1-9　截面线设置

图 6-1-10　剖面线/区域填充设置

9）选择"尺寸→公差"选项，在右侧选项区域设置公差上限、下限等，如图 6-1-11 所示。

10）UG 工程图的设置基本完成，单击"制图首选项"对话框中的"确定"按钮，以保存设置的内容。

图 6-1-11　公差标注填充设置

【技能点 2】　图纸的创建

在打开锁死机构三维文件并进入制图环境后，在"主页"选项卡中单击"新建图纸页"按钮，打开"工作表"对话框，如图 6-1-12 所示。在该对话框的"大小"选项区域中，可选择的类型有"使用模板""标准尺寸""定制尺寸"。以下以"使用模板"且选择"A4-无视图"为例进行介绍。单击"工作表"对话框中的"应用"按钮，即可完成对图纸页的设置与创建；单击"确定"按钮，即可打开"视图创建向导"对话框。

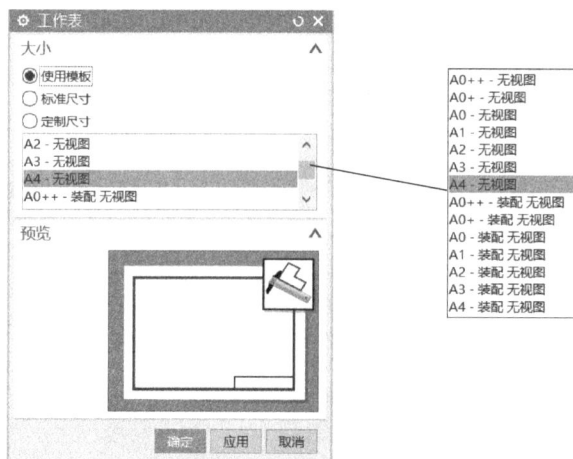

图 6-1-12　"工作表"对话框

　　若打开的为需要创建工程图的三维文件，则系统自动选择该文件部件，按顺序"部件→选项→方向→布局"进行，每完成一步单击"下一步"按钮，最后完成创建。创建视图的步骤如下：

　　1）选择工程图的部件，如图 6-1-13 所示。选择"部件"选项，在右侧列表框中可选择部件。选择完成后，单击"下一步"按钮。

图 6-1-13　选择工程图的部件

　　2）设置视图显示选项，如图 6-1-14 所示。在右侧选项区域中可对视图进行自动比例缩放和手动调节，也可在"预览样式"右侧的下拉列表中调节显示视图状态。然后单击"下一步"按钮。

图 6-1-14　设置视图显示选项

　　3）指定父视图的方位，如图 6-1-15 所示。在右侧列表框中可选择显示模型视图的那个方位的视图，可选择显示俯视图、前视图等，这里选择"正等测图"选项。然后单击"下一步"按钮。

　　4）选择要投影的视图，如图 6-1-16 所示。在右侧选项区域中可设置模型视图在创建的图纸页上的显示布局。在该步骤中选择系统提供的布局位置，并在"放置"选项区域中选中"关联对齐"复选框。然后单击"完成"按钮。

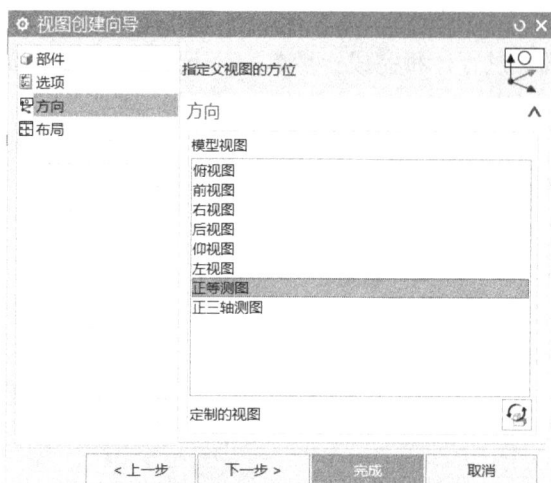

图 6-1-15　指定父视图的方位

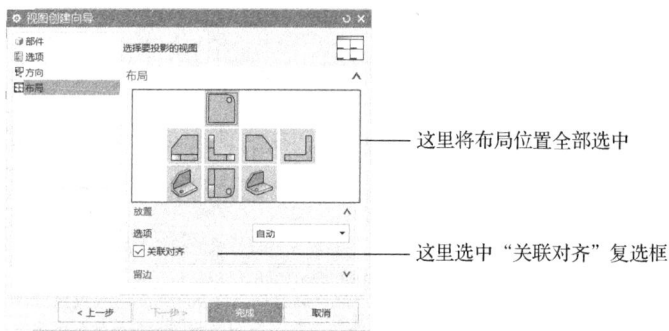

图 6-1-16　选择要投影的视图

　　5）依步骤设置完成后，系统将自动在所创建的制图图纸页虚线框内进行正等测图的全部布局排布，视图创建效果如图 6-1-17 所示。

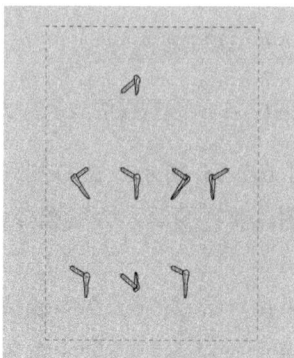

图 6-1-17　视图创建效果

【技能点 3】　掌握基本视图

"基本视图"命令用于在图纸页上创建基于模型的视图。在三投影面体系中，得到了前视图、俯视图、左视图三个视图。如果在三投影面的基础上再加三个投影面，即在原来三个投影面的对面再增加三个面，这样就构成了一个空间六面体。将物体再从右向左投影，得到右视图；从下向上投影，得到仰视图；从后向前投影，得到后视图，再加上原来的三视图，就可以得到前视图、俯视图、左视图、右视图、仰视图、后视图。这六个视图称为基本视图。选择"菜单→插入→视图→基本"命令或在"主页"选项卡的"视图"功能组中单击"基本视图"按钮 ，打开"基本视图"对话框，如图 6-1-18 所示。在该对话框的"模型视图"选项区域中选择要添加的模型视图，然后根据比例显示在创建的图纸页中，这里以创建模型俯视图为例，以 1∶1 的比例创建视图。

图 6-1-18　"基本视图"对话框

然后，通过移动鼠标在创建的图纸页进行位置的选择，在选择好位置后单击进行确认，即锁死模型的俯视图，如图 6-1-19 所示，随即系统自动进入"投影视图"功能。在创建的俯视图中进行鼠标移动操作时，系统将自动关联出其他视图的等比例视图，如图 6-1-20 所示。用户可自行选择，通过单击确定，最后单击"关闭"按钮，关闭"投影视图"对话框。"基本视图"效果如图 6-1-21 所示。需要注意的是，不能将视图移至图纸页外。

图 6-1-19　创建模型俯视图

关联辅助线，当需要修改视图比例时，可双击视图外围的线框

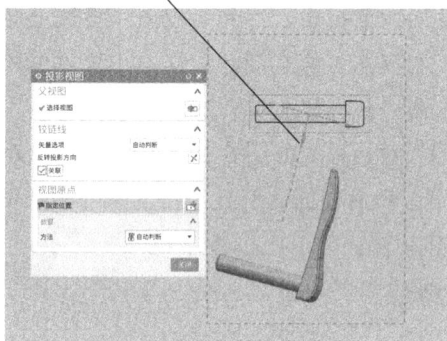

图 6-1-20　在俯视图周围移动鼠标

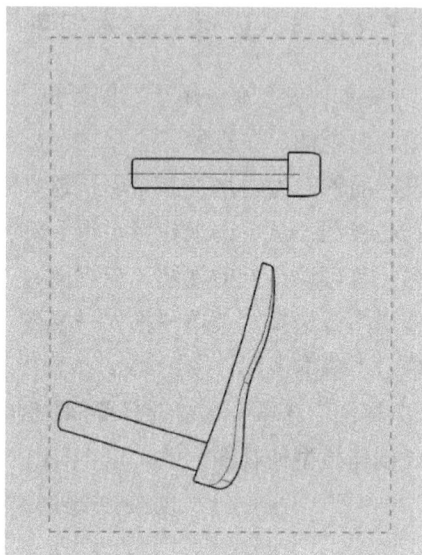

图 6-1-21　"基本视图"效果

【技能点 4】 掌握投影视图

"投影视图"命令用于从任何父图纸视图创建投影正交或辅助视图，也就是在绘图工作区选择一个视图作为基本视图，并以基本视图为中心投影出其他视图。"投影视图"命令在完成一个基本视图时才能被激活。可选择"菜单→插入→视图→投影"命令或在"主页"选项卡的"视图"功能组中单击"投影视图"按钮 ⚙，打开"投影视图"对话框，如图 6-1-22 所示。通过在俯视图周围移动鼠标进行其他视图的投影，投影视图的比例为创建基本视图的比例。完成后单击"关闭"按钮，关闭"投影视图"对话框。

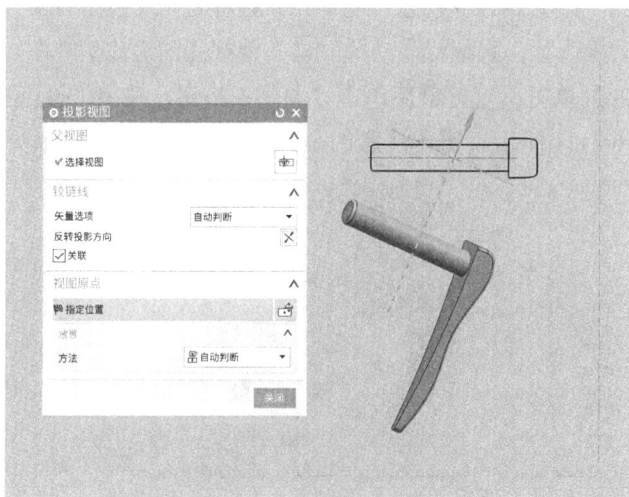

图 6-1-22　"投影视图"对话框

技能点拨

1）在创建工程图纸时，在"工作表"对话框中选择好图纸大小后，单击"确定"按钮进入"视图创建向导"对话框，与在创建好图纸后通过单击"视图创建向导"按钮进入该对话框为同样的效果。

2）在创建模型工程图时，熟练使用鼠标能让绘图更加快速。

3）创建工程图时，工程图最好不要超过工程图纸的虚线或导入工程图的图框。用户需注意工程图比例，此比例为实体模型与工程图之间的大小比例。

工作任务 *6.2*

创建电池的视图

【核心内容】

用户通过创建电池的视图中相关理论知识和实践操作的学习，可以更加容易地掌握工程图设计中"剖视图""局部剖视图""局部放大图"等命令的使用方法。

【学习目标】

1. 理解本工作任务中各命令的含义。

2. 掌握"剖视图""局部剖视图""局部放大图"命令的使用方法。

3. 掌握"断开视图""更新视图"命令的使用方法。

任务分析

"剖视图"命令将三维模型沿指定平面剖开或截取区域内实体，以方便观察模型内部构造；"局部剖视图"命令通过在任何父图纸视图中移除一个部件区域来创建一个局部剖视图；"局部放大图"命令用于创建一个包含图纸视图放大部分的视图；"断开视图"命令用于创建将一个视图分为多个边界的断裂线；"更新视图"命令用于在选定视图中更新视图内容。

【技能点 1】　　创建剖视图　　　　　　　　　【技能点 2】　　创建局部剖视图

【技能点 3】　　创建局部放大图　　　　　　　【技能点 4】　　创建断开视图

【技能点 5】　　更新视图

实战演练

【技能点 1】　创建剖视图

"剖视图"命令可以从任何父图纸视图创建剖视图。它将三维模型沿指定平面剖开或截取区域内实体，以方便观察模型内部构造。"剖视图"命令是在二维的基本视图中定位剖切的。打开电池三维模型（图 6-2-1）文件，进入制图环境并在图纸页中添加电池俯视图的基本视图（图 6-2-2），选择"菜单→插入→视图→剖视图"命令或在"主页"选项卡的"视图"功能组中单击"剖视图"按钮 ▦ （需创建基本视图才可激活该命令），打开"剖视图"对话框（图 6-2-3）。在该对话框中，系统提供的剖切方法有简单剖/阶梯剖、半剖、旋转剖等，且在绘图区的鼠标指针跟随有剖切线，便于定位需要的剖切位置。如图 6-2-4 所示为跟随鼠标指针的剖切线，黑色箭头方向表示剖切视图的视图方向。用户可通过在"剖视图"对话框的"铰链线"选项区域下单击"反转剖切方向"按钮进行剖切视图方向的反转切换。

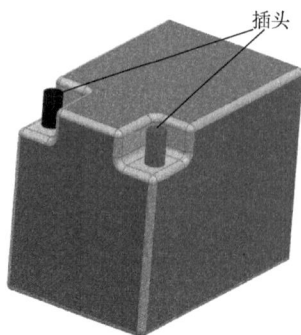

图 6-2-1　电池三维模型

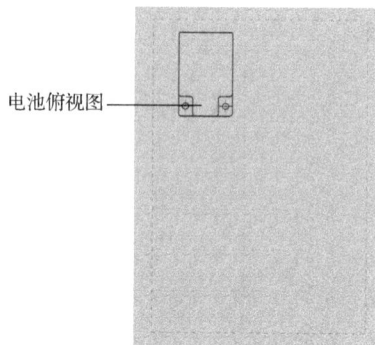

图 6-2-2　图纸页电池俯视图

图 6-2-3　"剖视图"对话框

图 6-2-4　跟随鼠标指针的剖切线

在俯视图中，以简单剖方式从插头位置剖切，其流程为在插头中心位置添加剖视图，视图方向向上，单击确认，如图 6-2-5 所示。随后移动鼠标，系统自动出现黄色对齐线，确定剖视图放置位置，这里放置于俯视图正下方，单击确认，如图 6-2-6 所示。在剖切位置的剖切图创建完成，其中密集斜线表示实体，如图 6-2-7 所示。

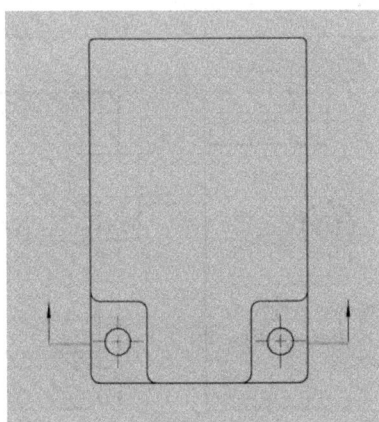

图 6-2-5　添加剖视图

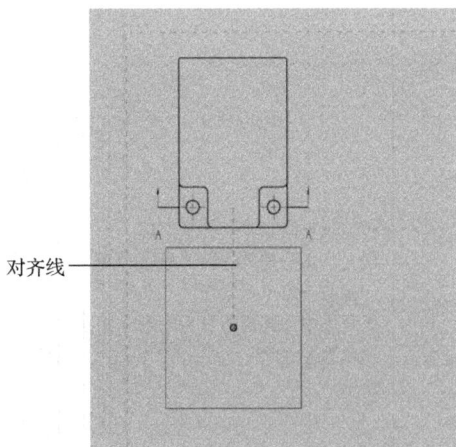

对齐线

图 6-2-6　确定剖视图放置位置

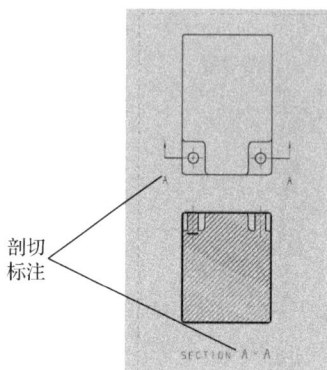

图 6-2-7　创建完成的剖切图

系统提供的视图的剖切方法的含义及图例如表 6-2-1 所示。

表 6-2-1　视图的剖切方法的含义及图例

剖切方法	含义	图例
全剖	剖视图通常用于表达零件的内部结构和形状。全剖剖切线如图 6-2-8 所示	图 6-2-8　全剖剖切线
阶梯剖	阶梯剖视图也是一种全剖视图，只是阶梯剖的剖切平面一般是一组平行的平面，在工程图中，其剖切线为一条连续垂直的折线，如图 6-2-9 所示	图 6-2-9　阶梯剖效果

剖切方法	含义	图例
半剖	在"剖视图"对话框的"方法"下拉列表中选择"半剖"方式。该方式选择剖切的部分位置为整个模型的部分。与局部剖切不同的是,半剖不能剖切某一小部分,而是沿着剖切线剖切整个模型。半剖剖切线如图 6-2-10 所示,半剖效果如图 6-2-11 所示	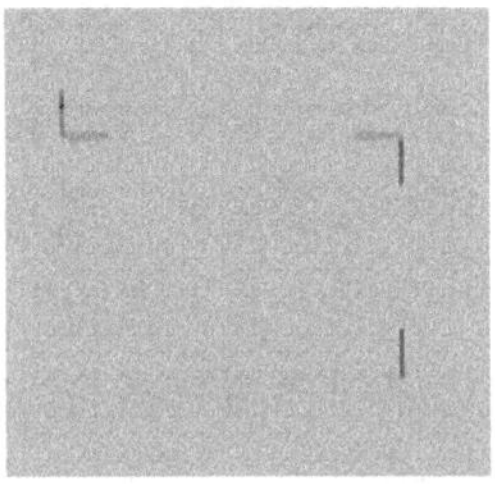 　图 6-2-10　半剖剖切线 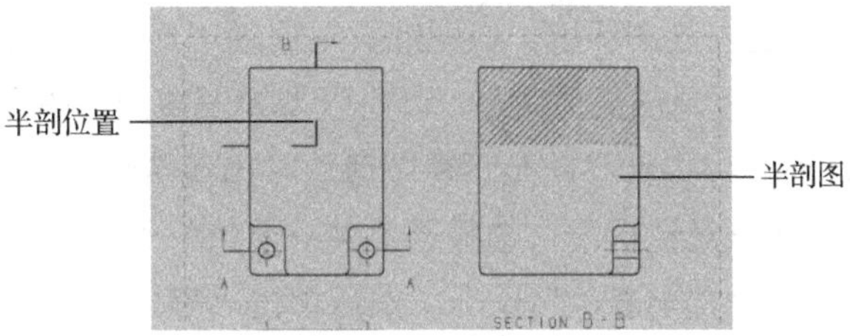　　图 6-2-11　半剖效果
旋转剖	在"剖视图"对话框的"方法"下拉列表中选择"旋转剖"方式。该方式通过在基本视图上选择旋转点,然后指定支点 1、2 的位置,剖切图将绕旋转点到支点 1、2 形成一个圆弧剖切线剖切。旋转剖剖切线如图 6-2-12 所示,旋转剖效果如图 6-2-13 所示	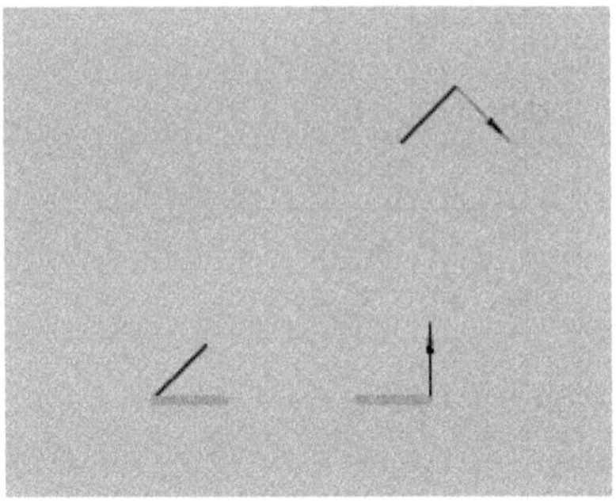 　图 6-2-12　旋转剖剖切线 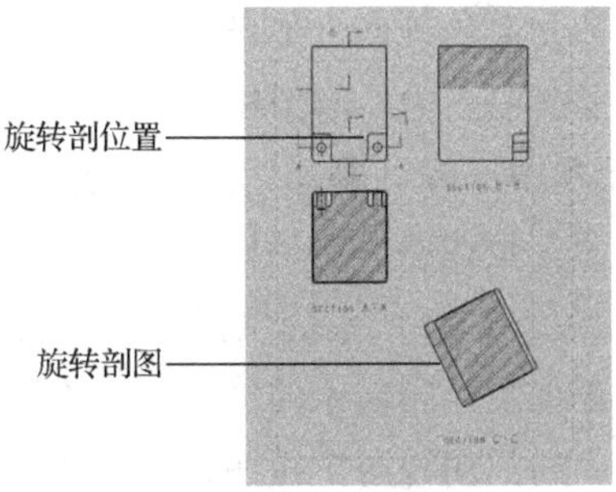　　图 6-2-13　旋转剖效果

【技能点 2】 创建局部剖视图

"局部剖视图"命令通过在任何父图纸视图中移除一个部件区域来创建一个局部剖视图,即局部剖视图允许用户通过移除部件的某个外部区域来查看其部件内部。将局部剖切区域定义为一个边界曲线的闭环。选择"菜单→插入→视图→局部剖"命令或在进入制图环境后,在"主页"选项卡的"视图"功能组中单击"局部剖视图"按钮⌗,打开"局部剖"对话框。创建局部剖视图有两种方法,具体介绍如下。

1. 传统的创建局部剖视图的方法

1)进入制图环境,在图纸页中添加电池的俯视、正视线型图,如图 6-2-14 所示。

2)为使局部剖更明显,可将线型视图转换为着色视图。这里举例将正视图转换为着色视图。将鼠标指针移动至正视图旁边时出现黄色线框,双击打开"设置"对话框,如图 6-2-15 所示。在该对话框中,选择"公共→着色"选项,在右侧选项区域的"渲染样式"下拉列表中选择"完全着色"选项,然后单击"确定"按钮。

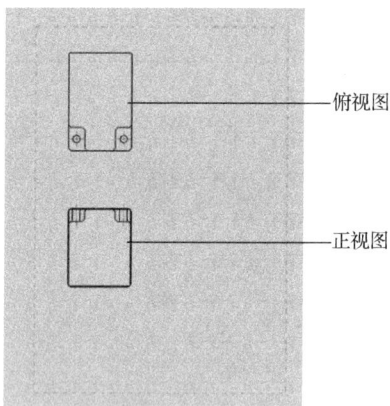

图 6-2-14 添加俯视、正视线型图

图 6-2-15 "设置"对话框

3)正视图为着色视图,如图 6-2-16 所示。

4)在正视图中创建局部剖视图。鼠标指针移动到正视图周围出现黄色线框时右击,在弹出的快捷菜单中选择"展开"命令,创建的局部剖视图如图 6-2-17 所示。

5)在"命令查找器"对话框中搜索"艺术样条"命令,如图 6-2-18 所示,用以绘制剖切线。在如图 6-2-19 所示的位置绘制封闭艺术曲线。

6)着色正视图封闭艺术曲线,然后右击,在弹出的快捷菜单中选择"扩大"命令。

7)单击"局部剖视图"按钮,打开"局部剖"对话框,如图 6-2-20 所示,首先选择正视图,进入下一步。

8)指定拉伸矢量,这里举例使用"矢量反向"命令,然后单击"选择曲线"按钮进行绘制的剖切曲线的选择,如图 6-2-21 所示。

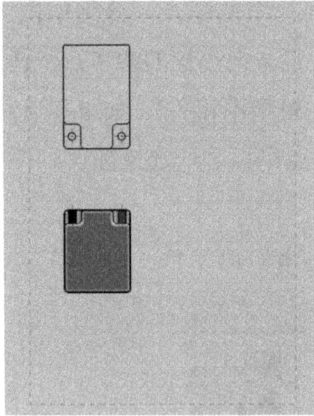

图 6-2-16　正视图

图 6-2-17　创建的局部剖视图

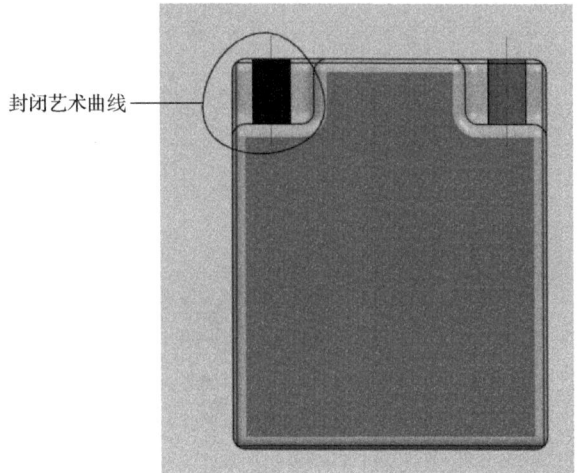

图 6-2-18　"命令查找器"对话框

封闭艺术曲线

图 6-2-19　绘制封闭艺术曲线

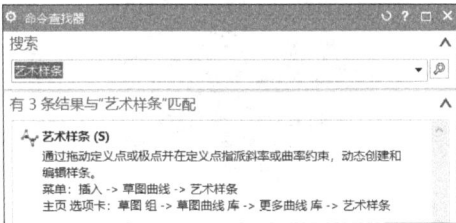

图 6-2-20　选择正视图

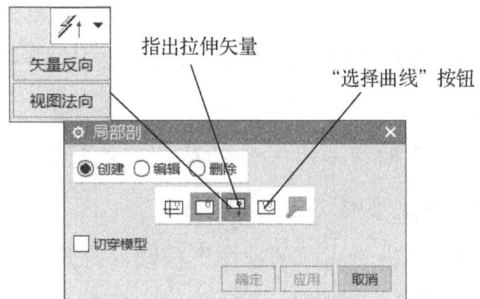

指出拉伸矢量

"选择曲线"按钮

图 6-2-21　指定拉伸矢量

9）在图中选择绘制的样条曲线，同时选择局部剖视图的基点，分别如图 6-2-22、图 6-2-23 所示。基点是局部剖曲线（闭环）沿着拉伸矢量方向扫掠的参考点。基点还用作不相关局部剖边界曲线的参考（"不相关"指曲线以前与模型不相关）。如果基点发生移动，则不相关的局部剖曲线也随着基点一起移动。使用捕捉点选项之一选择基点。

10）电池局部剖效果，如图 6-2-24 所示。

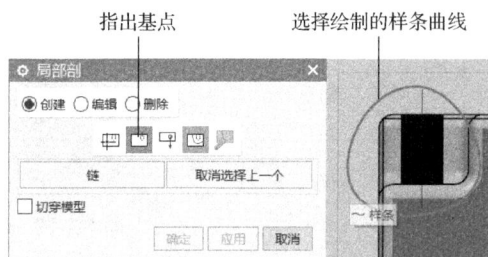

图 6-2-22　选择绘制的样条曲线

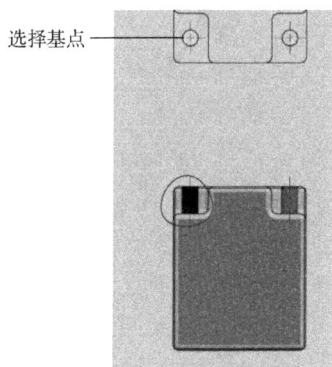

图 6-2-23　选择基点

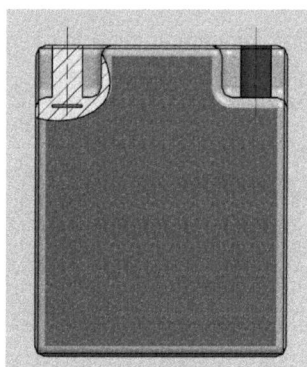

图 6-2-24　局部剖效果

2. 第二种创建局部剖视图的方法

1）进入制图环境，在图纸页中添加电池俯视、正视线型图，如图 6-2-25 所示。

2）在俯视图周围右击，在弹出的快捷菜单中选择"活动草图视图"命令，如图 6-2-26 所示。

3）在俯视图进入活动草图视图后，调用"艺术样条"命令在剖切位置绘制艺术样条剖切线，如图 6-2-27 所示。

4）单击"局部剖视图"按钮，打开"局部剖"对话框，如图 6-2-28 所示。首先选定剖视图；然后定基点、指定拉伸矢量；最后选择曲线。

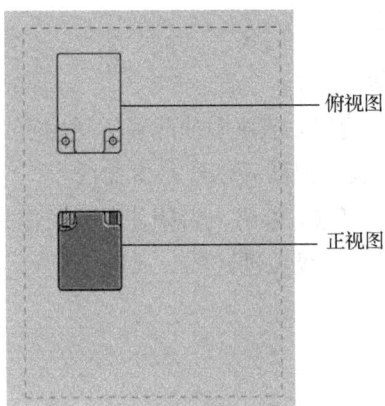

图 6-2-25　添加电池俯视、正视线型图

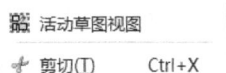

图 6-2-26　选择"活动草图视图"命令

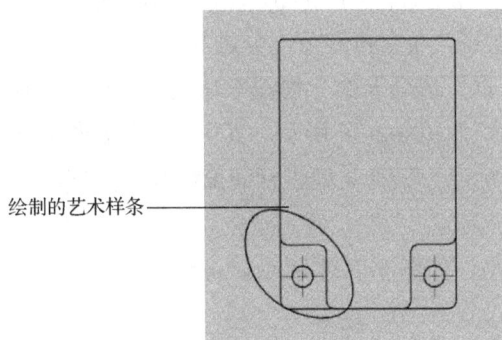

图 6-2-27　绘制艺术样条剖切线

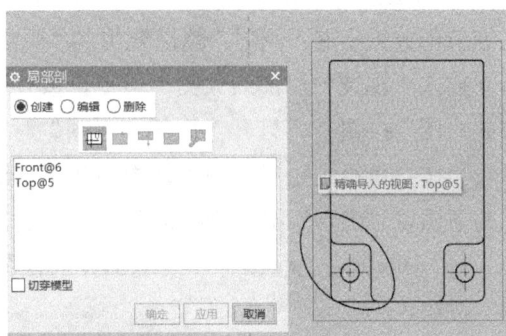

图 6-2-28　打开"局部剖"对话框

5）局部剖效果。其中本步骤所选基点如图 6-2-29 所示。

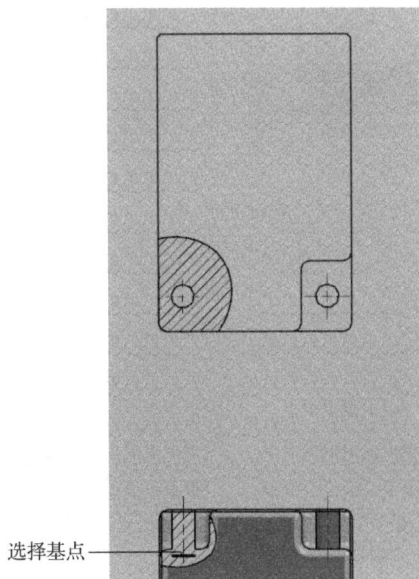

图 6-2-29　基点

在使用"局部剖视图"命令时需注意以下特殊情况：

1）只有局部剖视图的平面剖切面才可以加上剖面线。

2）用户可以使用草图曲线或基本曲线创建局部剖边界。但草图曲线通常适用于二维平面。当用户需要在其他平面中创建边界曲线时，必须展开视图并创建基本曲线。

3）通过拟合方法创建的样条对局部剖视图边界不可选。若用户希望使用样条作为局部剖视图的边界曲线，则这些样条必须是使用通过点或根据极点创建的。

4）用于定义基本点的曲线不能用作边界曲线。

5）不能选择旋转视图作为局部剖视图的候选对象。

【技能点 3】 创建局部放大图

"局部放大图"命令用于创建一个包含图纸视图放大部分的视图，即在绘制工程图中有些细节部分很小看不清时，就需要用到"局部放大图"命令将细节部分进行放大。选择"菜单→插入→视图→局部放大图"命令，或在"主页"选项卡的"视图"功能组中单击"局部放大图"按钮，打开"局部放大图"对话框，如图 6-2-30 所示。其中，系统提供"圆形"、"按拐角绘制矩形"和"按中心和拐角绘制矩形"三种类型进行局部放大图的创建。

下面以"圆形"类型进行局部放大图的创建。

1）在创建完工程图时，发现部分剖视图太小，如图 6-2-31 所示，可单击"局部放大图"按钮。

图 6-2-30　"局部放大图"对话框

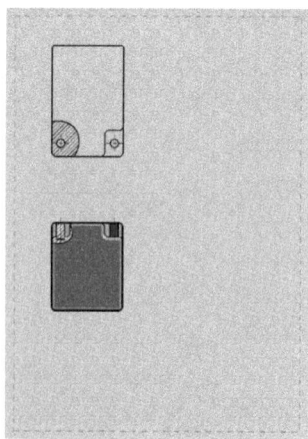

图 6-2-31　部分剖视图太小

2）在"局部放大图"对话框中选择"圆形"类型，使用画圆方式确定圆中心点和边界点，如图 6-2-32 所示。

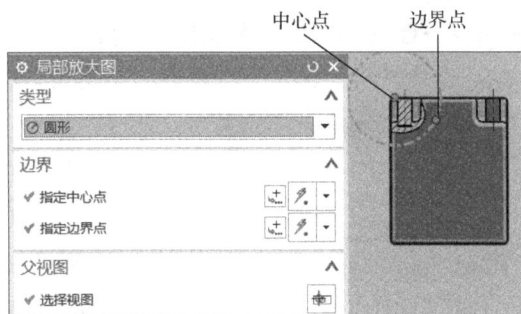

图 6-2-32　确定圆中心点和边界点

3）移动鼠标指针，确定放置局部放大图的位置。放大比例可在该对话框的"比例"选项区域进行选择，如图 6-2-33 所示。

4）局部放大图效果如图 6-2-34 所示。当需要修改放大比例时，可直接双击创建的局部放大图进行比例设置。

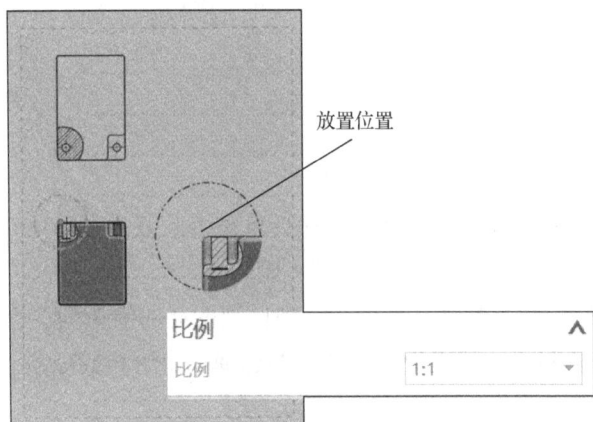

图 6-2-33　选择放大比例

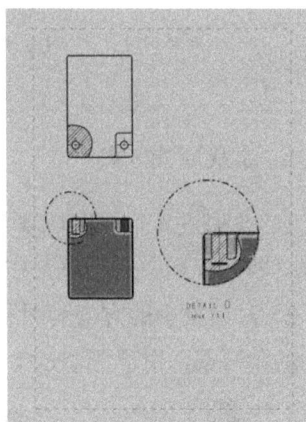

图 6-2-34　局部放大图效果

【技能点 4】　创建断开视图

"断开视图"命令用于创建将一个视图分为多个边界的断裂线。它一般在对细长类的杆状零件出图时使用。断开视图分两种类型，一种是常规断开，另一种是单侧断开，分别如图 6-2-35 和图 6-2-36 所示。

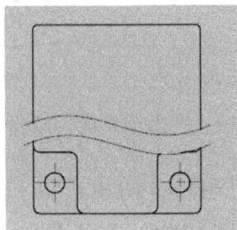

图 6-2-35　常规断开

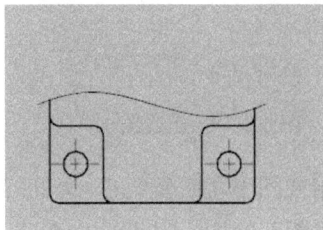

图 6-2-36　单侧断开

选择"菜单→插入→视图→断开视图"命令或在"主页"选项卡的"视图"功能组中，单击"断开视图"按钮 🔊，打开"断开视图"对话框，如图 6-2-37 所示。

图 6-2-37　"断开视图"对话框

1. 常规断开方式

1）首先进入工程图环境，添加电池的俯视图和正视图，然后单击"断开视图"按钮，打开"断开视图"对话框，在该对话框中选择俯视图作为断开视图。

2）对话框中的方向为断裂线的矢量方向。例如，图 6-2-38 中俯视图旁的箭头向上为 Y 方向的断裂线。用户可通过单击"指定矢量"按钮进行矢量方向的选择，如图 6-2-39 所示。

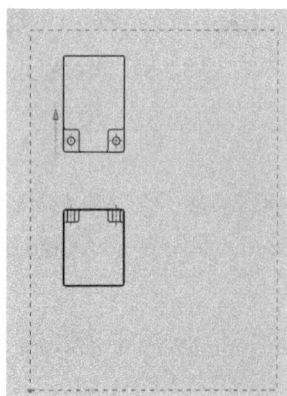

图 6-2-38　俯视图 1

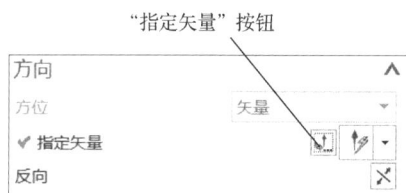

图 6-2-39　"指定矢量"按钮

3）在俯视图中对断裂线 1、2 的锚点位置进行确定，如图 6-2-40 所示。

4）在"断开视图"对话框中单击"确定"按钮。断开效果如图 6-2-41 所示。系统将自动删除两断裂线之间的工程图。

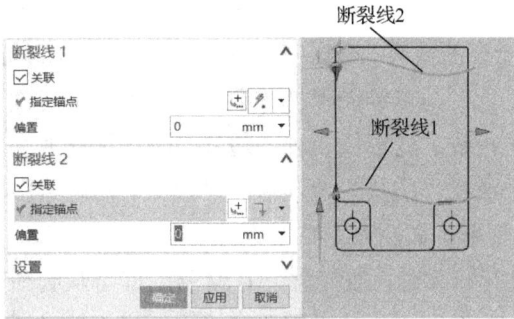

图 6-2-40　确定锚点位置

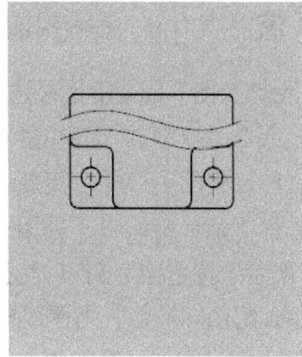

图 6-2-41　断开效果图

2. 单侧断开方式

1）首先进入工程图环境，添加电池的俯视图和正视图，然后单击"断开视图"按钮，打开"断开视图"对话框，选择俯视图作为断开视图，如图 6-2-42 所示。

2）在俯视图中对断裂线的锚点位置进行确定，如图 6-2-43 所示。

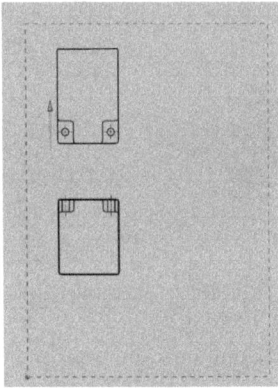

图 6-2-42　俯视图 2

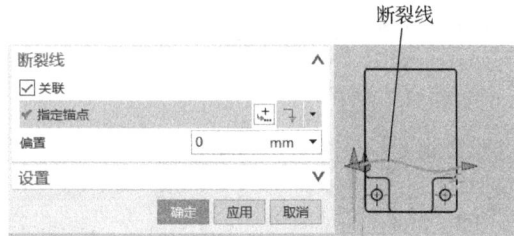

图 6-2-43　确定断裂线的锚点位置

3）单侧断开效果如图 6-2-44 所示，断裂线上方视图被删除。

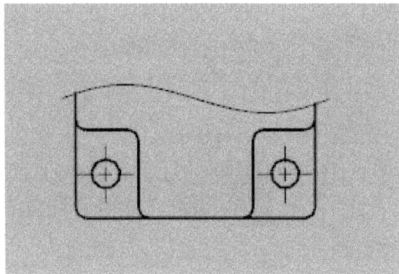

图 6-2-44　单侧断开效果图

【技能点 5】 更新视图

"更新视图"命令用于在选定视图中更新视图内容，即在三维模型中对模型进行修改时可用该命令对模型的工程图进行更新，使工程图与三维图保持一致，以便反映上一次更新模型后所发生的更改，可更新的项目包括隐藏线、轮廓线、视图边界、剖视图和放大剖视图。选择"菜单→编辑→视图→更新"命令或在"主页"选项卡的"视图"功能组中单击"更新视图"按钮，打开"更新视图"对话框，如图 6-2-45 所示。

进入制图环境后，当需要对三维模型进行修改时，按键盘上的 M 键，即可从制图环境转换到建模环境。对模型修改完成后，进入制图环境，此时需要在"更新视图"对话框中手动对工程图进行模型修改后的更新。首先选择视图，然后单击"确定"按钮即可。此外也可设置为自动更新，在如图 6-2-46 所示的"制图首选项"对话框中，选择"视图→公共→常规"选项，在右侧选项区域中选中"自动更新"复选框即可。

图 6-2-45　"更新视图"对话框　　　　图 6-2-46　"制图首选项"对话框

若将 UG NX 画的工程图转换为 CAD，则可以方便地添加图纸图框。

1）将工程图转化为 CGM（多义线图）。选择"文件→导出→CGM"选项，如图 6-2-47 所示，打开"导出 CGM"对话框。

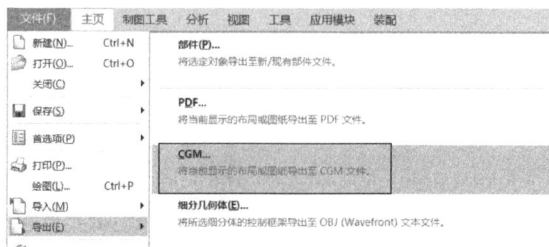

图 6-2-47　导出路径

2）打开"导出 CGM"对话框，如图 6-2-48 所示，选择好保存文件的位置后，单击"确定"按钮。

图 6-2-48　"导出 CGM"对话框

3）通过路径"文件→导入→CGM"选择刚才导出的图，然后单击"确定"按钮，再在打开的"AutoCAD DXF/DWG 导出向导"对话框（图 6-2-49）中，把该工程图导出。这样导出的 CAD 图纸很全，不会丢失文件，这次导出的文件格式为 AutoCAD DXF/DWG。在"AutoCAD DXF/DWG 导出向导"对话框中，选择文件的保存位置后，一直单击"下一步"按钮，最后单击"完成"按钮。

图 6-2-49　"AutoCAD DXF/DWG 导出向导"对话框

4）经过系统处理后，AutoCAD DXF/DWG 导出执行程序如图 6-2-50 所示。在保存文件位置导出的 CAD 文件，可通过 CAD 直接打开并添加图框。

图 6-2-50　AutoCAD DXF/DWG 导出执行程序

5）用户也可通过类似方法由路径"文件→导入→AutoCAD DXF/DWG"导入 CAD 绘制的图框。

技能点拨

1）在绘制模型其他视图时，应先绘制一个该模型的基本视图，因为后续其他视图操作需根据该基本视图进行操作。

2）绘制局部剖视图时应注意绘制剖视区域和剖视方向。

3）"断开视图"命令一般在对于细长类的杆状零件出图时使用，用于将中间无细节突出部分或重复特征部分隐藏起来，所以在断开区域中只要有一个需要突出的特征时，就不能使用"断开视图"命令。

工作任务 *6.3*

创建电池辅助修改工程图

【核心内容】

　　用户通过创建电池辅助修改工程图相关理论知识和实践操作的学习，可以更加容易地掌握装配设计中的尺寸标注、背景编辑、线段颜色修改的操作方法。

【学习目标】

　　1. 理解本工作任务中各命令的含义。

　　2. 掌握尺寸标注、背景编辑、线段颜色修改的操作方法。

任务分析

　　尺寸标注是工程图创建完毕后需要对其进行尺寸标注，以便工程师读取尺寸；编辑背景是设置图形窗口的背景特性，如颜色和渐变效果，用户可以根据习惯更改制图背景；修改线段颜色是在使用工程图对模型进行二维图纸绘制时，需要对工程图中的某线段或标注用其他颜色辨明。

【技能点 1】　尺寸标注　　　　　　　　　　【技能点 2】　编辑背景

【技能点 3】　修改线段颜色

实战演练

【技能点 1】　尺寸标注

　　工程图创建完毕后需要对其进行尺寸标注，以便工程师读取尺寸。以快速尺寸为例，快速尺寸根据选定对象和光标的位置自动判断尺寸类型，以创建尺寸。选择"菜单→插入→尺寸→快速"选项，或者在"主页"选项卡的"尺寸"功能组中单击"快速"按钮，打开"快速尺寸"对话框，如图 6-3-1 所示。在该对话框的"测量"选项区域中的"方法"下拉列表中选择"自动判断"选项，系统会根据光标选定的对象自动判断为水平、竖直、点到点、垂直、斜角等标注。

1）快速尺寸自动判断线性尺寸并标注，如图 6-3-2 所示。

图 6-3-1 "快速尺寸"对话框

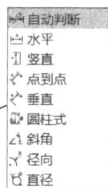

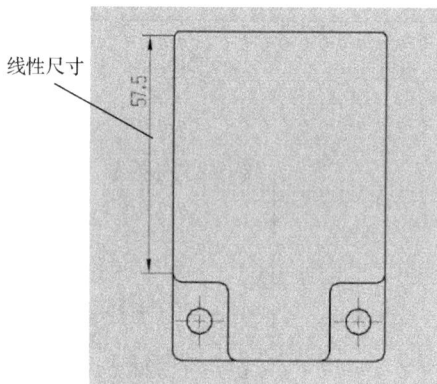

图 6-3-2 线性尺寸

2）快速尺寸自动判断圆角尺寸并移动鼠标标注，如图 6-3-3 所示。
3）快速尺寸自动判断水平尺寸并移动鼠标标注，如图 6-3-4 所示。

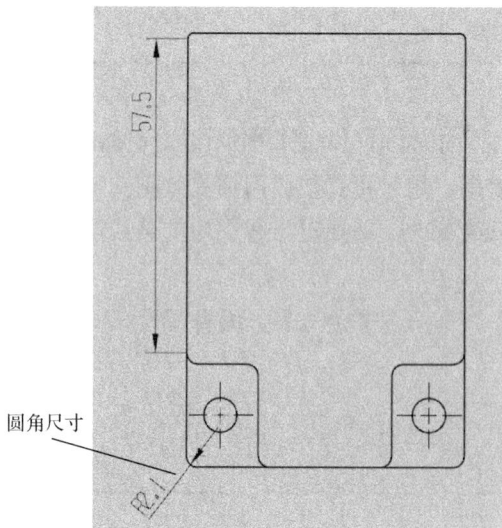

图 6-3-3 圆角尺寸

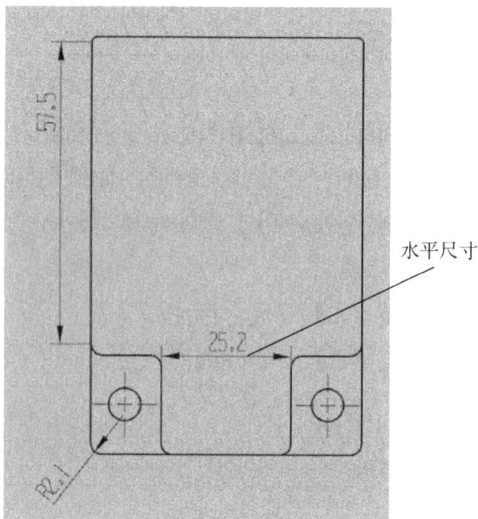

图 6-3-4 水平尺寸

在"主页"选项卡的"尺寸"功能组中的其他标注命令如表 6-3-1 所示。

表 6-3-1　"尺寸"功能组中的其他标注命令

图标	含义	图例
	线性按钮。在两个对象或点位置之间创建线性尺寸，如图 6-3-5 所示	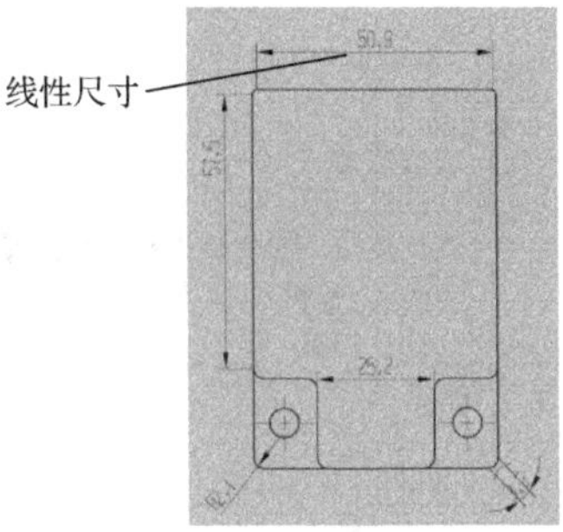 图 6-3-5　线性尺寸
	倒斜角按钮。在倒斜角曲线上创建倒斜角尺寸	—
	径向按钮。创建圆形对象的半径或直径尺寸，如图 6-3-6 所示	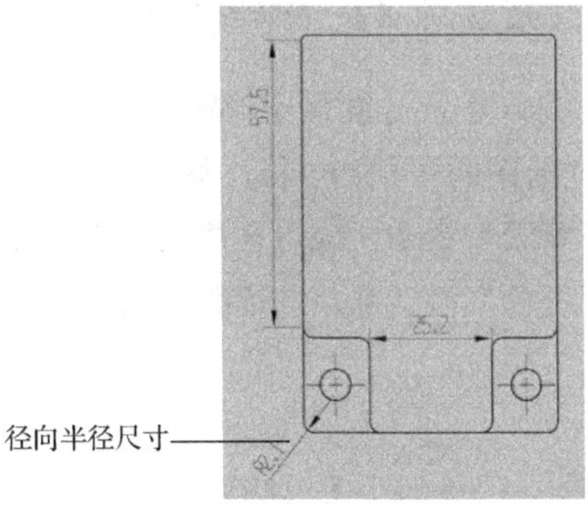 图 6-3-6　径向尺寸
	厚度按钮。创建厚度尺寸来测量两条曲线之间的距离	—
	角度按钮。在两条不平行线之间创建角度尺寸，如图 6-3-7 所示	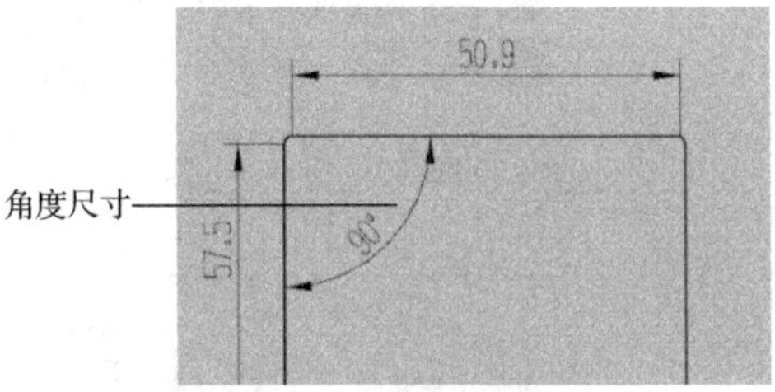 图 6-3-7　角度尺寸

续表

图标	含义	图例
$\overline{\smile}_x$	弧长按钮。创建弧长尺寸来测量圆弧的周长，如图 6-3-8 所示	图 6-3-8　弧长尺寸

【技能点 2】 编辑背景

编辑背景是设置图形窗口的背景特性，如颜色和渐变效果。UG NX 的制图环境和 CAD 绘图的背景不一样，不同的用户可以根据个人习惯更改制图背景。选择"菜单→首选项→背景"命令，或者在"文件"选项卡的"首选项"功能组中单击"制图"按钮，打开"颜色"对话框，进行颜色选择，如图 6-3-9 所示。

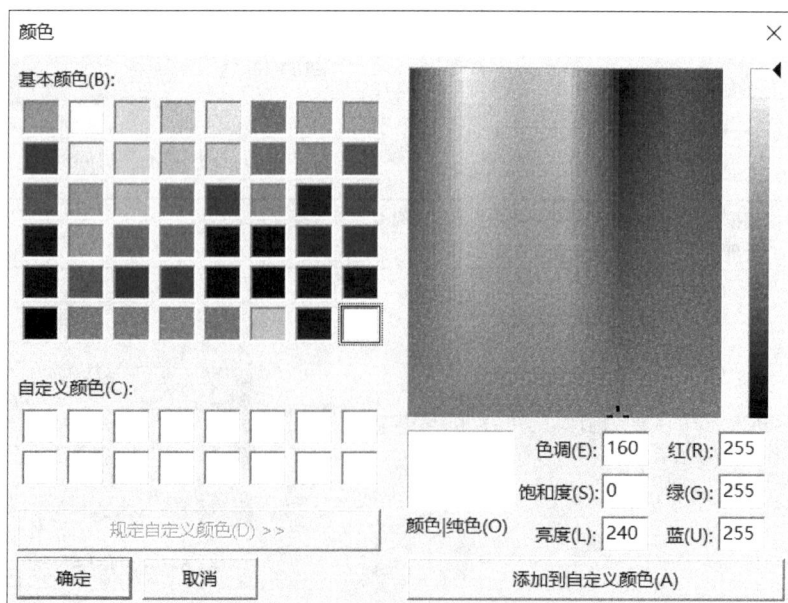

图 6-3-9　"颜色"对话框 1

编辑背景的步骤如下：

1）进入制图环境后，在部件导航器中右击图纸，取消选中"节点"，如图 6-3-10 所示。

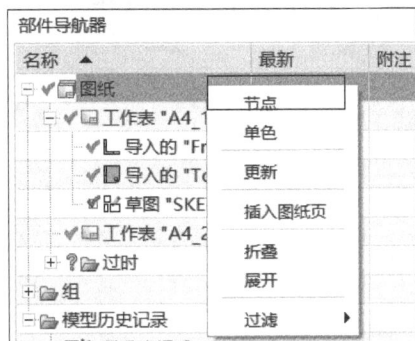

图 6-3-10　部件导航器

2）单击"制图"按钮，打开"颜色"对话框，进行背景颜色的选择，然后单击"确定"按钮，如图 6-3-11 所示，工程图制图背景更换为黑色背景。

图 6-3-11　黑色制图背景

【技能点 3】　修改线段颜色

在使用工程图对模型进行二维图纸绘制，需要对工程图中的某个线段或标注用其他颜色辨明时，可在选中该线段或标注后，按 Ctrl+J 组合键打开"编辑对象显示"对话框，如图 6-3-12 所示。在该对话框中对线段或标注颜色进行选择。

修改线段颜色的步骤如下：

图 6-3-12 "编辑对象显示"对话框

1）进入制图环境后，在部件导航器中右击图纸，取消选中"节点"。

2）选中需要修改颜色的线段或标注，打开"编辑对象显示"对话框，在该对话框中单击"颜色"右侧的按钮，如图 6-3-13 所示，打开"颜色"对话框，如图 6-3-14 所示。在"颜色"对话框中选择颜色后，单击"确定"按钮，最后在"编辑对象显示"对话框中单击"确定"按钮即可。

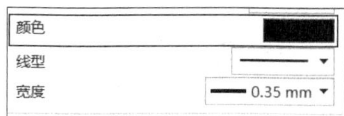

图 6-3-13 单击"颜色"右侧的按钮

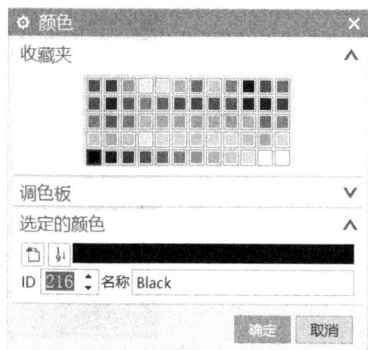

图 6-3-14 "颜色"对话框 2

技能点拨

1）编辑工程制图背景和修改线段颜色属于个性化设置，建议直接使用系统默认的设置。

2）工程图的标注与二维草图的标注是类似的。

项目考核评价

项目考核评价以自我评价和小组评价相结合的方式进行，指导教师根据项目考核评价和学生学习成果进行综合评价。

1）根据任务完成情况，检查任务完成质量。

2）归纳总结程序和操作技术要点，并能提出改进建议。

3）能虚心接受指导，同时善于思考，能够举一反三。

工程图设计考核评价表

班级：　　　　　第（　）小组　　　　姓名：　　　　　　时间：

评价模块	评价内容	分值	自我评价	小组评价
理论知识	1. 理解工程图设计的概念和一般步骤	10		
	2. 掌握工程图环境中的关键术语	10		
	3. 掌握工程图环境中各项命令的技术要点	10		
操作技能	1. 熟练掌握视图创建与尺寸标注的操作方法	20		
	2. 熟练掌握工程图环境中各项命令的正确操作过程	20		
	3. 熟练掌握工程图创建过程中多项命令的正确操作过程	20		
职业素养	1. 以人为本，具有精益生产的理念	5		
	2. 团队合作，具有数据安全的职业素养	5		

综合评价：

导师或师傅签字：

直击工考

一、单选题

1. 在 UG NX 制图模块中，下列用于建立基本视图的图标是（　　　）。

A.　　　　　　　B.　　　　　　　C.　　　　　　　D.

2. 编辑一个全剖视图，下列可以使全剖视图修改为阶梯剖视图的操作是（　　　）。

A. 删除段　　　　B. 添加段　　　　C. 移动段　　　　D. 重新定义铰链线

3. 下列可以生成局部剖视图的图标是（　　　）。

    A.   B.   C.   D.

4. 在工程制图中，进行角度尺寸标注时需要单击（　　）图标。

    A.   B.   C.   D.

5. 尺寸标注的三要素是（　　）。

    A. 尺寸界线、尺寸线和单位

    B. 尺寸界线、尺寸线和箭头

    C. 尺寸界线、尺寸箭头单位和尺寸数字

    D. 尺寸界线、尺寸线、尺寸数字

6. 机械零件的真实大小是以图样上的（　　）为依据的。

    A. 图形大小   B. 公差范围   C. 技术要求   D. 尺寸数值

7. 在工程图样中，将一个视图的比例改小为原来的一半，该视图上的尺寸数值（　　　）。

    A. 不变

    B. 变为原来的一半

    C. 有些尺寸不变，有些尺寸会变小

    D. 以上说法均不正确

8. 在绘制工程图时，下列方法中不能编辑图纸，如修改图纸大小、名称的是（　　　）。

    A. 选择"编辑→图纸页"

    B. 右击图纸边缘虚线框，选择编辑图纸页

    C. 在图纸空白处右击，选择编辑图纸页

    D. 在部件导航器中选择图纸节点，右击选择编辑图纸页

9. 下图为阶梯剖视图的示意图，其中③表示（　　　）。

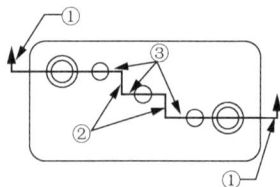

    A. 箭头段   B. 折弯段   C. 剖切段   D. 展开段

10. 在创建工程图纸时，在"图纸"对话框中可以定义图纸的名称，若输入所有的名称，则会（　　　）。

    A. 转换为大写   B. 转换为小写

    C. 不变   D. 转换为数字

二、判断题

1．在图纸中，可以一次拖拽一个或多个视图。　　　　　　　　　　　（　　）

2．在 UG NX 工程制图中，可以直接用草图画二维图，而不用三维实体投影出二维图。

　　　　　　　　　　　　　　　　　　　　　　　　　　　　　　　　（　　）

3．在工程图中至少要有一个基本视图，因此首先应该添加一个基本视图。（　　）

4．可以选择旋转视图作为局部剖视图的候选对象。　　　　　　　　　（　　）

5．在工程图中，只要有一个标注尺寸的视图是不需要的，就应该删除工程图，重新
绘制。　　　　　　　　　　　　　　　　　　　　　　　　　　　　　（　　）

三、简答题

UG NX 软件工程制图模块的主要功能有哪些？

四、实践操作

创建如下图所示的零件模型，并创建工程图。

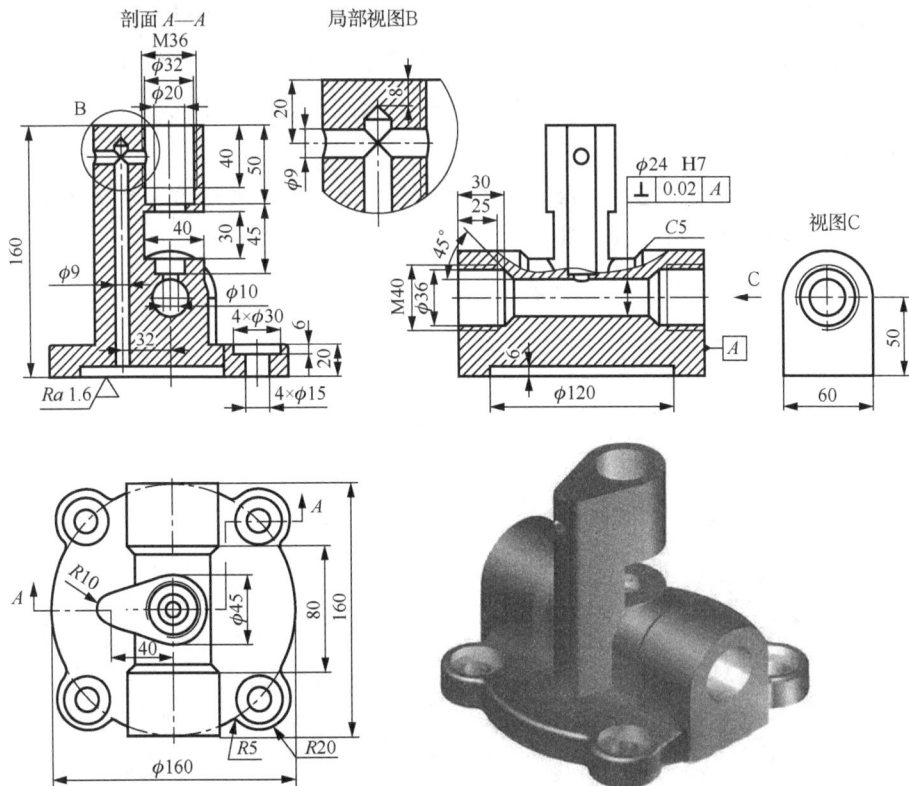

大国工匠

用焊枪书写青春——张冬伟

张冬伟是一位"80后",是沪东中华造船(集团)有限公司总装二部围护系统车间电焊二组班组长、高级技师,主要从事 LNG(liquefied natural gas,液化天然气)船围护系统的焊接工作。他虽然年纪不大,但手里的活儿却让老师傅们竖起大拇指,荣获 2005 年度中央企业职业技能大赛焊工比赛铜奖、2006 年第二十届中国焊接博览会优秀焊工表演赛一等奖,是建造难度极大的 45000 吨集装箱滚装船的建造骨干工人。

LNG 船是国际公认的高技术、高难度、高附加值的"三高"船舶。作为 LNG 船核心的围护系统,焊接是重中之重。围护系统使用的殷瓦大部分为 0.7mm 厚,殷瓦焊接犹如在钢板上"绣花",它对操作人员的技术、耐心和责任心要求非常高。面对肩上的重担,张冬伟不断地磨炼自己的心性,培养专注度,潜心研究焊接工艺。为了攻破技术难关,他与技术人员放弃休息时间,日夜埋头图纸堆中,潜心钻研技术。最终,他主持的实验取得成功,得到专利方的认可,并用于 LNG 船实船生产,取得良好的成效。

张冬伟特别注意经验的积累总结,国内没有现成的作业标准,他就不断摸索完善各类焊接工艺,先后参与编写了多部作业指导书,为提高 LNG 船的生产效率、保证产品质量发挥了积极作用。

张冬伟是中国广大"造船工匠"的杰出代表,他用自己火红的青春谱写了一曲执着于国家海洋装备建设的奉献之歌。

附　　录

UG NX 快捷键命令

内容	快捷键	应用范围
新建（N）	Ctrl+N	全局
打开（O）	Ctrl+O	全局
保存（S）	Ctrl+S	全局
另存为（A）	Ctrl+Shift+A	全局
绘图（L）	Ctrl+P	全局
执行（T）-Grip	Ctrl+G	全局
执行（T）-调试 Grip（D）	Ctrl+Shift+G	全局
执行（T）-NX Open	Ctrl+U	全局
完成草图（K）	Ctrl+Q	仅应用模块
撤销	Ctrl+Z	全局
重做（R）	Ctrl+Y	全局
剪切（T）	Ctrl+X	全局
复制（C）	Ctrl+C	全局
粘贴（P）	Ctrl+V	全局
选择性粘贴（E）	Ctrl+Alt+V	全局
删除（D）	Ctrl+D 或 Delete	全局
选择（L）-最高选择优先级-特征（F）	Shift+F	全局
选择（L）-最高选择优先级-面（A）	Shift+G	全局
选择（L）-最高选择优先级-体（B）	Shift+B	全局
选择（L）-最高选择优先级-边（E）	Shift+E	全局
选择（L）-最高选择优先级-组件（C）	Shift+C	全局
选择（L）-全选(S)	Ctrl+A	全局
对象显示（J）	Ctrl+J	全局
显示和隐藏（H）-显示和隐藏（O）	Ctrl+W	全局
显示和隐藏（H）-立即隐藏（M）	Ctrl+Shift+I	全局
显示和隐藏（H）-隐藏（H）	Ctrl+B	全局
显示和隐藏（H）-显示（S）	Ctrl+Shift+K	全局
显示和隐藏（H）-全部显示（A）	Ctrl+Shift+U	全局
显示和隐藏（H）-反转显示和隐藏（I）	Ctrl+Shift+B	全局
移动对象（O）	Ctrl+T	全局
草图曲线（K）-快速修剪（Q）	T	仅应用模块
草图曲线（K）-快速延伸（X）	E	仅应用模块
操作（O）-适合窗口（F）	Ctrl+F	全局

续表

内容	快捷键	应用范围
操作（O）-缩放（Z）	Ctrl+Shift+Z	全局
操作（O）-旋转（R）	Ctrl+R	全局
截面（S）-编辑截面（C）	Ctrl+H	全局
可视化（V）-光线追踪艺术外观（Y）	Ctrl+Shift+W	全局
可视化（V）-高质量图像（H）	Ctrl+Shift+H	全局
布局（L）-新建（N）	Ctrl+Shift+N	全局
布局（L）-打开（O）	Ctrl+Shift+O	全局
布局（L）-适合所有视图（F）	Ctrl+Shift+F	全局
信息窗口（I）	Ctrl+Shift+S	全局
当前对话框（C）	F3	全局
左移轨道夹（M）	Shift+F1	全局
右移轨道夹（M）	Shift+F2	全局
全屏显示（F）	Alt+Enter	全局
最大化资源条选项卡（X）	F11	全局
定向视图到草图（K）	Shift+F8	仅应用模块
重置方向（E）	Ctrl+F8	全局
草图曲线（S）-轮廓（O）	Z	仅应用模块
草图曲线（S）-直线（L）	L	仅应用模块
草图曲线（S）-圆弧（A）	A	仅应用模块
草图曲线（S）-圆（C）	O	仅应用模块
草图曲线（S）-圆角（F）	F	仅应用模块
草图曲线（S）-矩形（R）	R	仅应用模块
草图曲线（S）-多边形（Y）	P	仅应用模块
草图曲线（S）-艺术样条（D）	S	仅应用模块
草图约束（K）-尺寸（D）-快速（P）	D	仅应用模块
草图约束（K）-几何约束（T）	C	仅应用模块
设计特征（E）-拉伸（X）	X	仅应用模块
曲面（R）-四点曲面（F）	Ctrl+4	仅应用模块
网格曲面（M）-艺术曲面（U）	N	仅应用模块
扫掠（W）-变化扫掠（V）	V	仅应用模块
图层设置（S）	Ctrl+L	全局
WCS-显示（P）	W	全局
表达式（X）	Ctrl+E	全局
更新（U）-将第一个特征设为当前的（F）	Ctrl+Shift+Home	仅应用模块
更新（U）-将上一个特征设为当前的（P）	Ctrl+Shift+←	仅应用模块
更新（U）-将下一个特征设为当前的（N）	Ctrl+Shift+→	仅应用模块
更新（U）-将最后一个特征设为当前的（L）	Ctrl+Shift+End	仅应用模块
操作记录（J）-播放（P）	Alt+F8	全局
操作记录（J）-编辑（E）	Alt+F11	全局

内容	快捷键	应用范围
宏（R）-开始录制（R）	Ctrl+Shift+R	全局
宏（R）-回放（P）	Ctrl+Shift+P	全局
电影（E）-录制（R）	Alt+F5	全局
电影（E）-暂停（P）	Alt+F6	全局
电影（E）-停止（S）	Alt+F7	全局
定制（Z）	Ctrl+1	全局
重复命令（R）-1	F4	全局
对象（O）	Ctrl+I	全局
曲线（C）-刷新曲率图（R）	Ctrl+Shift+C	全局
用户界面（I）	Ctrl+2	全局
可视化（V）	Ctrl+Shift+V	全局
选择（E）	Ctrl+Shift+T	全局
对象（O）	Ctrl+Shift+J	全局
设计（D）-建模（D）	Ctrl+M 或 M	全局
设计（D）-外观造型设计（T）	Ctrl+Alt+S	全局
设计（D）-制图（F）	Ctrl+Shift+D	全局
定向视图到草图（K）	Shift+F8	仅应用模块
刷新（S）	F5	全局
缩放（Z）	F6	全局
旋转（O）	F7	全局
定向视图（R）-正三轴测图（T）	Home	全局
定向视图（R）-正等测图（I）	End	全局
定向视图（R）-俯视图（O）	Ctrl+Alt+T	全局
定向视图（R）-前视图（F）	Ctrl+Alt+F	全局
定向视图（R）-右视图（R）	Ctrl+Alt+R	全局
定向视图（R）-左视图（L）	Ctrl+Alt+L	全局
对齐视图（N）	F8	全局

参 考 文 献

邓俊梅，刘瑞明，2017. 机械 CAD/CAM 软件应用技术：UG NX 8.5[M]. 北京：清华大学出版社.

江健，2023. UG NX 12.0 实例教程[M]. 北京：机械工业出版社.

王灵珠，许启高，2019. UG NX 12.0 建模与工程图实用教程：基于任务驱动式教学法[M]. 北京：机械工业出版社.

魏峥，段彩云，刘民杰，2019. 机械 CAD/CAM（UG）[M]. 2 版. 北京：高等教育出版社.

赵秀文，李扬，2022. UG NX 12.0 实例基础教程[M]. 北京：机械工业出版社.

CAD/CAM/CAE 技术联盟，2017. UG NX 10.0 中文版自学视频教程[M]. 北京：清华大学出版社.